计算机技术开发与应用丛书

鲲鹏开发套件
应用快速入门

张 磊◎编著

清華大学出版社

北京

内 容 简 介

随着鲲鹏生态的发展,鲲鹏开发套件的使命也从 1.0 版本的协助开发者进行应用迁移转变到了 2.0 版本的鲲鹏原生开发上来。全新的鲲鹏开发套件包含了多个子工具,涵盖了开发、编译、调试、调优、系统诊断和无源码迁移的多个方向,是开发者手中不可多得的鲲鹏开发利器。本书基于最新的鲲鹏开发套件版本,详细介绍了套件中这些工具的具体用法,还针对特定功能给出了实际的使用示例。本书从实战视角详细讲解鲲鹏开发套件的使用方法,可以帮助读者快速掌握鲲鹏开发套件的实际使用。

本书面向对鲲鹏代码迁移感兴趣的开发者,希望在鲲鹏平台进行原生开发的开发者、希望了解鲲鹏开发套件使用的开发者,以及负责鲲鹏架构调优的架构师。

图书在版编目(CIP)数据

鲲鹏开发套件应用快速入门/张磊编著. —北京:清华大学出版社,2022.7(2025.1重印)
(计算机技术开发与应用丛书)
ISBN 978-7-302-60383-2

Ⅰ. ①鲲… Ⅱ. ①张… Ⅲ. ①移动终端-应用程序-程序设计 Ⅳ. ①TN929.53

中国版本图书馆 CIP 数据核字(2022)第 047622 号

责任编辑:赵佳霓
封面设计:吴 刚
责任校对:郝美丽
责任印制:杨 艳

出版发行:清华大学出版社
   网   址:https://www.tup.com.cn,https://www.wqxuetang.com
   地   址:北京清华大学学研大厦 A 座   邮   编:100084
   社 总 机:010-83470000   邮   购:010-62786544
   投稿与读者服务:010-62776969,c-service@tup.tsinghua.edu.cn
   质量反馈:010-62772015,zhiliang@tup.tsinghua.edu.cn
   课件下载:https://www.tup.com.cn,010-83470236
印 装 者:三河市龙大印装有限公司
经 销:全国新华书店
开 本:186mm×240mm 印 张:24.25   字 数:548千字
版 次:2022 年 9 月第 1 版   印 次:2025 年 1 月第 2 次印刷
印 数:2001~2800
定 价:99.00 元

产品编号:094528-01

前言
PREFACE

鲲鹏架构推出的这几年,获得了飞速的发展,生态越来越丰富,合作伙伴也发展到了几千家,经过鲲鹏认证的解决方案更是达到了上万套,并且还在持续快速增长中。鲲鹏开发套件的使命,也从最初1.0版本的协助开发者进行应用的迁移转变到了2.0版本的鲲鹏原生开发上来。

鲲鹏开发套件功能强大,内涵丰富,涵盖了鲲鹏开发框架、原生编程语言和编译器、云上自动测试平台、全场景性能调优4大模块,从开发、编译、调试、测试到更高级的性能调优,鲲鹏开发套件都提供了全程的工具支持,并且对于初学者,还很贴心地提供了免费的鲲鹏虚拟化环境——远程实验室,可以让所有对鲲鹏架构感兴趣的使用者无后顾之忧地进行鲲鹏架构的学习和研究。

鲲鹏开发套件功能的强大也有两面性,虽然套件本身易用性非常好,不管是安装部署、还是功能使用都非常人性化,但毕竟功能点是海量的,涉及的技术方向也非常多,对初学者来讲,如果有一本系统性地介绍开发套件的书籍可以参考,则在一定程度上会降低学习的难度,从而更好、更快地掌握鲲鹏开发套件的实际使用,这也是本书编写的出发点。

本书在编写时,虽然覆盖了当时已发布模块所有的功能点,但是,只对其中80%的功能进行了详细介绍,一些不太常用的功能只是点到即止;对于开发套件支持的多种操作系统,本书也是以CentOS和openEuler为主,介绍在这些操作系统上的实际使用;这样,可以帮助读者聚焦主要的使用场景,节省学习的时间,降低学习的难度。

鲲鹏开发套件毕竟是一个较新的开发工具,可以参考的资料较少,本书在编写时主要参考了《鲲鹏处理器架构与编程》《鲲鹏架构入门与实战》及鲲鹏开发套件本身随附的文档,特别是在一些定义的解释上,很难刻意避开套件本身文档的说明,在没有更确切解释的时候,就直接采用了文档的说明,在此对上述书籍和文档的编写者表示感谢。

因为作者水平有限,书中错漏之处在所难免,恳请读者批评指正。

本书主要内容

第1章介绍鲲鹏开发套件推出的背景及开发套件远程实验室免费申请的流程。第2章介绍鲲鹏代码迁移工具的用法,包括迁移工作的评估、源代码的迁移、x86软件包的重构等内容。第3章介绍鲲鹏架构下专用的加速库,可以在不更改或者极少代码更改的前提下,充分利用鲲鹏架构优良的软硬件性能。第4章介绍针对鲲鹏架构进行优化的专用编译器,包括毕昇编译器、毕昇JDK和鲲鹏GCC,最后演示了如何通过编译器插件实现远程调试。第

5 章总体介绍鲲鹏性能分析工具的 4 个子工具，并演示了公共功能的使用。第 6 章介绍鲲鹏性能分析工具中快速调优的工具——鲲鹏调优助手的用法。第 7 章介绍鲲鹏性能分析工具中系统性能分析工具的用法，包括全景分析、微架构分析、热点函数分析等 9 种分析任务类型，最后给出调优示例。第 8 章介绍如何使用鲲鹏性能分析工具中鲲鹏 Java 性能分析工具对鲲鹏架构下的 Java 应用进行性能分析，最后也给出调优示例。第 9 章介绍鲲鹏性能分析工具中系统诊断工具的用法，演示如何进行内存诊断和网络 I/O 诊断。第 10 章介绍直接在鲲鹏架构运行 x86 应用的动态二进制指令翻译工具 ExaGear。

致谢

感谢清华大学出版社的赵佳霓编辑及其他工作人员，你们专业、细致、耐心的工作是本书顺利出版的保证。

感谢华为鲲鹏开发套件的设计开发工程师，和你们的交流给了我莫大的信心，也使我对鲲鹏开发套件有了更进一步的理解。

感谢华为鲲鹏社区的朋友们，给我提供了很多深入参与鲲鹏社区的机会，也更了解了鲲鹏架构。

最后感谢我的家人，给我提供了安心写作的环境，你们的支持永远是我动力的源泉。

作者

2022 年 6 月于青岛

本书源代码

目 录
CONTENTS

第 1 章

鲲鹏开发套件简介

1.1 背景

鲲鹏架构是华为公司推出的兼容 ARM V8 架构的服务器处理器架构,在此基础上华为先后推出了鲲鹏 912、鲲鹏 916、鲲鹏 920 等系列的服务器处理器,这些处理器实现的是 RISC 精简指令集,因为历史的原因,目前主流的服务器架构是 x86 架构,该架构实现的是 CISC 复杂指令集。

在当前的存量服务器软件市场上,x86 架构处于事实上的统治地位,如果要让 x86 架构的软件在 ARM 架构上运行,因为指令集的不同,开发者可能需要对代码进行跨处理器平台的移植。这个移植工作工作量大、不容易评估、周期长、错误率高,而且移植后往往会出现性能问题,需要借助专家经验进行调优。在整个移植和调优过程中,因为过于依赖个人的经验,致使开发效率不高,出现更替时很可能会导致项目延期。

为了解决这个问题,方便开发者在鲲鹏处理器上高效进行软件的开发、移植和调优,华为从 2019 年开始,陆续发布了鲲鹏分析扫描工具、鲲鹏代码迁移工具、鲲鹏性能分析工具等多个鲲鹏开发辅助工具,这些工具在 2020 年被整合为统一的鲲鹏开发套件(Kunpeng DevKit)。鲲鹏开发套件是一个比较新的工具包,各个工具在发布后经过了比较频繁的版本更新,中间也逐步增加了多个方向的开发工具,当然也有工具合并的情况,在 2020 年年底,分析扫描工具和代码迁移工具被合并为统一的代码迁移工具。随着鲲鹏生态的快速发展及开发套件的逐步稳定,华为于 2021 年 9 月 25 日宣布推出鲲鹏开发套件 2.0,从“加速应用迁移”走向了“鲲鹏原生开发”。

1.2 包含的子工具

截至 2021 年年底,鲲鹏开发套件分为 5 个类别,分别是开发、编译调试、测试、调优 & 诊断及无源码迁移,下面分别简单介绍每个分类包含的实际工具。

1. 开发

针对鲲鹏开发,套件提供了迁移、加速、开发框架 3 个主要工具。

1) 鲲鹏代码迁移工具

鲲鹏代码迁移工具可扫描并自动分析待迁移软件,提供可迁移性评估报告;也可对待迁移软件进行源码分析,准确定位需迁移的代码,并给出友好的迁移指导或一键代码替换;同时支持将 x86 软件包重构成鲲鹏平台软件包、专项软件一键迁移及其他增强功能等,鲲鹏代码迁移工具支持浏览器和 IDE 插件的使用形式。

2) 鲲鹏加速库插件

支持 Visual Studio Code 和 IntelliJ 的 IDE 插件,能够扫描源码文件中可以使用鲲鹏加速库优化的函数或者汇编指令,并给出提示或生成报告。

3) 鲲鹏开发框架

鲲鹏开发框架充分利用鲲鹏平台的各类型算力及性能更优的第三方组件,提供工程管理向导、启发式编程、代码亲和检查等能力,可快速构建鲲鹏应用软件框架,帮助开发者更便捷地开发鲲鹏应用,使开发者高效创新。本书完稿时该模块尚未正式发布。

2. 编译调试

编译调试分类包含以下 4 个工具。

1) 鲲鹏编译插件

支持 Visual Studio Code 和 IntelliJ 的 IDE 插件,可以很方便地一键部署鲲鹏 GCC 和毕昇编译器,可以通过该插件对远程鲲鹏平台进行编译调试。

2) 毕昇编译器

针对鲲鹏平台优化的高性能编译器,基于开源 LLVM 开发。

3) 毕昇 JDK

可用于生产环境的高性能 JDK,基于 OpenJDK 开发。

4) 鲲鹏 GCC

针对鲲鹏平台优化的编译器工具链,基于开源 GCC 开发,包含编译器、汇编器、链接器。

3. 测试

在实际的企业级开发中,开发过程大都是在 x86 架构的台式机或者笔记本上进行的,为了保证最终开发的应用可以在鲲鹏架构上稳定运行,需要做充分的测试。鲲鹏开发套件提供了兼容性测试服务,可以对特定的应用进行兼容性测试、稳定性测试、性能测试、功耗测试和安全测试,快速出具专业和直观的测试结果,帮助提前发现并解决应用在鲲鹏服务器上运行的兼容性问题。本书完稿时该模块尚未正式发布。

4. 调优&诊断

性能分析工具是重要的可视化分析鲲鹏应用性能的工具,支持系统性能分析、Java 性能分析和系统诊断,包括以下 4 个子工具。

1) 调优助手

针对鲲鹏架构的服务器,可以生成模式化的系统性能指标,引导使用者有目的地进行系统瓶颈分析,从而快速实现性能调优。

2）系统性能分析工具

针对基于鲲鹏处理器的服务器进行性能分析，能够在运行状态收集硬件、操作系统、进程/线程、函数等各层次的性能数据及 CPU、内存、存储 I/O、磁盘 I/O 等硬件的性能指标，可以定位到系统瓶颈点及热点函数，并给出优化建议。

3）Java 性能分析

针对在基于鲲鹏处理器的服务器上运行的 Java 程序进行性能分析，收集并图形化显示 Java 程序的堆、线程、锁、垃圾回收等信息，据此分析热点函数、定位程序瓶颈点，并给出优化建议。

4）系统诊断

能够快速定位内存、I/O 等部件的异常，提供内存泄漏、内存消耗、内存溢出等问题的诊断能力，故障定位准确率达 90%，能够覆盖 80% 问题的诊断场景，可以为鲲鹏平台下的诊断、调试带来极大的便利。

5. 无源码迁移

通过华为动态二进制翻译工具 ExaGear，将 x86 平台上的 Linux 应用指令动态翻译为鲲鹏平台指令并运行，最终实现在 x86 平台上的 Linux 应用无须编译即可运行在鲲鹏平台上。

1.3　套件使用方式

鲲鹏开发套件的基本使用方式是通过浏览器来使用的，这样可以方便地体验套件的全部功能，特别是对于代码迁移工具和性能分析工具来讲，使用浏览器可以得到详细直观的分析结果。浏览器模式下的代码迁移工具如图 1-1 所示。

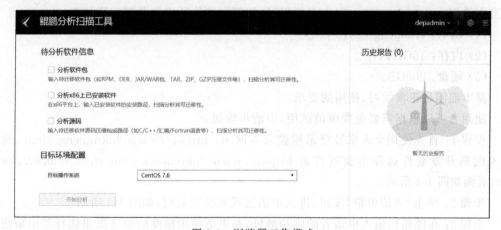

图 1-1　浏览器工作模式

除了浏览器工作模式，部分工具也支持插件工作模式，插件集成在 IDE 中，可以在线安装，在进行软件开发时，通过插件可以很方便地进行代码迁移或者代码调试等工作。插件模式下的代码迁移工具如图 1-2 所示。

图 1-2　插件工作模式

1.4　远程实验室

鲲鹏开发套件功能强大,可以为高效率、高性能、高质量的鲲鹏开发、调试、调优带来极大的便利,但是要想顺利地学习、使用鲲鹏开发套件还要解决两个问题,一个是鲲鹏服务器的获取,另一个是鲲鹏开发套件各个工具的安装配置,这两个问题的解决还是有一定难度的。

为了方便开发者快速学习及试用鲲鹏开发套件,华为提供了免费的鲲鹏开发套件远程实验室,如图 1-3 所示,申请者可以通过邮箱申请鲲鹏虚拟化环境,环境中已经预装了鲲鹏开发套件 Kunpeng DevKit。在本书编写时,鲲鹏虚拟化环境的典型配置如下。

(1) CPU：Kunpeng 920,8 核心。

(2) 内存：16GB 内存。

(3) 硬盘：200GB。

基本能满足正常学习、使用的要求。

使用者可以根据需要免费申请试用,申请步骤如下。

步骤 1：首先使用个人账号登录鲲鹏官方网站：https://www.hikunpeng.com/,然后进入鲲鹏开发套件远程实验室首页 https://www.hikunpeng.com/zh/developer/cloud-lab,页面如图 1-3 所示。

步骤 2：单击"立即申请"按钮,进入申请远程实验室页面,如图 1-4 所示。

步骤 3：在邮箱栏输入申请者的邮箱地址,在申请使用额度的单选框里选择要申请使用的时间,然后单击"我已阅读并同意《隐私政策声明》《设备借用协议》"复选框,确保选中,最后单击"提交申请"按钮,进入申请成功页面,如图 1-5 所示,这时会同步将实验室资源的相关登录账号等信息发送到申请的邮箱。

图 1-3　远程实验室

图 1-4　申请使用

图 1-5　申请成功

步骤 4(可选)：申请成功后可以单击"关闭"按钮关闭页面,也可以单击"回到远程实验室"按钮回到远程实验室首页,这时候会显示已经申请成功资源的剩余使用时间,如图 1-6 所示。

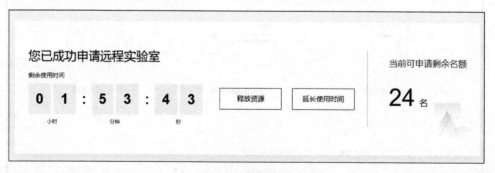

图 1-6　剩余时间

如果要提前释放资源,则可以单击"释放资源"按钮,如果时间不够使用,则可以单击"延长使用时间"按钮,以便获取额外的使用时间,如图 1-7 所示,每次最多可延长 6 小时,最长累计不超过 24 小时。

步骤 5：登录邮箱,查看申请的远程环境信息,具体信息如图 1-8 所示。

邮件的信息非常重要,上部是使用实验室的说明,包括演示 Demo 的下载网址和 SSL VPN 客户端的下载网址,中间是关于实验室服务器的网络地址和账号,这些信息在后面的

图 1-7　延长使用时间

图 1-8　邮件信息

使用过程中都会用到。邮件的最下部是已安装的工具信息,如图 1-9 所示,这些工具可以直接使用,不用自己安装。

步骤 6:根据邮件中 SSL VPN 客户端下载网址下载并安装 SSL VPN 客户端 SecoClient。

步骤 7:根据邮件信息配置 SecoClient,在第一次打开 SecoClient 的时候,需要在连接下拉列表框选择新建连接,如图 1-10 所示,此时会弹出新建连接的对话框,然后使用邮件中的 VPN 信息进行配置,如图 1-11 所示。

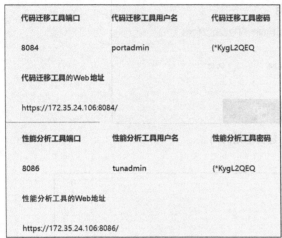

代码迁移工具端口　　代码迁移工具用户名　　代码迁移工具密码

8084　　　　　　　　portadmin　　　　　　　(*KygL2QEQ

代码迁移工具的Web地址

https://172.35.24.106:8084/

性能分析工具端口　　性能分析工具用户名　　性能分析工具密码

8086　　　　　　　　tunadmin　　　　　　　(*KygL2QEQ

性能分析工具的Web地址

https://172.35.24.106:8086/

图 1-9　已安装工具信息

图 1-10　SecoClient

图 1-11　新建连接

输入 VPN 网关信息后,单击"确定"按钮,会回到连接对话框,如图 1-12 所示,单击"连接"按钮,弹出"登录"对话框,输入邮件中的 VPN 用户名和密码,如图 1-13 所示,单击"登录"按钮后可能会弹出"警告"对话框,如图 1-14 所示,单击"继续"按钮,即可继续登录,登录成功后会在桌面的右下角弹出连接成功的对话框,如图 1-15 所示,然后就可以正常使用远程实验室了。

图 1-12　连接对话框

图 1-13　"登录"对话框

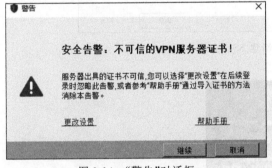

图 1-14　"警告"对话框

图 1-15　连接成功

步骤 8:使用 SSH 工具远程登录鲲鹏服务器,以 XShell 为例,在新建会话对话框里输入服务器弹性 IP 和 SSH 端口,如图 1-16 所示,然后单击"连接"按钮进行连接,随后根据提示输入用户名和密码,登录成功后的对话框如图 1-17 所示,此时可以输入 arch 命令查看处理器架构,如图 1-18 所示,可以看到架构是 aarch64。

步骤 9:直接使用鲲鹏开发套件中的工具,以鲲鹏性能分析工具为例,在浏览器网址栏输入邮件中的性能分析工具的 Web 地址,然后访问该地址,如图 1-19 所示,单击"高级"按钮,会出现如图 1-20 所示的页面,再单击"继续前往 172.35.24.106(不安全)"超链接,会进入登录页面,如图 1-21 所示,输入邮件中的用户名和密码,然后单击"确认"按钮,即可进入鲲鹏性能分析工具的首页,如图 1-22 所示,后续就可以正常使用了。

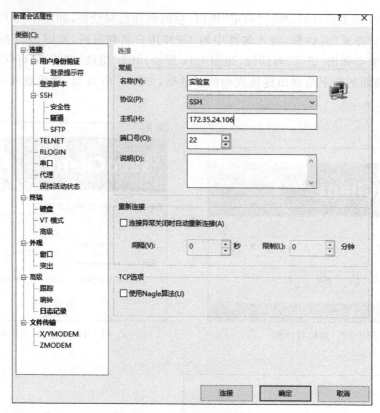

图 1-16　新建 SSH 会话

图 1-17　SSH 登录成功　　　　　　图 1-18　查看处理器架构

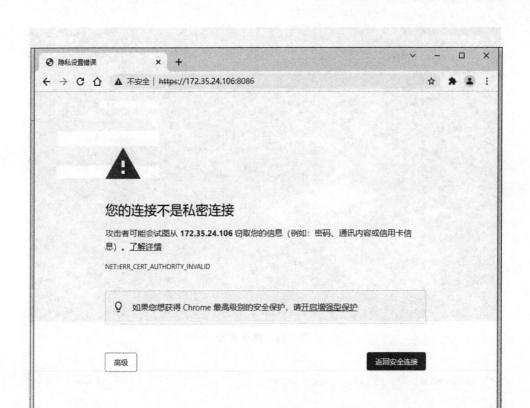

图 1-19　Web 访问

图 1-20　高级选项

图 1-21　登录页面

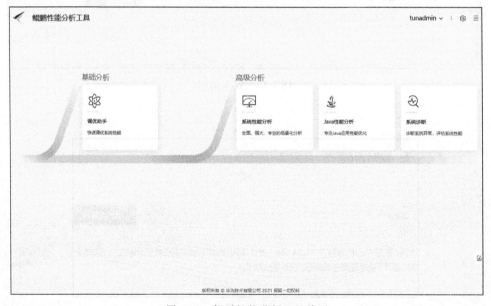

图 1-22　鲲鹏性能分析工具首页

第 2 章

鲲鹏代码迁移工具

2.1 鲲鹏代码迁移工具简介

鲲鹏代码迁移工具支持 x86 架构的服务器和基于鲲鹏 916、鲲鹏 920 的服务器,可以部署在 CentOS、openEuler、中标麒麟等基于 Linux 的操作系统上,不支持 Windows 操作系统的部署,本书编写时,最新版本是 2.3.T20。

鲲鹏代码迁移工具主要具有以下 5 大功能。

1. 软件迁移评估

扫描待迁移的 x86 软件包,给出可迁移性评估报告,对于需要迁移的依赖文件,如果鲲鹏库中有该依赖文件的鲲鹏兼容文件,就提供该兼容文件的下载链接。

2. 源码迁移

扫描给定的软件代码,包括 C/C++/FORTRAN/汇编语言的代码,给出修改建议;对于修改建议中的源代码,支持一键替换。

3. 软件包重构

对于 x86 平台上的软件包,分析其构成,把相关依赖文件替换为鲲鹏平台的兼容版本,并重构为鲲鹏平台适用的软件包。

4. 专项软件迁移

对于特定的复杂软件,支持向导式迁移,根据步骤说明,一步步完成软件的迁移,可以大大简化特定软件迁移的复杂度,从而提高成功率。

5. 增强功能

对软件代码质量执行静态检查,包括 64 位运行模式检查、结构体字节对齐检查、内存一致性检查。

本章将演示在 x86 架构的 CentOS 7.6 操作系统上安装及使用鲲鹏分析扫描工具,在鲲鹏架构和其他操作系统上安装及使用方式基本类似。

说明:在 2.2.T3 版本以前,鲲鹏代码迁移工具和鲲鹏分析扫描工具是两个独立的工具,需要分别安装部署才能使用。在 2.2.T3 版本发布时,两个工具合二为一,统一为鲲鹏代码迁移工具。

2.2 鲲鹏代码迁移工具的安装

1. 硬件要求

（1）服务器：x86 服务器或者基于鲲鹏 916、鲲鹏 920 的服务器。

（2）CPU：4 核 2.5GHz 及以上，推荐 8 核 2.5GHz 及以上。

（3）内存：空闲内存 8GB 以上，推荐 16GB 及以上。

（4）硬盘：安装空间 8GB 以上，工作空间 100GB 或以上。

2. 安装包

最新的软件安装包可以从鲲鹏代码迁移工具官网获取，网址为 https://www.hikunpeng. com/developer/devkit/porting-advisor，在此网页中，找到代码迁移工具软件包区域，可以根据提示下载适配 x86 服务器或者鲲鹏服务器的安装包。本次演示使用的是 2.3.T20 版本，下载网址为 https://mirror.iscas.ac.cn/kunpeng/archive/Porting_Dependency/Packages/Porting-advisor_2.3.T20_Linux-x86-64.tar.gz。

3. 安装步骤

鲲鹏代码迁移工具的安装支持两种模式，即 Web 模式和 CLI 模式，Web 模式只支持 root 用户安装，CLI 模式支持 root 用户和普通用户安装，相对来讲，Web 模式在工具使用的时候可操作性上更友好一些，本书的目的是快速入门，所以只介绍 Web 模式的安装和使用。

本次演示是在 x86 架构的 CentOS 7.6 操作系统上安装鲲鹏代码迁移工具，安装模式是 Web，其他环境的安装方式类似，就不一一说明了。

步骤 1：登录要安装的 x86 服务器。

步骤 2：创建并进入/data/soft/目录，下载安装包，命令如下：

```
[root@x86 ~]#mkdir -p /data/soft/
[root@x86 ~]#cd /data/soft/
[root@x86 soft]#wget
https://mirror.iscas.ac.cn/kunpeng/archive/Porting_Dependency/Packages/Porting - advisor_
2.3.T20_Linux - x86 - 64.tar.gz
```

步骤 3：解压安装包，命令如下：

```
tar - zxvf Porting - advisor_2.3.T20_Linux - x86 - 64.tar.gz
```

步骤 4：进入安装包所在的目录，查看解压后的文件：

```
[root@x86 soft]# cd Porting - advisor_2.3.T20_Linux - x86 - 64
[root@x86 Porting - advisor_2.3.T20_Linux - x86 - 64]#ll
```

确认 install 文件存在，该文件为安装文件。

步骤5：使用 Web 模式安装，命令及回显如下：

```
[root@x86 Porting - advisor_2.3.T20_Linux - x86 - 64]#./install web
Checking ./Porting - advisor_2.3.T20_Linux - x86 - 64 ...
Installing ./Porting - advisor_2.3.T20_Linux - x86 - 64 ...
Enter the installation path. The default path is /opt :
```

默认安装目录是/opt，如果使用这个目录，则直接按 Enter 键即可，也可以输入别的目录，这里直接按 Enter 键。

步骤6：接下来系统会检查工具的依赖项是否全部安装，如果有需要安装的依赖项，则会提示是否自动安装，此时输入 y，也就是自动安装，提示信息如下：

```
Start to install the Kunpeng Porting Advisor.
Decompressing files ...
Checking dependent Installations for Kunpeng Porting Advisor...
unzip already installed!
sudo already installed!
gcc already installed!
make already installed!
zlib already installed!
pcre already installed!
openssl already installed!
wget already installed!
cpio already installed!
rpm already installed!
acl already installed!
lsof already installed!
bzip2 already installed!
libcap already installed!
The following essential dependences have not been installed: java - devel expect zlib - devel
pcre - devel openssl - devel
The following optional dependences have not been installed: rpm - build rpmdevtools
Some risky components, will be automatically installed with the Kunpeng Porting Advisor. Do you
allow automatic installation of these components(y/n)?y
```

步骤7：系统依赖项安装完毕，选择服务器 IP 地址、HTTPS 端口号、tool 端口号等，可以根据需要输入，也可以直接按 Enter 键使用默认的配置，这里直接按 Enter 键，然后会提示是否允许创建 10 个用户来执行后台任务，输入 y 表示允许创建，回显如下：

```
Ip address list:
sequence_number          ip_address          device
[1]                      172.16.0.236        eth0
Enter the sequence number of listed ip as web server ip(default: 1):
Set the web server IP address 172.16.0.236
Please enter HTTPS port(default: 8084):
The HTTPS port 8084 is valid. Set the HTTPS port to 8084 (y/n default: y):
```

```
Set the HTTPS port 8084
Please enter tool port(default: 7998):
The tool port 7998 is valid. Set the tool port to 7998 (y/n default: y):
Set the tool port 7998
Installation environment check result:
SequenceNumber      CheckItem                  CheckResult      Suggestion
1                   system architecture        ok               N/A
2                   disk space                 ok               N/A
3                   system name                ok               N/A
4                   porting user               ok               N/A
5                   service configuration file ok               N/A
6                   tool installation path     ok               N/A
7                   user home directory        ok               N/A
8                   firewall port status       ok               N/A
Create user:porting success.
The tool will create 10 users (default portworker1 - 10) to execute background tasks. All the
users belong to the porting user group and have the same user permissions. Do you agree?(y/n)y
```

步骤 8：系统继续执行，创建用户完毕会提示是否安装 assembly 的依赖项，输入 y 表示进行安装，回显如下：

```
The required RPM packages for assembly will be downloaded from the following website:
--
http://vault.centos.org/centos/8.2.2004/BaseOS/x86_64/os/Packages/glibc - 2.28 - 101.el8.
x86_64.rpm
Do you want to install the dependencies for assembly? (y/n default: y)
```

步骤 9：根据提示操作，最终安装成功的回显如下：

```
The dependent libraries have been installed.
Porting Web console is now running, go to:
https://172.16.0.236:8084/porting/#/login
Successfully installed the Kunpeng Porting Advisor in /opt/portadv/.
```

4. 开通端口

鲲鹏代码迁移工具安装成功以后，并不一定就可以直接使用了，因为鲲鹏代码迁移工具默认需要使用 8084 端口，该端口需要确保处于开通状态，如果使用的是其他端口，也要保证其他端口处于开通状态。对于本地服务器来讲，一般端口处于开通状态，如果没有开通，则可配置防火墙设置，使其开通。如果使用的是云服务器，还要配置安全组规则，确保使用的端口是开通的。这里以华为云 ECS 为例进行开通端口的演示。

步骤 1：登录华为云的云服务器控制台，单击"弹性云服务器"超链接，如图 2-1 所示。

步骤 2：在弹性云服务器列表选择需要开放端口的服务器，单击"名称/ID"列的服务器名称，如图 2-2 所示，本次要设置安全规则的服务器名称是 x86。

步骤 3：在服务器详情页面进入"安全组"选项卡，如图 2-3 所示，单击"配置规则"超链接。

图 2-1　云服务器控制台列表

图 2-2　弹性云服务器列表

图 2-3　"安全组"选项卡

步骤 4：在配置规则页面，进入"入方向规则"选项卡，如图 2-4 所示，单击"添加规则"按钮。

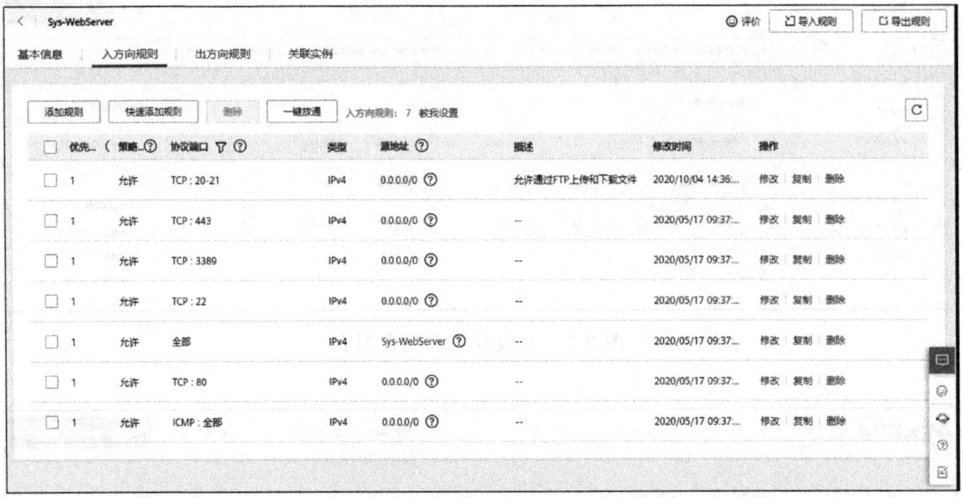

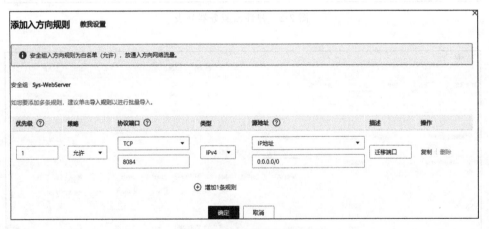

图 2-4 "入方向规则"选项卡

步骤 5：在弹出的"添加入方向规则"对话框中添加 8084 端口的访问规则，如图 2-5 所示，最后单击"确定"按钮，这样就完成了端口的开通。

图 2-5 添加入方向规则

2.3 鲲鹏代码迁移工具的使用

本节通过在 Windows 操作系统上使用 Chrome 浏览器来演示鲲鹏代码迁移工具的使用。

2.3.1 登录代码迁移工具

步骤1：在浏览器网址栏输入鲲鹏代码迁移工具的网络地址，格式为 https://IP：Port，本次演示使用的地址为 https://121.36.65.90：8084/，读者可以根据自己实际使用的 IP 地址和端口号确定工具地址。

如果是第一次访问，则可能会出现如图 2-6 所示的连接警告信息。

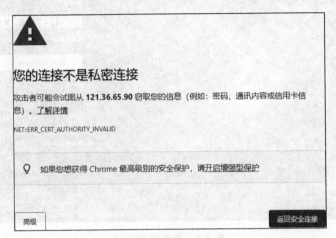

图 2-6 连接警告信息

这一般是因为安装迁移工具的服务器没有配置可信的正式 SSL 证书引起的。

步骤2：单击"高级"按钮，出现高级连接信息，如图 2-7 所示。

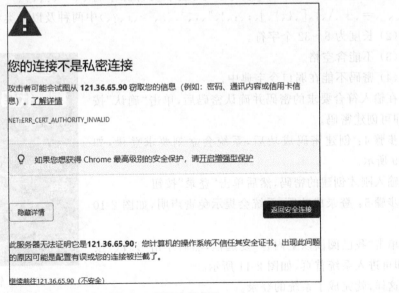

图 2-7 高级连接信息

步骤 3：单击"继续前往 121.36.65.90（不安全）"超链接，进入首次登录页面，如图 2-8 所示。

图 2-8　首次登录页面

对于首次登录，系统会提示创建管理员密码，管理员的用户名为 portadmin，该名称不能修改。密码的复杂性要求如下：

（1）必须包含大写字母、小写字母、数字及特殊字符（`、~、!、@、#、$、%、^、&、*、(、)、-、_、=、+、\、|、[、{、}、]、;、:、'、"、,、<、.、>、/、?、)中两种及以上类型的组合。

（2）长度为 8～32 个字符。

（3）不能含空格。

（4）密码不能在弱口令字典中。

在输入符合要求的密码并确认密码后，单击"确认"按钮，即可创建密码。

步骤 4：创建密码成功后，系统会立刻要求登录，如图 2-9 所示。

输入刚才创建的密码，然后单击"登录"按钮。

步骤 5：登录成功后，系统会提示免责声明，如图 2-10 所示。

单击"我已阅读以上内容"复选框，然后单击"确认"按钮，即可进入系统首页，如图 2-11 所示。

这样，就完成了系统的登录。

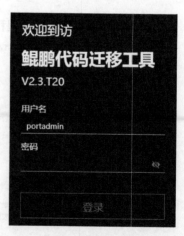

图 2-9　管理员登录

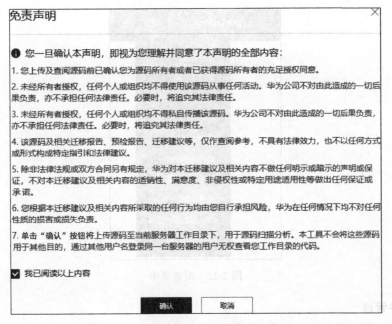

图 2-10　免责声明

图 2-11　系统首页

注意：使用代码迁移工具时，特别是源码迁移的功能，会把要分析的源码包上传到代码迁移工具所在的服务器，请务必保证服务器的安全性并合理分配使用人员的账号权限。

2.3.2　迁移工具的常用配置

在鲲鹏代码迁移工具首页的右上角，有一个齿轮标志 ⚙，把鼠标放到该标志上，会显示配置菜单，如图 2-12 所示。

图 2-12　配置菜单

1. 用户管理

在图 2-12 所示的菜单上单击"用户管理"菜单项,进入用户管理页面,如图 2-13 所示。

图 2-13　用户管理页面

鲲鹏代码迁移工具支持多用户管理,包括创建用户、重置密码、删除用户等功能。

1)创建用户

步骤 1:在用户管理页面单击"创建"按钮,弹出"创建用户"对话框,如图 2-14 所示。

步骤 2:根据页面提示输入用户名、管理员密码、密码、确认密码,其中密码的复杂性要求如下:

图 2-14 创建用户

(1) 必须包含大写字母、小写字母、数字及特殊字符(`、~、!、@、#、$、%、^、&、*、(、)、-、_、=、+、\、|、[、{、}、]、;、:、'、"、,、<、.、>、/、?、)中两种及以上类型的组合。

(2) 长度为 8～32 个字符。

(3) 不能含空格。

(4) 不能是弱口令字典中的密码。

步骤 3：用户信息输入无误后，单击"确认"按钮，即可完成用户的创建，以新用户名 kunpeng 为例，创建用户成功后的页面如图 2-15 所示。

图 2-15 创建用户成功

2) 修改密码

单击"操作"列的"修改密码"超链接，如图 2-15 所示，弹出"修改密码"对话框，如图 2-16 所示。

输入旧密码、新密码和确认密码，然后单击"确认"按钮即可修改密码。密码的复杂性要求如下：

(1) 必须包含大写字母、小写字母、数字及特殊字符(`、~、!、@、#、$、%、^、&、*、(、)、-、_、=、+、\、|、[、{、}、]、;、:、'、"、,、<、.、>、/、?、)中两种及以上类型的组合。

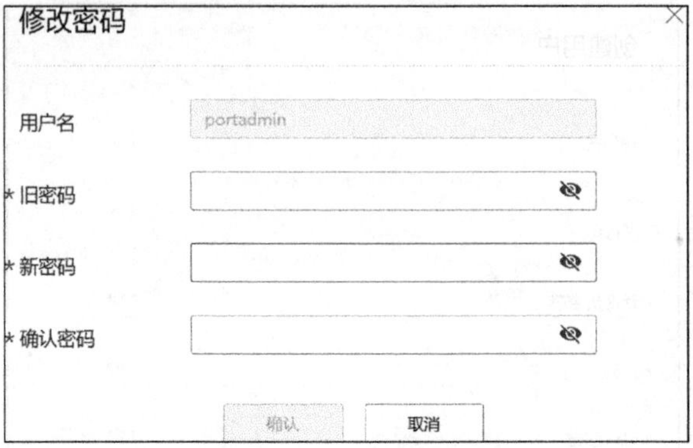

图 2-16 修改密码

（2）长度为 8～32 个字符。

（3）不能含空格。

（4）密码不能在弱口令字典中。

3）重置密码

对于非管理员用户，管理员可以对其重置密码，单击"操作"列的"重置密码"超链接，如图 2-15 所示，弹出"重置密码"对话框，如图 2-17 所示。

图 2-17 重置密码

输入管理员密码、新密码、确认密码，确认无误后单击"确认"按钮，即可完成密码的重置，新的密码需要通过安全的渠道通知用户。重置密码的密码复杂度要求和修改密码的复杂度要求一样，此处就不再赘述了。

4）删除用户

对于非管理员用户，管理员可以对用户进行删除，单击"操作"列的"删除"超链接，如图 2-15 所示，弹出"删除用户"确认对话框，如图 2-18 所示。

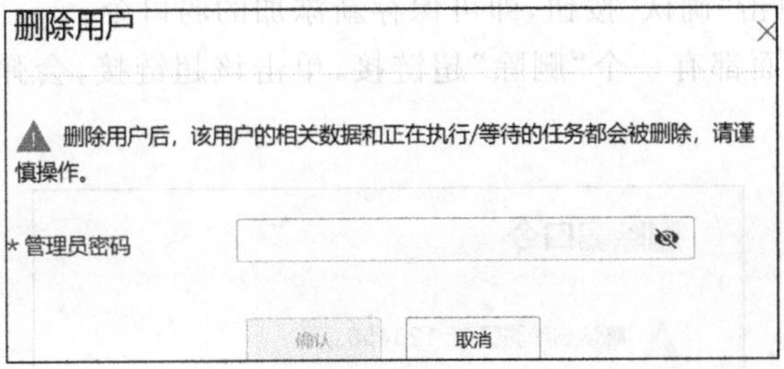

删除用户

⚠ 删除用户后,该用户的相关数据和正在执行/等待的任务都会被删除,请谨慎操作。

* 管理员密码

确认　　　取消

图 2-18　删除用户

输入管理员密码后,单击"确认"按钮即可删除用户。

2. 弱口令字典

在图 2-12 所示的菜单上单击"弱口令字典"菜单项,进入弱口令字典页面,如图 2-19 所示。

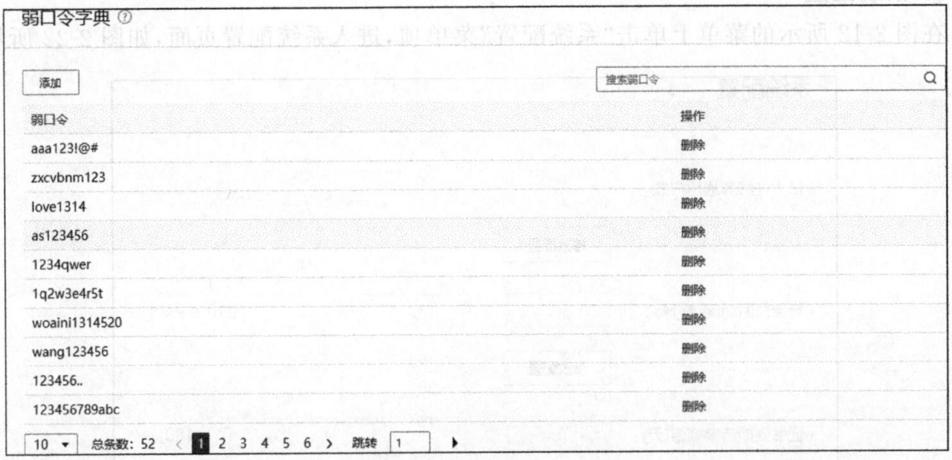

弱口令字典 ⑦

添加		搜索弱口令
弱口令		操作
aaa123!@#		删除
zxcvbnm123		删除
love1314		删除
as123456		删除
1234qwer		删除
1q2w3e4r5t		删除
woaini1314520		删除
wang123456		删除
123456..		删除
123456789abc		删除

10 ▾　总条数: 52　< **1** 2 3 4 5 6 > 跳转 1 ▸

图 2-19　弱口令字典

弱口令字典中的很多密码,虽然看似满足密码的复杂性要求,但是因为被很多人同时选用,很容易被黑客通过密码字典攻破,所以,通过弱口令字典检测就可以避免使用大家常用的密码。

单击"添加"按钮,弹出"添加弱口令"对话框,如图 2-20 所示。

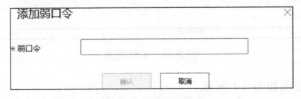

添加弱口令

* 弱口令

确认　　　取消

图 2-20　添加弱口令

输入弱口令后,单击"确认"按钮,即可保存新添加的弱口令。

在每个弱口令后面都有一个"删除"超链接,单击该超链接,会弹出"删除弱口令"对话框,如图 2-21 所示。

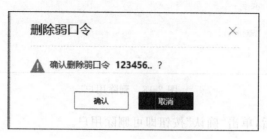

图 2-21　删除弱口令

单击"确认"按钮,即可删除弱口令。

3. 系统配置

在图 2-12 所示的菜单上单击"系统配置"菜单项,进入系统配置页面,如图 2-22 所示。

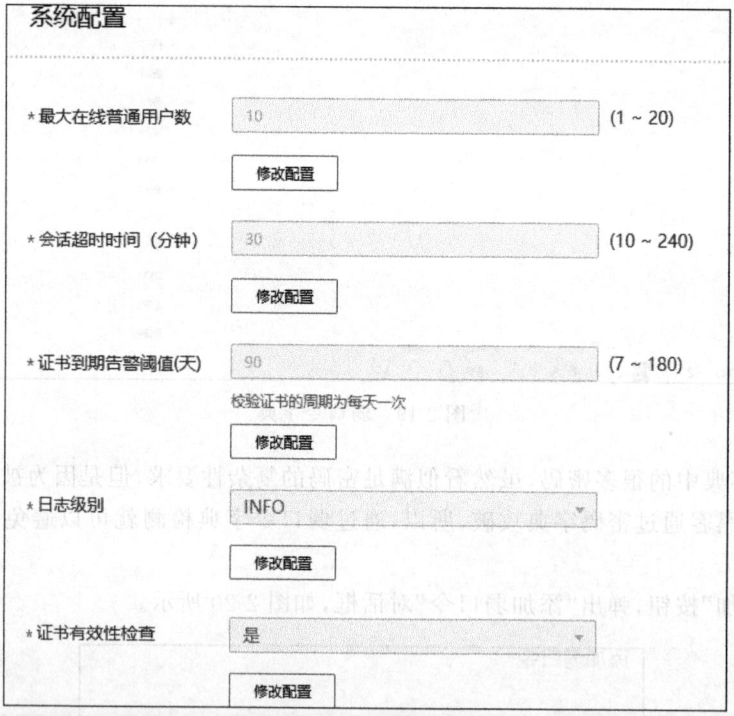

图 2-22　系统配置

各个配置项的说明如表 2-1 所示。

表 2-1 系统配置信息

配　置　项	说　　　明
最大在线普通用户数	普通用户的最大同时登录数,管理员不受限制
会话超时时间(分钟)	如果在给定时间内没有在 Web UI 界面执行任何操作,则系统将自动退出,此时需输入用户名和密码重新登录 Web UI 界面
证书到期告警阈值(天)	服务器端证书过期时间距离当前时间的天数,如果超过该天数,则将给出告警
日志级别	记录日志的级别,默认记录 INFO 及以上的日志
证书有效性检查	在软件包重构过程中是否检查下载依赖文件服务器端的证书有效性,默认检查

单击各个配置项的"修改配置"按钮,便可进入配置修改状态,可以修改原先的配置,然后单击"确认"按钮保存配置,如图 2-23 所示。

图 2-23 修改配置

4. 日志

在图 2-12 所示的菜单上单击"日志"菜单项,进入日志页面,如图 2-24 所示。

操作用户	操作名称	操作结果	操作时间	操作详情
portadmin	Log in	● Successful	2021-11-09 12:50:54	User(ip=192.168.200.130) logged in successfully.
portadmin	Timeout	● Timeout	2021-11-09 12:30:37	User logout timed out.
portadmin	Log in	● Successful	2021-11-09 12:00:31	User(ip=192.168.200.130) logged in successfully.
portadmin	Log out	● Successful	2021-11-09 12:00:22	User(ip=192.168.200.130) logged out successfully.
portadmin	Change password	● Successful	2021-11-09 12:00:22	User reset password successfully.
portadmin	First reading disclaimer	● Successful	2021-11-09 12:00:11	First Read disclaimer successfully.
portadmin	Log in	● Successful	2021-11-09 12:00:07	User(ip=192.168.200.130) logged in successfully.

图 2-24 日志

日志分为两类,分别是操作日志和运行日志。操作日志主要记录用户的各种修改操作或者系统定时任务;运行日志是一个压缩包,叫作 log.zip,里面存储了程序运行过程中的必要信息,支持一键下载,在程序出现异常时,可以帮助开发人员快速定位问题。

5. 依赖字典

在 x86 架构下的应用,大部分对 so 库有依赖,在迁移到鲲鹏架构时,要保证这些 so 库对鲲鹏架构也是兼容的,为了方便从 x86 架构到鲲鹏架构的迁移,华为预先做了大量的工作,把常用的 x86 架构下的 so 库制作出了鲲鹏兼容的版本,而这个依赖字典,则是记录这些兼容的 so 库文件的,这样,在进行软件迁移时,可以直接给出兼容 so 库的下载网址,不用开发者自己去完成兼容 so 库的制作。

因为华为在逐步完善鲲鹏架构下的 so 库,会不断地将新的兼容性 so 库添加到依赖字典,所以,鲲鹏代码迁移工具支持依赖字典的升级和恢复。

在图 2-12 所示的菜单上单击"依赖字典"菜单项,进入依赖字典页面,如图 2-25 所示。

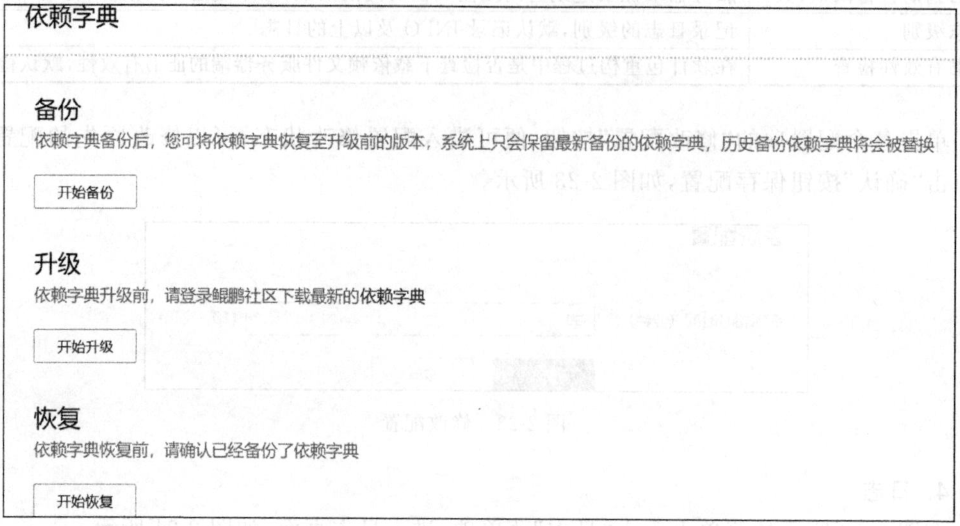

依赖字典

备份

依赖字典备份后,您可将依赖字典恢复至升级前的版本,系统上只会保留最新备份的依赖字典,历史备份依赖字典将会被替换

开始备份

升级

依赖字典升级前,请登录鲲鹏社区下载最新的依赖字典

开始升级

恢复

依赖字典恢复前,请确认已经备份了依赖字典

开始恢复

图 2-25　依赖字典

1) 备份

单击"开始备份"按钮,会出现管理员密码输入页面,如图 2-26 所示。

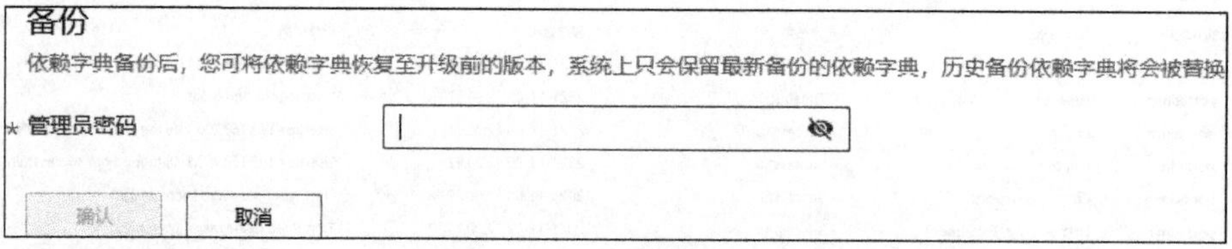

备份

依赖字典备份后,您可将依赖字典恢复至升级前的版本,系统上只会保留最新备份的依赖字典,历史备份依赖字典将会被替换

★ 管理员密码 ｜ 👁

确认　取消

图 2-26　依赖字典备份

输入密码后,单击"确认"按钮,会出现备份进度页面,最终系统提示依赖字典备份成功,如图 2-27 所示,备份文件的存储目录默认为/opt/portadv/portadmin/dependency_dictionary_backup。

2) 升级

在升级前需要从鲲鹏社区下载最新的依赖字典压缩包,网址为 https://mirror. iscas. ac. cn/kunpeng/

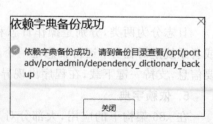

依赖字典备份成功　　　✕

依赖字典备份成功,请到备份目录查看/opt/port adv/portadmin/dependency_dictionary_back up

关闭

图 2-27　依赖字典备份成功

archive/Porting_Dependency/Packages/,在该网址下列出了鲲鹏开发套件需要的各种软件包,依赖包文件名称的格式一般为 Dependency_dictionary-package_版本号_Linux. tar. gz,针对演示的版本,本书编写时的最新依赖包名称为 Dependency_dictionary-package_ 2. 3. T10_Linux. tar. gz,单击该依赖包名称即可下载。

单击"开始升级"按钮,提示下载依赖字典压缩包并输入管理员密码,如图 2-28 所示。

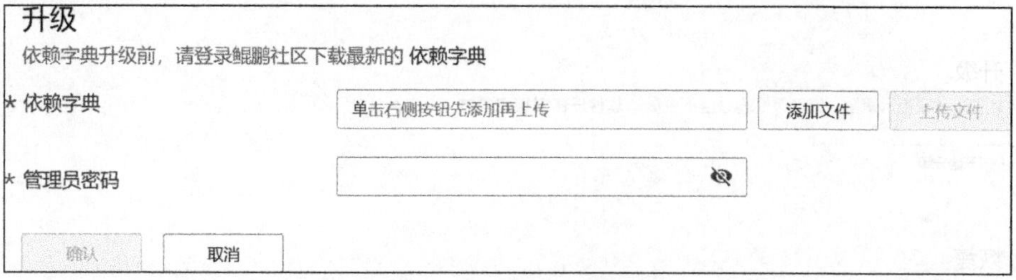

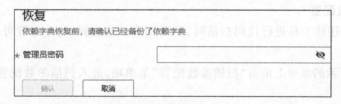

图 2-28　依赖字典升级

按照提示上传依赖字典压缩包,并输入管理员密码,然后单击"确认"按钮,即可进行依赖字典升级。如果系统检测到当前版本已经是最新的版本,则将不会升级。

3) 恢复

单击"开始恢复"按钮,提示输入管理员密码,如图 2-29 所示。

恢复
依赖字典恢复前, 请确认已经备份了依赖字典

★ 管理员密码　　　　　　　　　　　　　　　　　　　　　👁

　　确认　　取消

图 2-29　依赖字典恢复

输入管理员密码后,单击"确认"按钮,即可恢复依赖字典。

6. 软件迁移模板

某些常用的重要软件,迁移的过程比较复杂,需要考虑的因素很多,针对这种情况,华为提供了专项软件迁移功能,可以提供迁移的向导,一步一步指导使用者完成应用的迁移。这些软件的迁移向导,就存储在软件迁移模板里,华为可以根据需要更新迁移模板,完善迁移体验。

在图 2-12 所示的菜单上单击"软件迁移模板"菜单项,进入软件迁移模板页面,如图 2-30 所示。

1) 备份

软件迁移模板的备份操作类似于依赖字典的备份,此处就不赘述了。

2) 升级

软件迁移模板的资源包文件名称的格式为 Migration-package_版本_Linux. tar. gz,其他操作类似于依赖字典的升级,此处就不赘述了。

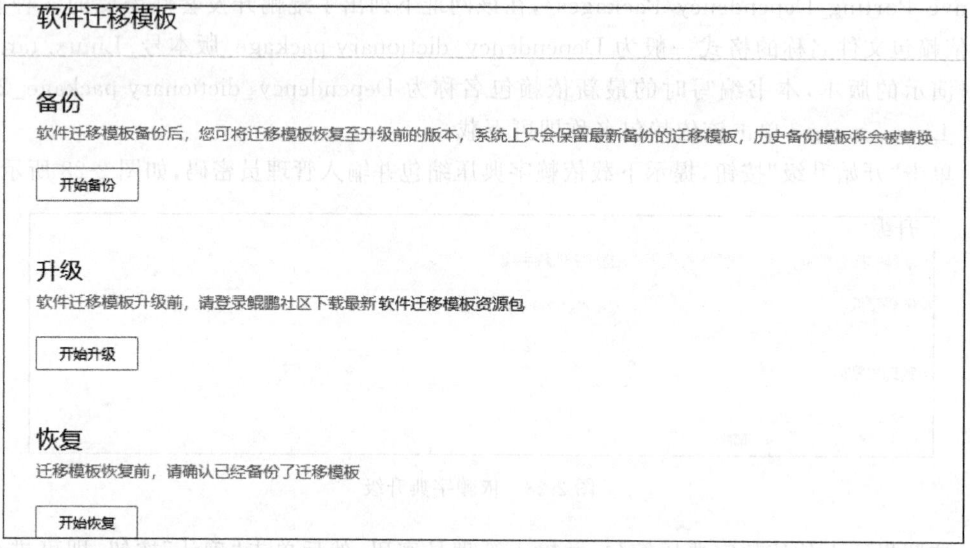

图 2-30　软件迁移模板

3）恢复

软件迁移模板的恢复操作类似于依赖字典的恢复，此处就不赘述了。

7．扫描参数配置

在鲲鹏代码迁移工具进行代码扫描时，需要用到一些配置，这些配置可以根据使用者的需要进行更改。

在图 2-12 所示的菜单上单击"扫描参数配置"菜单项，进入扫描参数配置页面，如图 2-31所示。

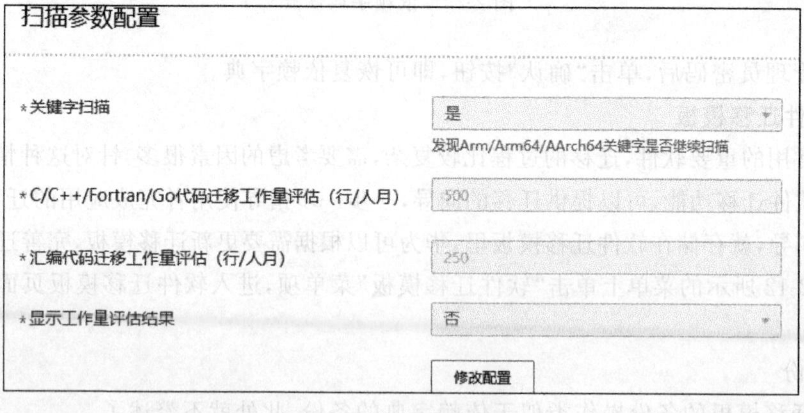

图 2-31　扫描参数配置

各个参数说明如下。

（1）关键字扫描：需要扫描的文件都是针对 x86 架构开发的，一般不会出现类似 Arm/

Arm64/AArch64 等和 Arm 架构相关的关键字,如果出现了这些关键字,则本配置用来决定是否继续扫描,默认为"是"。

(2) C/C++/Fortran/Go 代码迁移工作量评估:这类源代码的迁移工作量计算基准,按照每人月迁移的代码行数计算,默认为 500 行。

(3) 汇编代码迁移工作量评估:汇编代码的迁移工作量计算基准,因为汇编代码迁移难度较高,每个人月能完成的代码行数要远小于 C/C++/Fortran/Go,默认为 250 行。

(4) 显示工作量评估结果:在生成的报告中是否显示"预估迁移工作量",默认为"否"。当需要修改配置时,单击"修改配置"按钮,会出现修改扫描参数页面,如图 2-32 所示。

图 2-32 修改扫描参数配置

修改扫描参数并输入用户密码,然后单击"确认"按钮,即可保存配置的更改。

8. 阈值设置

如果生成的历史报告过多,则会占用大量的存储空间,鲲鹏代码迁移工具通过设置提示阈值和最大阈值的方式来避免出现空间大量占用的情况。

在图 2-12 所示的菜单上单击"阈值设置"菜单项,进入阈值设置页面,如图 2-33 所示。

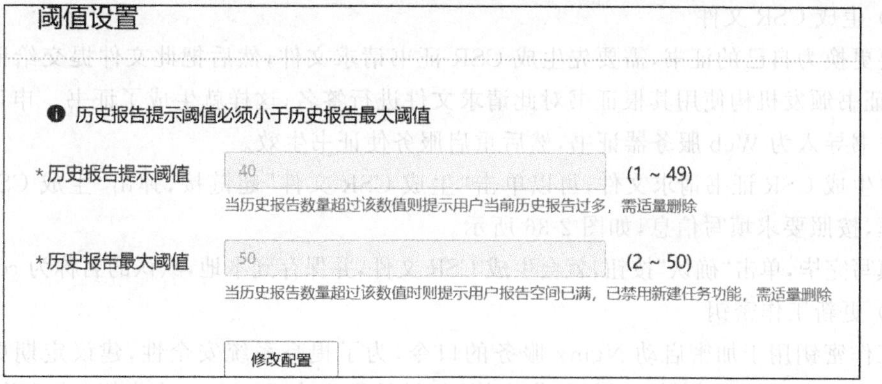

图 2-33 阈值设置

单击"修改配置"按钮可以修改阈值的值,如图 2-34 所示。

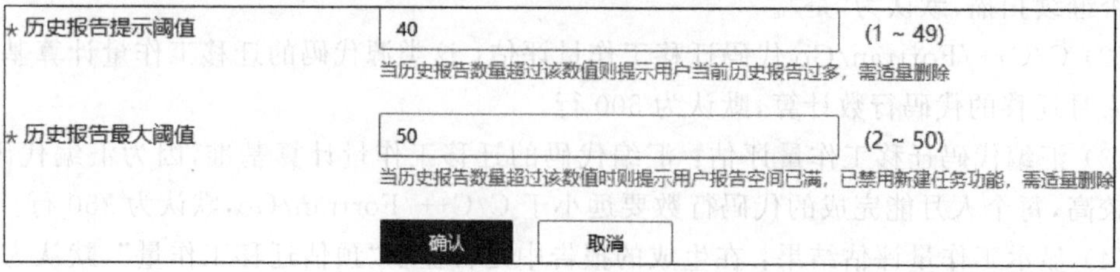

图 2-34　修改阈值设置

修改阈值后,单击"确认"按钮,即可保存修改。

9. Web 服务器端证书

为了保证浏览器到服务器端的通信安全性,鲲鹏代码迁移工具支持 SSL 证书的加密通信,在安装工具时,会自动安装证书。为了提高安全性,使用者可以使用自己的证书来替换工具默认的证书。

登录鲲鹏代码迁移工具主页面,在图 2-12 所示的菜单上单击"Web 服务器端证书"菜单项,进入 Web 服务器端证书页面,如图 2-35 所示。

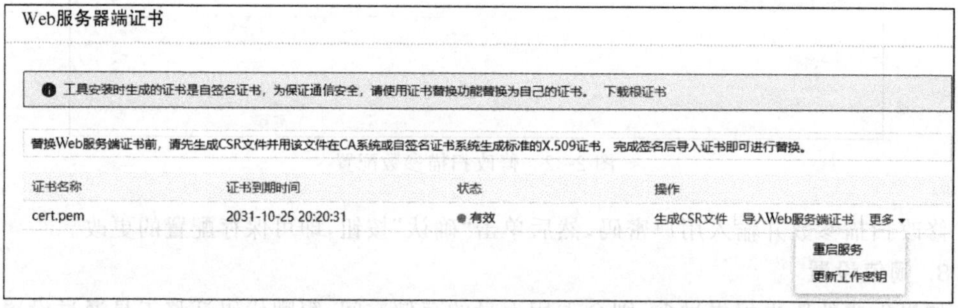

图 2-35　Web 服务器端证书

该页面列出了证书的参数信息,包括证书名称、证书到期时间、状态等。

1) 生成 CSR 文件

要更换为自己的证书,需要先生成 CSR 证书请求文件,然后把此文件提交给证书颁发机构,证书颁发机构使用其根证书对此请求文件进行签名,这样就生成了证书。申请者可以把此证书导入为 Web 服务器证书,然后重启服务使证书生效。

要生成 CSR 证书请求文件,可以单击"生成 CSR 文件"超链接,弹出"生成 CSR 文件"对话框,按照要求填写信息,如图 2-36 所示。

填写完毕,单击"确认"按钮,就会生成 CSR 文件,并保存到本地,默认的名称为 cert.csr。

2) 更新工作密钥

工作密钥用于加密启动 Nginx 服务的口令,为了提高系统安全性,建议定期更新工作密钥,如图 2-35 所示,单击"更新工作密钥"超链接即可自动更新工作密钥,然后单击"重启

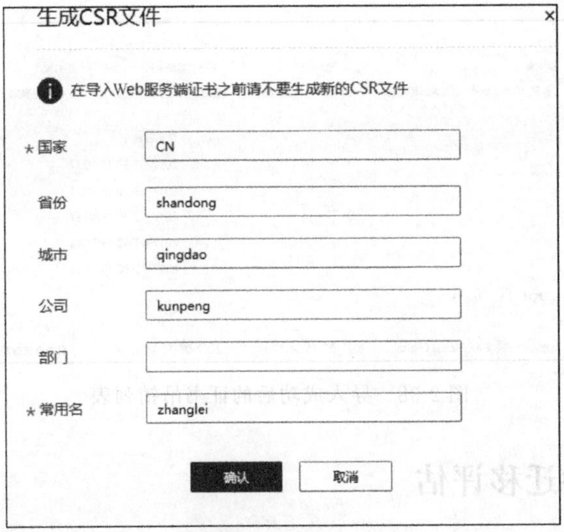

生成CSR文件　　　　　　　　　　　　　　　　　　　×

ⓘ 在导入Web服务端证书之前请不要生成新的CSR文件

★ 国家　　　　CN

省份　　　　shandong

城市　　　　qingdao

公司　　　　kunpeng

部门

★ 常用名　　　zhanglei

确认　　　　取消

图 2-36　生成 CSR 文件

服务"超链接,重启服务使工作密钥生效。

10. 证书吊销列表

证书吊销列表(Certificate Revocation List,CRL)是 PKI 系统中的一个结构化数据文件,该文件包含了证书颁发机构(CA)已经吊销的证书的序列号及其吊销日期。如果在系统配置里配置了启用"证书有效性检查",则在软件包重构过程中会使用证书吊销列表检查下载依赖文件服务器端的证书。

登录鲲鹏代码迁移工具主页面,在图 2-12 所示的菜单上单击"证书吊销列表"菜单项,进入证书吊销列表页面,如图 2-37 所示。单击"导入"按钮,在弹出的对话框中选择要导入的证书吊销列表文件,导入成功后的页面如图 2-38 所示。

证书吊销列表

证书吊销列表会在软件包重构过程中检查下载依赖文件服务端的证书有效性,且证书导入数量最多不超过三份,且只有管理员能操作。

导入

文件名称　　　颁发者　　　生效日期　　　下一次更新时间　　　证书状态　　　操作

暂无证书吊销列表导入信息

图 2-37　证书吊销列表

文件名称前如果有上下箭头,则单击时可以折叠或者展开证书列表;在"证书状态"列可以看到证书状态,对于已经过期的证书,需要尽快导入新的有效证书。单击"操作"列的"删除"超链接,会弹出"删除确认"对话框,确认后便可以删除证书吊销列表文件。

图 2-38　导入成功后的证书吊销列表

2.3.3　软件迁移评估

在鲲鹏代码迁移工具的主页面,左侧是功能列表,第 1 个项目是软件迁移评估,单击"软件迁移评估"超链接,即可出现软件迁移评估的操作页面,如图 2-39 所示。

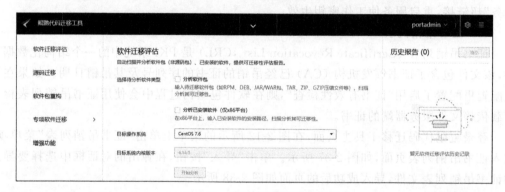

图 2-39　软件迁移评估页面

软件迁移评估可以自动扫描分析软件包或者已安装的软件,检查其中包含的 so 依赖库和可执行文件,如果是 Java 软件包,还会检查二进制文件,在评估 so 库和可执行文件、二进制文件后,系统便可给出可迁移性报告。

1. 分析软件包

步骤 1:单击软件迁移评估页面中"分析软件包"复选框,显示分析软件包页面,如图 2-40 所示。

步骤 2:要上传待分析的软件包,有两种方式:一种是手动将软件包上传到服务器指定位置;另一种更方便的方式是直接单击"上传"按钮,选择要分析的软件包并上传,上传成功后的页面如图 2-41 所示。

步骤 3:上传成功后设置目标操作系统和目标操作系统的内核版本,然后单击"开始分析"按钮,系统即开始分析,分析成功后的提示对话框如图 2-42 所示。

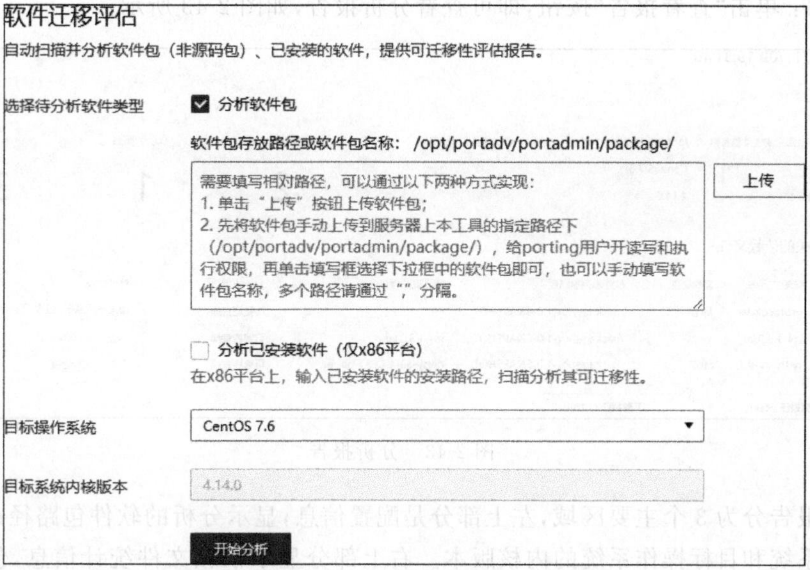

图 2-40　分析软件包

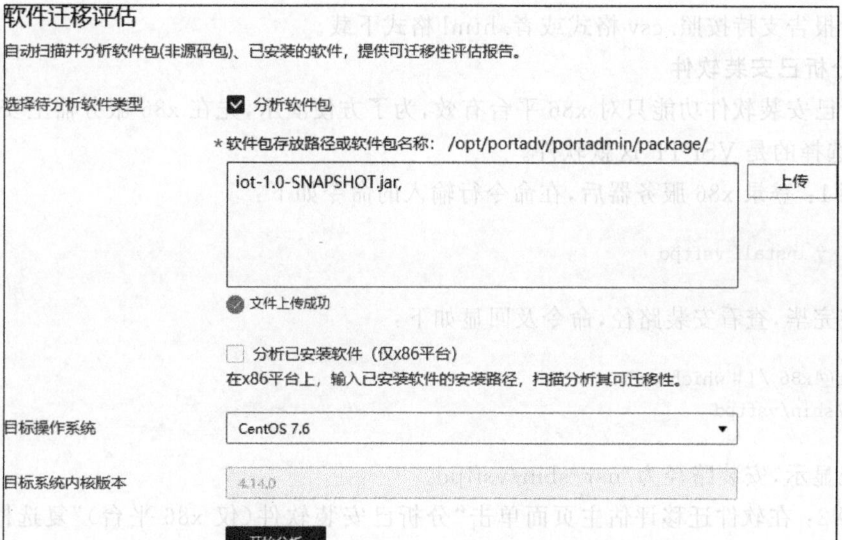

图 2-41　上传成功

图 2-42　分析成功

步骤 4：单击"查看报告"按钮，即可查看分析报告，如图 2-43 所示。

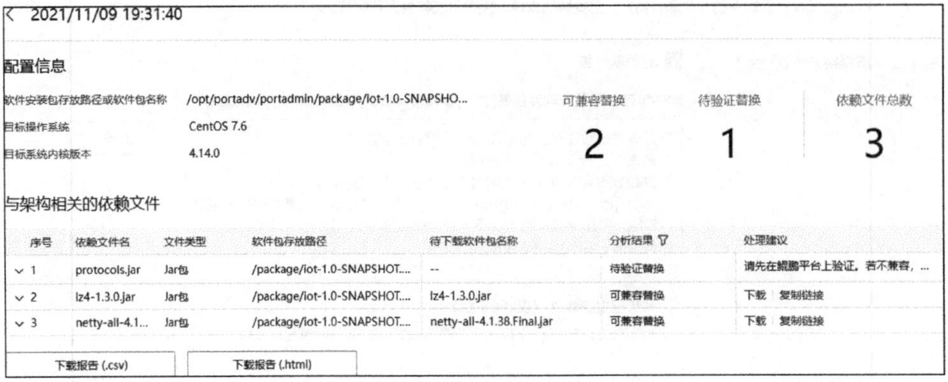

图 2-43　分析报告

　　分析报告分为 3 个主要区域，左上部分是配置信息，显示分析的软件包路径或者名称及目标操作系统和目标操作系统的内核版本。右上部分显示依赖文件统计信息，包括依赖文件总数、可兼容替换的数量及待验证替换的数量。下部是与架构相关的依赖文件的详细信息，对于可兼容替换的依赖文件，提供了下载链接，对于兼容性未知的文件，提示用户自行验证。分析报告支持按照.csv 格式或者.html 格式下载。

2. 分析已安装软件

　　分析已安装软件功能只对 x86 平台有效，为了方便演示，先在 x86 服务器上安装一个软件，这次选择的是 VSFTP 这款软件。

　　步骤 1：登录 x86 服务器后，在命令行输入的命令如下：

```
yum - y install vsftpd
```

安装完毕，查看安装路径，命令及回显如下：

```
[root@x86 /]# which vsftpd
/usr/sbin/vsftpd
```

系统显示，安装路径为/usr/sbin/vsftpd。

　　步骤 2：在软件迁移评估主页面单击"分析已安装软件（仅 x86 平台）"复选框，在"x86 上已安装路径"输入框内填写 VSFTP 的安装路径，页面如图 2-44 所示。

　　步骤 3：选择目标操作系统和目标操作系统的内核版本，然后单击"开始分析"按钮，系统分析成功后的提示对话框和图 2-42 类似。

　　步骤 4：查看报告和"分析软件包"的步骤 4 类似，此处就不再赘述了。

3. 历史报告

　　在软件迁移评估主页面右侧是历史报告区域，如图 2-45 所示。

图 2-44　分析已安装软件

单击"清空"按钮可以清空历史报告；单击历史报告的超链接可以查看详细的迁移报告；单击历史报告后面的下载图标 ⬇，会出现下载报告的超链接，可以根据需要下载.csv 或者.html 格式的迁移报告；单击删除图标 🗑 会弹出确认删除的对话框，确认后即可删除历史报告。

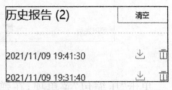

图 2-45　历史报告

2.3.4　源码迁移

在鲲鹏代码迁移工具的主页面，单击左侧的"源码迁移"超链接，即可进入源码迁移操作页面，如图 2-46 所示，该页面分为分析源码和历史报告两部分。

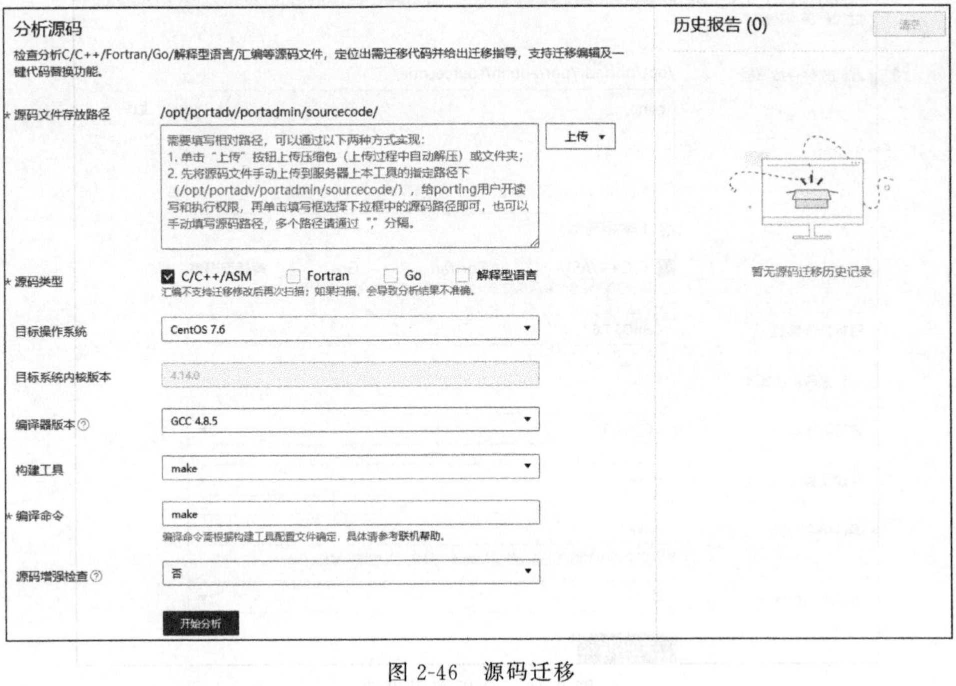

图 2-46　源码迁移

1．分析源码

源码迁移支持对 C/C++/ASM/Fortran/Go/解释型语言等源码文件的检查分析，详细的源码迁移步骤如下。

步骤 1：上传要进行迁移的源码，有两种方式：一种是通过右侧的"上传"按钮上传压缩包或者文件夹；另一种是手动上传到服务器的某个路径，这里通过右侧"上传"按钮上传压缩包。把鼠标放在"上传"按钮上，会出现下拉菜单，如图 2-47 所示。

图 2-47　上传下拉菜单

单击"压缩包"菜单项，在弹出的对话框中选择要上传的压缩包并上传。

步骤 2：设置合适的源码类型，因为上传的是 C 源码，这里单击"C/C++/ASM"复选框，确保选中，然后选择编译器版本、构建工具、编译命令、目标操作系统和目标系统内核版本，最终页面如图 2-48 所示。

分析源码

检查分析C/C++/Fortran/Go/解释型语言/汇编等源码文件，定位出需迁移代码并给出迁移指导，支持迁移编辑及一键代码替换功能。

＊源码文件存放路径	/opt/portadv/portadmin/sourcecode/

```
code,
```

✓ 上传并解压成功

＊源码类型	☑ C/C++/ASM　☐ Fortran　☐ Go　☐ 解释型语言

汇编不支持迁移修改后再次扫描；如果扫描，则会导致分析结果不准确。

目标操作系统	CentOS 7.6 ▼
目标系统内核版本	4.14.0
编译器版本 ?	GCC 4.8.5 ▼
构建工具	make ▼
＊编译命令	make

编译命令需根据构建工具配置文件确定，具体请参考联机帮助。

源码增强检查 ?	否 ▼

开始分析

图 2-48　分析源码设置

步骤3：单击"开始分析"按钮，出现任务执行进度条，最终分析完毕，出现任务执行完成的弹出窗口，如图2-49所示。

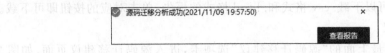

源码迁移分析成功(2021/11/09 19:57:50)   ✕

查看报告

图 2-49　任务执行完成

步骤4：单击"查看报告"按钮，进入分析报告页面，如图2-50所示。

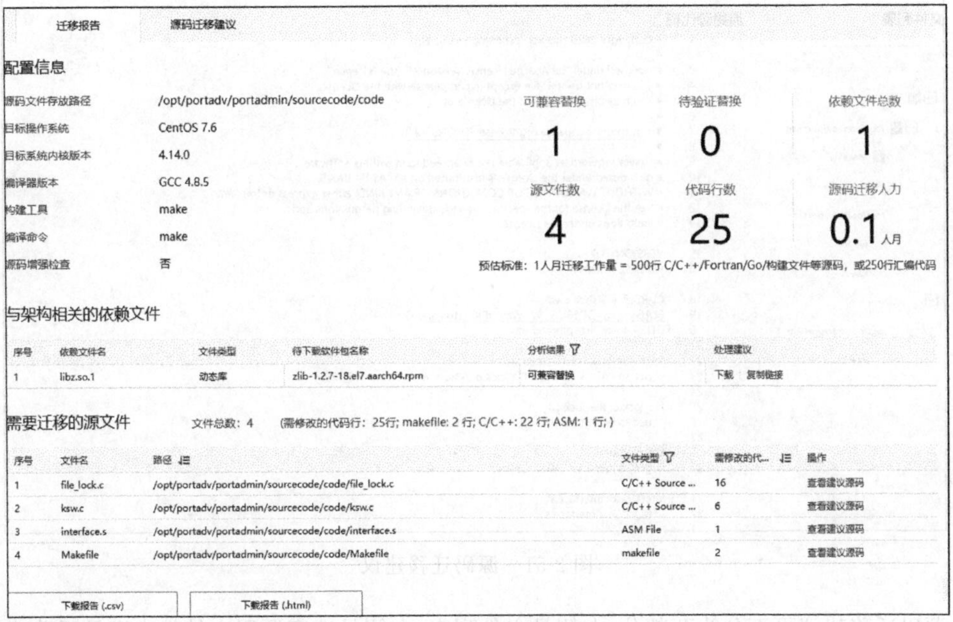

迁移报告	源码迁移建议

配置信息

		可兼容替换	待验证替换	依赖文件总数
源文件存放路径	/opt/portadv/portadmin/sourcecode/code	**1**	**0**	**1**
目标操作系统	CentOS 7.6			
目标系统内核版本	4.14.0			
编译器版本	GCC 4.8.5	源文件数	代码行数	源码迁移人力
构建工具	make	**4**	**25**	**0.1** 人月
编译命令	make			
源码增强检查	否	预估标准：1人月迁移工作量 = 500行 C/C++/Fortran/Go/构建文件等源码，或250行汇编代码

与架构相关的依赖文件

序号	依赖文件名	文件类型	待下载软件包名称	分析结果 ▽	处理建议
1	libz.so.1	动态库	zlib-1.2.7-18.el7.aarch64.rpm	可兼容替换	下载　复制链接

需要迁移的源文件　　文件总数：4　（需移改的代码行：25行；makefile: 2行；C/C++: 22 行; ASM: 1 行;）

序号	文件名	路径 ↓=	文件类型 ▽	需移改的代... ↓=	操作
1	file_lock.c	/opt/portadv/portadmin/sourcecode/code/file_lock.c	C/C++ Source ...	16	查看建议源码
2	ksw.c	/opt/portadv/portadmin/sourcecode/code/ksw.c	C/C++ Source ...	6	查看建议源码
3	interface.s	/opt/portadv/portadmin/sourcecode/code/interface.s	ASM File	1	查看建议源码
4	Makefile	/opt/portadv/portadmin/sourcecode/code/Makefile	makefile	2	查看建议源码

下载报告 (.csv)	下载报告 (.html)

图 2-50　源码分析报告

分析报告分为迁移报告和源码迁移建议两部分，默认显示迁移报告。

1）迁移报告

迁移报告分为5个区域，分别解释如下。

（1）配置信息：记录被扫描分析的源码路径、是否增强检查、编译器版本、构建工具、编译命令、目标操作系统、目标系统内核版本等信息。

（2）迁移统计信息：分为两部分，一部分是依赖文件信息，包括需要迁移的依赖文件总数、可兼容替换的数量、待验证替换的数量；另一部分是源码迁移统计，包括需要的人月、源文件数及代码行数。其中，源码迁移工作量的计算方式，可以通过2.3.2节的第7部分"扫描参数配置"来修改。

（3）与架构相关的依赖文件：显示依赖文件信息及处理建议，在"分析结果"列可以看到是否已经有兼容鲲鹏平台的替换文件，如果有，则可以在"处理建议"列单击"下载"超链接下载适配好的依赖文件。

（4）需要迁移的源文件：显示需要迁移的源文件个数、具体文件信息和需要迁移的代码行数，在每个文件的操作列，可以单击"查看建议源码"超链接来查看修改建议。

（5）下载报告：可以下载.csv 格式和.html 格式的报告，单击对应的按钮即可下载。

2）源码迁移建议

单击图 2-50 所示最上面的"源码迁移建议"选项卡，进入源码迁移建议页面，如图 2-51 所示。

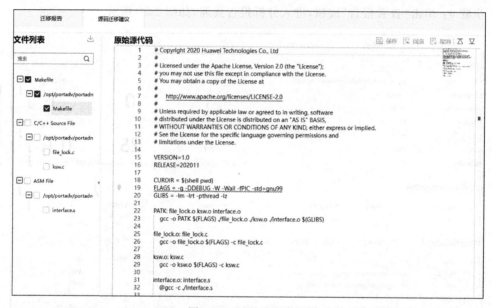

图 2-51　源码迁移建议

源码迁移建议页面分为两部分，左侧是文件列表，右侧是选定源码文件的内容及迁移建议。

（1）修改 Makefile：在文件列表栏选中 Makefile，如图 2-51 所示，在原始源代码区域会用红色波浪线标出需要修改的代码，把鼠标放在待修改代码的上面，会弹出修改建议，如图 2-52 所示。

要修改的原始代码如下：

```
FLAGS = -g -DDEBuq -W -Wall -fPIC -std=gnu99
```

根据上下文知道，FLAGS 是用来作为 GCC 的编译参数使用的，所以，鲲鹏迁移工具提出的建议也是针对编译器的，这两个建议分别是：

① 添加或替换编译参数"-march＝ARM v8-a"，这样可以告诉编译器要针对的是鲲鹏平台，编译器可以做有针对性的优化。

② 使用"-fsigned-char"参数来改变默认的编译器处理 char 类型的行为，因为在 x86 架构下，char 类型默认为有符号型，但是在鲲鹏架构下，char 默认为无符号型，两者的不统一会导致包含 char 类型的运算出现错误。

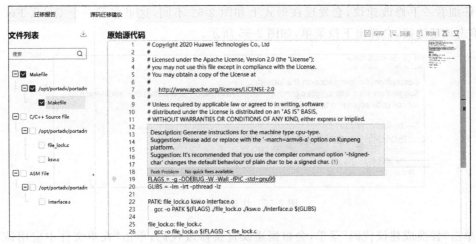

图 2-52　Makefile 源码修改建议

根据建议,修改后的代码可能如下:

```
FLAGS = -g -DDEBug -W -Wall -fPIC -std=gnu99 -march=ARM v8-a -fsigned-char
```

可以直接修改代码,然后单击右上角的"保存"按钮,会弹出保存确认对话框,如图 2-53 所示。

单击"确认"按钮,就可以保存修改后的文件,同时备份源文件。

(2) 修改 ksw.c 文件:在文件列表栏选中 ksw.c 文件,在原始源代码区域会用红色波浪线标出需要修改的代码,把鼠标放在待修改代码的上面,会弹出修改建议,如图 2-54 所示。

图 2-53　保存修改

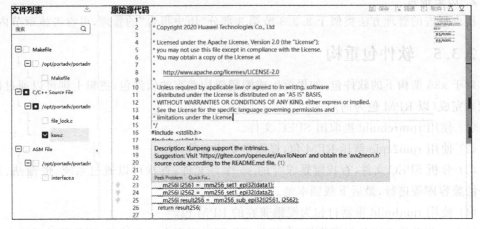

图 2-54　ksw.c 文件的源码修改建议

仔细看一下修改建议,会发现在形式上和图 2-52 不同,这里多了一个 Quick Fix 超链接,单击该超链接,会弹出下拉菜单,如图 2-55 所示。

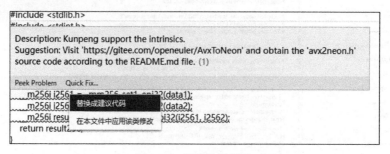

图 2-55　快速修复菜单

单击"替换成建议代码"菜单,会根据建议直接修改代码,单击"在本文件中应用该类修改"菜单,会把所有同类的修改建议一次性全部修改。单击"替换成建议代码"菜单,会在文件头添加修改的建议,如图 2-56 所示。

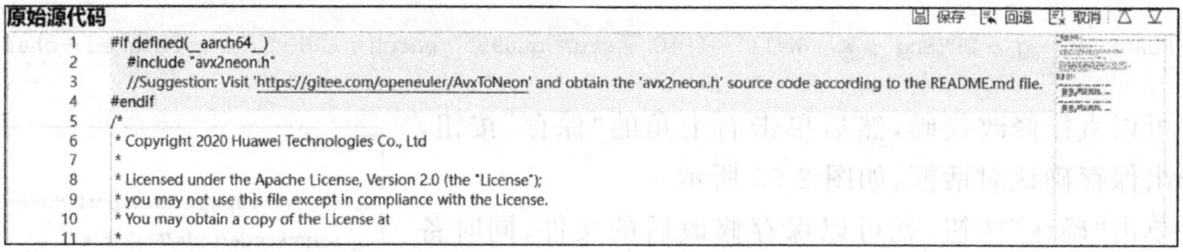

原始源代码		保存　回退　取消　△ ▽
1	#if defined(__aarch64__)	
2	#include "avx2neon.h"	
3	//Suggestion: Visit 'https://gitee.com/openeuler/AvxToNeon' and obtain the 'avx2neon.h' source code according to the README.md file.	
4	#endif	
5	/*	
6	* Copyright 2020 Huawei Technologies Co., Ltd	
7	*	
8	* Licensed under the Apache License, Version 2.0 (the "License");	
9	* you may not use this file except in compliance with the License.	
10	* You may obtain a copy of the License at	
11	*	

图 2-56　自动修改后的代码

这样就完成了 ksw.c 文件的代码修改。

(3) 修改其他代码文件:其他代码文件的修改方式与此类似,基本采用手动修改或者自动修改的方式,此处就不详细说明了。

2. 历史报告

历史报告的管理方法类似于 2.3.3 节第 3 部分"历史报告"的管理,可参考该章节内容。

2.3.5　软件包重构

对于 x86 架构下的软件包,如果要生成鲲鹏架构兼容的软件包,逻辑上则可以通过以下步骤来完成(以 RPM 包为例)。

(1) 使用 rpmrebuild 提取出 SPEC 文件。

(2) 使用 rpm2cpio 解压 RPM 包,提取需要的文件。

(3) 分析 SPEC 文件,查找鲲鹏兼容的 so 库等文件,查找可以通过系统、镜像站、预先准备的兼容库等进行,最后下载到本地。

(4) 使用 rpmbuild 重新打包为鲲鹏兼容的 RPM 包。

这个过程总体来讲是程序化的,大部分工作可以不用人工来处理,而是通过系统自动进行,这个自动进行的过程称为软件包的"重构",鲲鹏代码迁移工具也提供了该功能。

软件包重构需要满足以下要求:

(1) 软件包重构功能可能需要鲲鹏平台的一些运行文件,所以只支持在鲲鹏平台环境上运行。

(2) RPM 包是类 RedHat 系统特有的,所以只能在类 RedHat 系统上执行,重构过程中需要依赖系统组件 rpmrebuild/rpmbuild/rpm2cpio,提前检查系统环境是否已满足,本节默认处理的是 RPM 包。

(3) DEB 包是类 Debian 系统特有的,只能在类 Debian 系统上执行,重构过程中需要依赖系统组件 ar/dpkg-deb,提前检查系统环境是否已满足。

(4) 如果 RPM 包或者 DEB 包里面包含 JAR 包,则需检查系统是否存在 JAR 命令,如果不存在,则需安装 JDK 工具。

(5) 软件包重构结果默认保存在/opt/portadv/portadmin/report/packagerebuild/task_id/路径(task_id 即任务创建时间),执行完成后可以进入该路径查看已重构的软件包,或查看重构失败报告并按建议进行处理。

(6) 在软件包重构过程中可能需要访问某些网站以获取依赖包,需要保持这些网站的可访问性,包括但不限于以下网址:

https://archive.kernel.org/centos-vault/。

http://download.savannah.nongnu.org。

https://ftp.debian.org/debian/pool/。

https://packages.deepin.com/aarch64/pool/。

http://ports.ubuntu.com/ubuntu-ports/pool/。

http://uos-packages.deepin.com/printer/pool/。

http://update.cs2c.com.cn:8080/NS/。

https://doc.dpdk.org/guides-18.11/linux_gsg。

https://github.com/。

https://liburcu.org。

https://mirror.iscas.ac.cn/kunpeng/maven/。

https://uos.deepin.cn/uos/pool/。

https://vault.centos.org/。

http://mirror.centos.org/。

https://repo.openeuler.org/。

在鲲鹏代码迁移工具的主页面,单击左侧的"源码迁移"超链接,即可进入源码迁移操作页面,如图 2-57 所示,该页面也分为软件包重构和历史报告两部分。

1. 软件包重构

对于 RPM 包来讲,软件包重构需要的系统依赖组件在默认环境下大部分已安装了,需要注意的主要是 rpmrebuild,如果没有安装,则可以通过以下 yum 命令进行安装:

```
yum install rpmrebuild
```

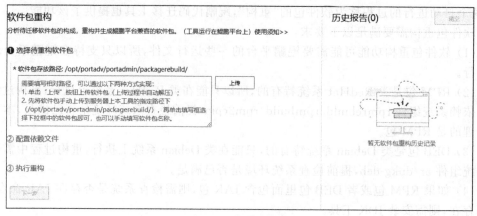

图 2-57　软件包重构

以 atlas-metadata 软件包为例,软件包重构的步骤如下。

步骤 1:准备要重构的软件包。先下载 HDP-3.1.0.0-centos7-rpm. tar. gz 软件包,下载网址为 https://archive. cloudera. com/p/HDP/3. x/3. 1. 0. 0/centos7/HDP-3. 1. 0. 0-centos7-rpm. tar. gz。注意该软件包比较大,大概为 8.85GB,可以使用下载工具下载。下载完毕后,解压该软件包,可以在\HDP-3.1.4.0-centps7-rpm\HDP\centos7\3.1.4.0-315\atlas 目录找到要重构的软件包 atlas-metadata_3_1_4_0_315-1.1.0.3.1.4.0-315. noarch. rpm。

步骤 2:评估需要重构的软件包。在软件迁移评估页面单击“分析软件包”复选框,确保选中,然后单击“上传”按钮,选择要重构的软件包,上传成功后页面如图 2-58 所示。

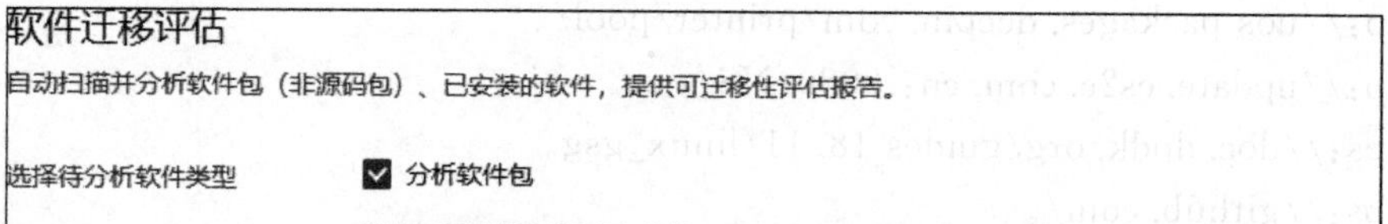

图 2-58　上传软件包

步骤 3：单击"开始分析"按钮，分析成功后的报告页面如图 2-59 所示。

配置信息

				可兼容替换	待验证替换	依赖文件总数
软件安装包存放路径或软件包名称	/opt/portadv/portadmin/package/atlas-metadata_3_...			**5**	**7**	**12**
目标操作系统	CentOS 7.6					
目标系统内核版本	4.14.0					

与架构相关的依赖文件

序号	依赖文件名	文件类型	软件包存放路径	待下载软件包名称	分析结果 ▽	处理建议
1	hdp-select	可执行文件	无，该可执行文件是从当前软件...			
2	hadoop_3_1_...	可执行文件	无，该可执行文件是从当前软件...			
3	ranger_3_1_4_...	可执行文件	无，该可执行文件是从当前软件...			
4	hadoop_3_1_...	可执行文件	无，该可执行文件是从当前软件...	--	待验证替换	请先在鲲鹏平台上验证，若不兼容，请联...
5	sh-utils	可执行文件	无，该可执行文件是从当前软件...			
6	hadoop_3_1_...	可执行文件	无，该可执行文件是从当前软件...			
7	hadoop_3_1_...	可执行文件	无，该可执行文件是从当前软件...			
∨ 8	jna-4.1.0.jar	Jar包	/package/atlas-metadata_3_1_4_...	jna-4.1.0.jar	可兼容替换	下载 复制链接
∨ 9	leveldbjni-all-...	Jar包	/package/atlas-metadata_3_1_4_...	leveldbjni-all-1.8.jar	可兼容替换	下载 复制链接
∨ 10	commons-cry...	Jar包	/package/atlas-metadata_3_1_4_...	commons-crypto-1.0.0.jar	可兼容替换	下载 复制链接
∨ 11	netty-all-4.0.5...	Jar包	/package/atlas-metadata_3_1_4_...	netty-all-4.0.52.Final.jar	可兼容替换	下载 复制链接
∨ 12	hbase-shade...	Jar包	/package/atlas-metadata_3_1_4_...	hbase-shaded-netty-2.2.0.jar	可兼容替换	下载 复制链接

下载报告 (.csv)　　下载报告 (.html)

图 2-59　迁移报告

根据迁移报告的提示，下载可兼容替换的 JAR 包，可以通过单击"处理建议"的"下载"超链接进行下载，也可以复制链接后使用工具下载。

步骤 4：进入软件包重构页面，单击"上传"按钮，选择要重构的软件包，上传成功后的页面如图 2-60 所示。

软件包重构

分析待迁移软件包的构成，重构并生成鲲鹏平台兼容的软件包。（工具运行在鲲鹏平台上）使用须知 >>

❶ 选择待重构软件包

* 软件包存放路径：/opt/portadv/portadmin/packagerebuild/

atlas-metadata_3_1_4_0_315-1.1.0.3.1.4.0-315.noarch.rpm	上传

✅ 文件上传成功

❷ 配置依赖文件

❸ 执行重构

下一步

图 2-60　上传成功

步骤5：单击"下一步"按钮，进入配置依赖文件页面，如图2-61所示。

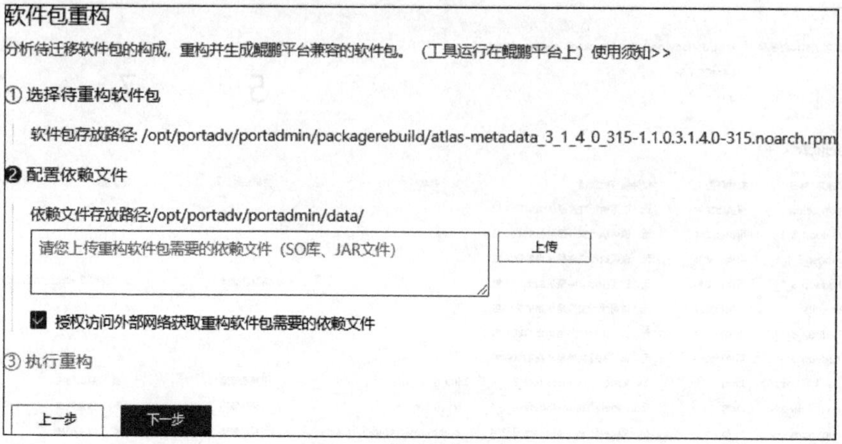

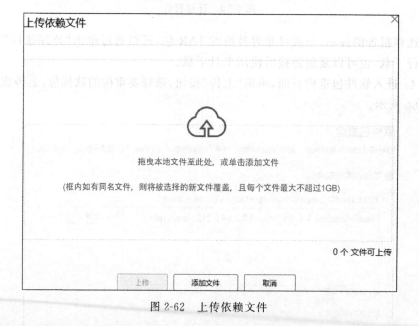

图 2-61　配置依赖文件

单击"上传"按钮，弹出"上传依赖文件"对话框，如图2-62所示。

图 2-62　上传依赖文件

把步骤3下载的JAR包文件上传，上传成功的页面如图2-63所示。

单击"关闭"按钮，重新进入配置依赖文件页面，如图2-64所示。

步骤6：单击"下一步"按钮，进入执行重构页面，如图2-65所示。

步骤7：单击"确认重构"按钮，系统执行重构任务，在页面右下角会出现任务进度对话框，如图2-66所示。

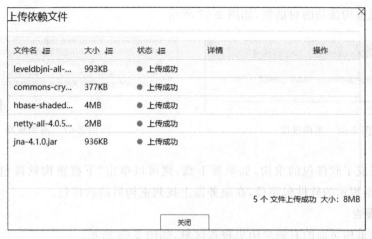

图 2-63　上传依赖文件成功

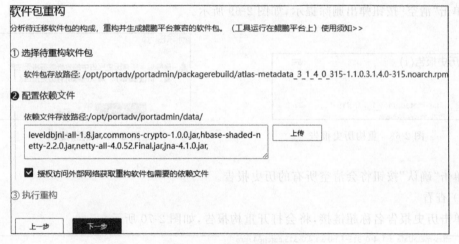

图 2-64　配置依赖文件

图 2-65　执行重构

最终出现重构成功的对话框,如图 2-67 所示。

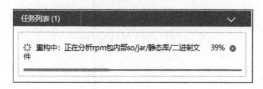

图 2-66　重构进度

图 2-67　重构成功

这样就完成了软件包的重构,如果要下载,则可以单击"下载重构软件包"按钮进行下载,也可以根据提示的软件包路径,在服务器上找到重构后的软件包。

2. 历史报告

在软件包重构页面的右侧是历史报告区域,如图 2-68 所示。

1) 清空

单击"清空"按钮弹出删除提示,如图 2-69 所示。

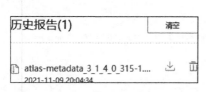

图 2-68　重构历史报告

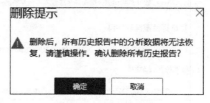

图 2-69　删除提示

单击"确认"按钮将会清空所有的历史报告。

2) 查看

单击历史报告名称超链接,将会打开重构报告,如图 2-70 所示。

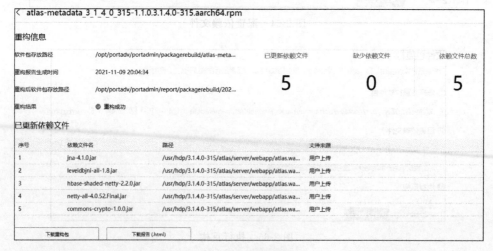

图 2-70　重构报告

重构报告分为以下 3 部分：

（1）最上面是重构信息，显示了软件包重构前后的位置及重构时间和重构结果，右面还显示了依赖文件的统计信息。

（2）中间是已更新依赖文件的详细信息，显示了依赖文件的路径和文件来源。

（3）最下面是下载按钮，可以下载重构软件包和.html 格式的报告。

3）下载

把鼠标悬停在下载图标![下载]上，将会显示下载菜单，如图 2-71 所示。

单击"下载重构包"超链接将会开始下载重构后的包，单击"下载报告（.html）"超链接将会下载.html 格式的重构报告。

4）删除

单击删除图标![删除]将会弹出删除提示对话框，确认后即可删除该历史报告。

图 2-71　下载菜单

2.3.6　专项软件迁移

软件迁移本身是有一定难度的，特别是对于一些比较复杂的大型软件，要顺利地完成迁移，即使对于有经验的开发者也是一个挑战，虽然鲲鹏代码迁移工具的迁移评估和源码迁移功能可以简化这一过程，但总体来讲，大型软件的迁移仍然是一项烦琐、容易出错的工作。设想一下，如果能对特定的常用软件定制一套自动迁移的流程，让使用者按照这个流程一步一步操作，就能完成软件的迁移，这样一定会大大降低迁移的复杂度，提高迁移的成功率。这个功能目前已经基本实现了，就是鲲鹏代码迁移工具提供的专项软件迁移功能。

专项迁移功能会进行自动化迁移、修改、编译并构建生成鲲鹏平台兼容的软件包，所以只支持鲲鹏平台，在 x86 平台是无法使用的，支持的操作系统是 CentOS 7.6。

在鲲鹏代码迁移工具的主页面，单击左侧的"专项软件迁移"超链接，即可进入专项软件迁移页面，如图 2-72 所示。

软件迁移评估	大数据		
源码迁移	对大数据部分常用的专项软件源码，进行自动化迁移修改、编译并构建生成鲲鹏兼容的软件包。（工具需运行在鲲鹏平台上）		
	软件名称	版本	迁移描述
软件包重构	Apache-HBas...	2.1.0	迁移编译Apache HBase 2.1.0到鲲鹏服务器，详细迁移指导请查看 https://support.huaweicloud.com/prtg-apache-kunpen...
	Apache-Had...	3.1.1	迁移编译Apache-Hadoop 3.1.1到鲲鹏服务器，详细迁移指导请查看 https://support.huaweicloud.com/prtg-apache-kunp...
专项软件迁移 ∨	Apache-Hive	3.0.0	迁移编译Apache-Hive 3.0.0到鲲鹏服务器，详细迁移指导请查看 https://support.huaweicloud.com/prtg-apache-kunpen...
	Apache-Spark	2.3.0	迁移编译Apache Spark 2.3.0到鲲鹏服务器，详细迁移指导请查看 https://support.huaweicloud.com/prtg-apache-kunpen...
大数据	cdh-impala	5-2.12.0-5.1...	迁移编译cdh-impala_5-2.12.0-5.16.1到鲲鹏服务器，详细迁移指导请查看 https://bbs.huaweicloud.com/forum/thread-381...
数据库	cdh-kudu	1.7.0-5.16.1	迁移编译cdh-kudu_1.7.0-5.16.1到鲲鹏服务器，详细迁移指导请查看 https://bbs.huaweicloud.com/forum/thread-38198-1...
高性能计算			
Web			
增强功能			

图 2-72　专项软件迁移

专项软件迁移共分为 4 个类别,分别是大数据、数据库、高性能计算和 Web,详细的专项迁移软件信息见表 2-2。

表 2-2　支持专项迁移的软件

类　别	软 件 名 称	版　本
大数据	Apache-HBase	2.1.0
	Apache-Hadoop	3.1.1
	Apache-Hive	3.0.0
	Apache-Spark	2.3.0
	cdh-impala	5-2.12.0-5.16.1
	cdh-kudu	1.7.0-5.16.1
数据库	MySQL	8.0.17
	MySQL(优化 cacheline 为 128 字节对齐)	8.0.17
高性能计算	CP2K	7.1
	Code-Aster	14.6.0
	NWChem	6.8.1
	OpenFOAM	v1906
	QE	6.4.1
	WRF	3.8.1
Web	Tengine	2.2.2
	.NET-Core	3.1
	Nginx	1.14.2

下面以 MySQL 为例,演示专项软件迁移的方法。

步骤 1:在专项软件迁移页面单击"数据库"分类超链接,如图 2-73 所示。

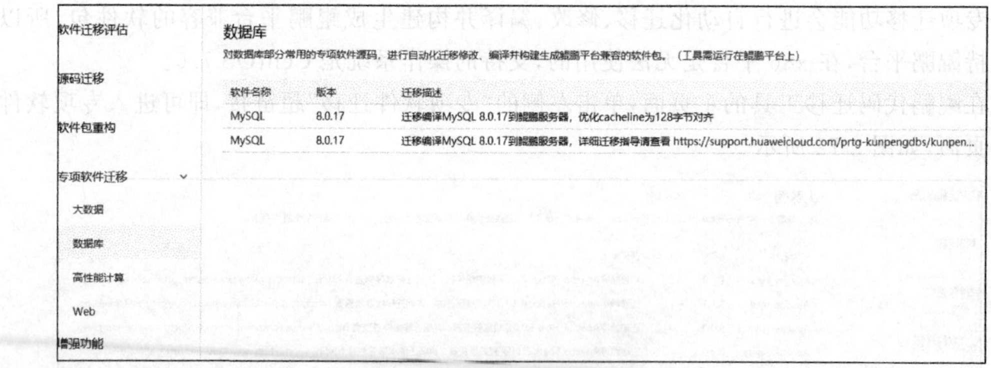

图 2-73　数据库迁移

步骤 2:单击数据库迁移表格的第 1 个 MySQL 超链接,进入 MySQL 的专项软件迁移页面,如图 2-74 所示。

可以看到,迁移页面分为 3 部分,分别是基本信息、环境检查和执行步骤。

图 2-74 MySQL 专项迁移

（1）基本信息：进行专项软件迁移的软件名称、版本、环境、描述等信息。

（2）环境检查：迁移要满足的前置条件，只有满足条件后才能启动迁移。

（3）执行步骤：具体的执行步骤，每一步会详细说明执行的动作及出现问题时的解决方法。

步骤 3："开始迁移"为不可用状态，把鼠标放在该按钮上可以看到不可用的原因，如图 2-75 所示。

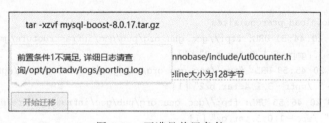

图 2-75 不满足前置条件 1

根据提示，需要检查服务器 GCC 的版本信息。

步骤 4：登录鲲鹏服务器，检查 GCC 版本，命令及回显如下：

```
#gcc - v
Using built - in specs.
```

```
COLLECT_GCC = gcc
COLLECT_LTO_WRAPPER = /usr/libexec/gcc/aarch64 - redhat - Linux/4.8.5/lto - wrapper
Target: aarch64 - redhat - Linux
Configured with: ../configure -- prefix = /usr -- mandir = /usr/share/man -- infodir = /usr/
share/info -- with - bugurl = http://bugzilla. redhat. com/bugzilla -- enable - bootstrap --
enable - shared -- enable - threads = posix -- enable - checking = release -- with - system -
zlib -- enable - __cxa_atexit -- disable - libunwind - exceptions -- enable - gnu - unique -
object -- enable - linker - build - id -- with - linker - hash - style = gnu -- enable -
languages = c, c++, objc, obj - c++, java, fortran, ada, lto -- enable - plugin -- enable - initfini -
array -- disable - libgcj -- with - isl = /builddir/build/BUILD/gcc - 4. 8. 5 - 20150702/obj -
aarch64 - redhat - Linux/isl - install -- with - cloog = /builddir/build/BUILD/gcc - 4. 8. 5 -
20150702/obj - aarch64 - redhat - Linux/cloog - install -- enable - gnu - indirect - function --
build = aarch64 - redhat - Linux
Thread model: posix
gcc version 4.8.5 20150623 (Red Hat 4.8.5 - 39) (GCC)
```

从命令回显可以看出 GCC 版本是 4.8.5,不满足前置条件,前置条件的要求是版本不低于 7.3.0。

步骤 5:进入/home 目录,从清华大学的镜像下载 GCC 7.3.0 源码包,命令如下:

```
cd /home/
wget https://mirrors. tuna. tsinghua. edu. cn/gnu/gcc/gcc - 7.3.0/gcc - 7.3.0. tar. gz
```

步骤 6:解压源码包,进入解压后的目录,命令如下:

```
tar - zxvf gcc - 7.3.0. tar. gz
cd gcc - 7.3.0
```

步骤 7:下载依赖包,使用 contrib 目录下的 download_prerequisites 执行下载,下载时间比较长,不同的环境可能需要十几分钟到几十分钟,命令及回显如下:

```
# ./contrib/download_prerequisites
2021 - 11 - 09 20:44:31 URL: ftp://gcc. gnu. org/pub/gcc/infrastructure/gmp - 6. 1. 0. tar. bz2
[2383840] -> "./gmp - 6. 1. 0. tar. bz2" [1]
2021 - 11 - 09 20:45:59 URL: ftp://gcc. gnu. org/pub/gcc/infrastructure/mpfr - 3. 1. 4. tar. bz2
[1279284] -> "./mpfr - 3. 1. 4. tar. bz2" [1]
2021 - 11 - 09 20:46:55 URL: ftp://gcc. gnu. org/pub/gcc/infrastructure/mpc - 1. 0. 3. tar. gz
[669925] -> "./mpc - 1. 0. 3. tar. gz" [1]
2021 - 11 - 09 20:49:47 URL: ftp://gcc. gnu. org/pub/gcc/infrastructure/isl - 0. 16. 1. tar. bz2
[1626446] -> "./isl - 0. 16. 1. tar. bz2" [1]
gmp - 6. 1. 0. tar. bz2: OK
mpfr - 3. 1. 4. tar. bz2: OK
mpc - 1. 0. 3. tar. gz: OK
isl - 0. 16. 1. tar. bz2: OK
All prerequisites downloaded successfully. ly.
```

步骤8：编译安装，命令如下：

```
./configure -- prefix = /usr -- mandir = /usr/share/man
-- infodir = /usr/share/info -- enable - bootstrap
make - j4
make install
```

第1条命令用来生成make文件，第2条命令需要根据具体的服务器核心数量进行调整，本机4个CPU核心，所以使用-j4参数，该命令执行时间也较长，当CPU核心为4核心时可能需要几十分钟；第3条命令执行安装。

步骤9：安装成功后查看最新的GCC版本信息，命令及回显如下：

```
# gcc - v
Using built - in specs.
COLLECT_GCC = gcc
COLLECT_LTO_WRAPPER = /usr/libexec/gcc/aarch64 - unknown - Linux - gnu/7.3.0/lto - wrapper
Target: aarch64 - unknown - Linux - gnu
Configured with: ./configure -- prefix = /usr -- mandir = /usr/share/man/
-- infodir = /usr/share/info/ -- enable - bootstrap
Thread model: posix
gcc version 7.3.0 (GCC)
```

这时候可以看到GCC版本变成了7.3.0，然后进入MySQL专项软件迁移页面，看到"开始迁移"按钮还是不可用状态，不过把鼠标放上去后，显示不可用的原因是前置条件2不满足，如图2-76所示。

图2-76　不满足前置条件2

前置条件2的要求是当前环境存在cmake，并且版本不低于3.5.2。

步骤10：登录鲲鹏服务器，检查cmake版本，命令及回显如下：

```
# cmake -- version
- bash: cmake: command not found
```

回显表明系统还没有安装cmake。

步骤11：进入/home目录，下载cmake 3.20.5版本，并解压，命令如下：

```
cd /home
wget
https://github.com/Kitware/CMake/releases/download/v3.20.5/cmake - 3.20.5.tar.gz
tar - zxvf cmake - 3.20.5.tar.gz
```

因为需要从境外的 GitHub 下载，可能需要多试几次才能下载下来。

步骤 12：进入 cmake-3.20.5 目录，执行编译，命令如下：

```
cd cmake-3.20.5/
./bootstrap
gmake
gmake install
```

步骤 13：检查 cmake 版本，命令及回显如下：

```
# cmake -- version
cmake version 3.20.5

CMake suite maintained and supported by Kitware (kitware.com/cmake).
```

这样就安装好了符合要求的 cmake 版本。

步骤 14：重新进入 MySQL 专项软件迁移页面，刷新，看到已经符合迁移要求，如图 2-77 所示。

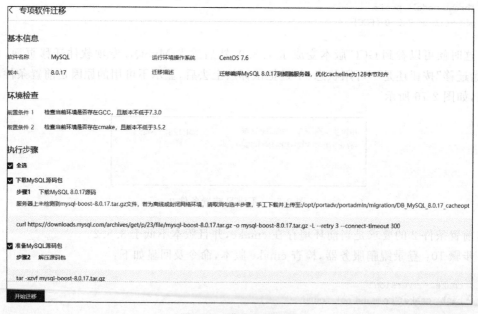

图 2-77　满足迁移要求

步骤 15：单击"开始迁移"按钮，执行迁移，此时在右下角会显示迁移的进度，如图 2-78 所示。

步骤 16：在迁移期间，因为服务器环境的不同，有可能会出现各种错误，导致迁移失败，如图 2-79 所示。

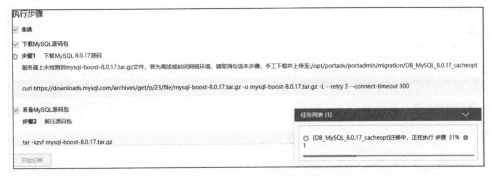

执行步骤
全选
下载MySQL源码包
步骤1　下载MySQL 8.0.17源码
服务器上未检测到mysql-boost-8.0.17.tar.gz文件，若为离线或封闭网络环境，请取消勾选本步骤，手工下载并上传至:/opt/portadv/portadmin/migration/DB_MySQL_8.0.17_cacheopt
curl https://downloads.mysql.com/archives/get/p/23/file/mysql-boost-8.0.17.tar.gz -o mysql-boost-8.0.17.tar.gz -L --retry 3 --connect-timeout 300
准备MySQL源码包
步骤2　解压源码包
tar -xzvf mysql-boost-8.0.17.tar.gz
开始迁移
任务列表 (1)
[DB_MySQL_8.0.17_cacheopt]迁移中，正在执行 步骤 31%
1

图 2-78　迁移进度

软件迁移失败(数据库-MySQL-8.0.17-cacheopt): 步骤11执行失败，详细日志请查询：/opt/portadv/logs/porting.log

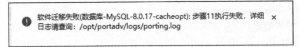

图 2-79　迁移失败

这时候可以根据提示去日志查看详细原因，登录鲲鹏服务器，输入的指令如下：

```
tail -n 100 /opt/portadv/logs/porting.log
```

显示的错误信息可能如图 2-80 所示。

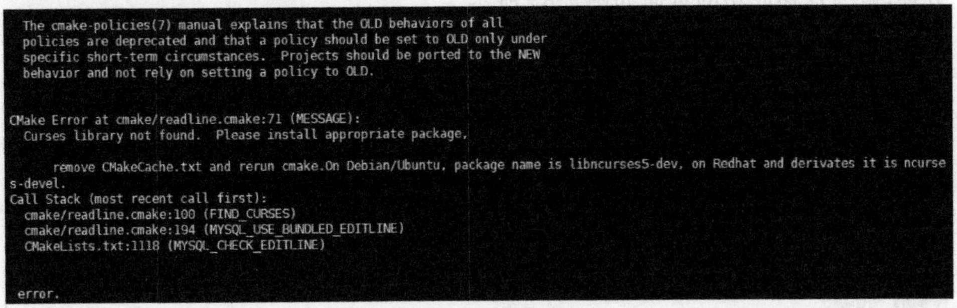

The cmake-policies(7) manual explains that the OLD behaviors of all
policies are deprecated and that a policy should be set to OLD only under
specific short-term circumstances. Projects should be ported to the NEW
behavior and not rely on setting a policy to OLD.
CMake Error at cmake/readline.cmake:71 (MESSAGE):
Curses library not found. Please install appropriate package,
remove CMakeCache.txt and rerun cmake.On Debian/Ubuntu, package name is libncurses5-dev, on Redhat and derivates it is ncurses-devel.
Call Stack (most recent call first):
cmake/readline.cmake:100 (FIND_CURSES)
cmake/readline.cmake:194 (MYSQL_USE_BUNDLED_EDITLINE)
CMakeLists.txt:1118 (MYSQL_CHECK_EDITLINE)
error.

图 2-80　迁移日志

根据日志可以知道，错误的原因是没有找到 Curses 库，可以通过以下的 yum 命令安装：

```
yum install -y ncurses-devel
```

安装成功后，重新执行迁移，因为 MySQL 8.0.17 源码已经下载过了，这次可以不用选择步骤 1，如图 2-81 所示。

然后单击“开始迁移”按钮。

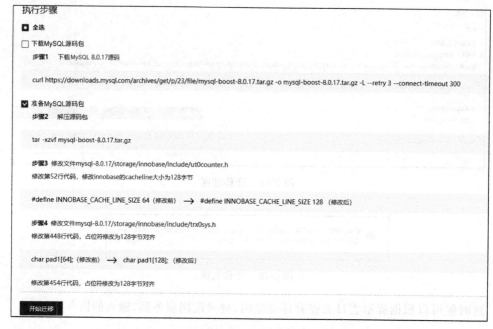

图 2-81　重新迁移

步骤 17：整个迁移过程耗时较长，根据 CPU 核心数目的不同，可能需要十几分钟到几十分钟，最终迁移成功的页面如图 2-82 所示。

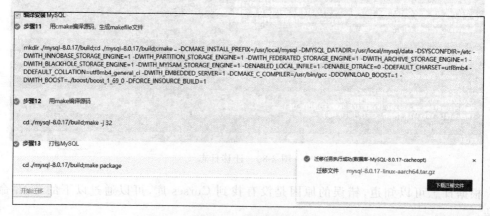

图 2-82　迁移成功

这样就生成了一个适配鲲鹏架构并且将 cacheline 优化为 128 字节对齐的 MySQL 包。可以单击"下载迁移文件"按钮下载，或者手动到 /opt/portadv/portadmin/migration/DB_mysql_8.0.17_cacheopt/mysql-8.0.17/build/ 目录下载打包后的文件 mysql-8.0.17-Linux-aarch64.tar.gz。

2.3.7　增强功能

1. 64位运行模式检查

在32位平台上运行的软件，如果要在64位平台上运行，因为环境的不同，有可能要进行一些必要的修改，鲲鹏代码迁移工具的64位运行模式检查功能，可以自动执行代码检查，并给出修改建议，该功能只能运行在x86平台下，检查的详细步骤如下。

步骤1：在增强功能页面单击检查类型区域的"64位运行模式检查"单选按钮，如图2-83所示。

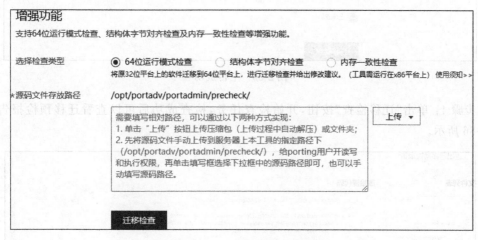

图2-83　64位运行模式检查

步骤2：源码上传支持两种方式，一种是事先手动上传到服务器指定路径，再从填写框填写源码文件；另一种是通过上传按钮上传源码，把鼠标放在"上传"按钮上将会弹出上传文件方式的下拉菜单，可以上传压缩包或者文件夹，如图2-84所示。

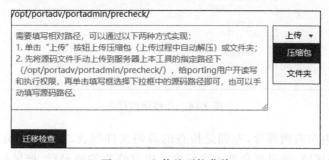

图2-84　上传的下拉菜单

步骤3：单击"文件夹"下拉菜单，选择要上传的文件夹，此时会弹出上传确认对话框，确认后将把文件上传到服务器，如图2-85所示。

图 2-85　上传成功

步骤 4：单击"迁移检查"按钮，开始检查任务，检查成功后可以查看迁移预检报告，如图 2-86 所示。

图 2-86　迁移预检报告

预检报告分为左右两部分，左侧是检查的源码文件列表，右侧是选定的文件原始源代码，在原始源代码区域，通过红色波浪线标出了建议修改的源码行，把鼠标放在波浪线上会弹出修改建议，如图 2-87 所示。

可以在源码中直接修改代码，然后单击右上角"保存"按钮保存修改。

2. 结构体字节对齐检查

在处理器对内存空间中变量的读取时，并不总是从任何地址按照顺序读取，而是经常从

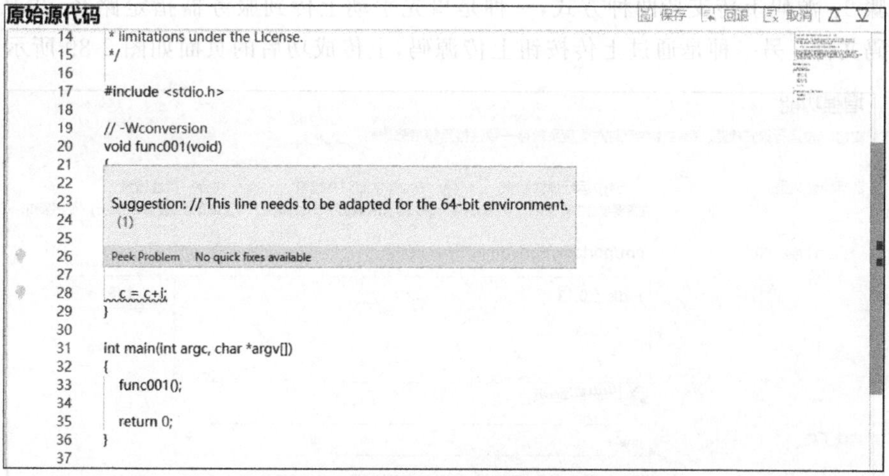

图 2-87　源码修改建议

特定地址进行数据的读取,这样就需要各种类型的数据按照一定的规则在空间上排列。结构体因为存储着各种变量类型,如果把数据按照顺序逐个排放,有可能会造成数据读取效率的降低,为了解决这个问题,就需要对结构体进行字节对齐,鲲鹏代码迁移工具的结构体字节对齐检查功能,可以发现需要对齐的结构体。

结构体字节对齐检查的步骤如下。

步骤1:在增强功能页面单击检查类型区域的"结构体字节对齐检查"单选按钮,如图2-88所示。

图 2-88　结构体字节对齐检查

步骤2：源码上传支持两种方式，一种是事先手动上传到服务器指定路径，再从填写框填写源码文件；另一种是通过上传按钮上传源码，上传成功后的页面如图2-89所示。

增强功能

支持64位运行模式检查、结构体字节对齐检查及内存一致性检查等增强功能。

选择检查类型　　○ 64位运行模式检查　● 结构体字节对齐检查　○ 内存一致性检查
　　　　　　　　在需要考虑字节对齐时，检查源码中结构体类型变量的字节对齐情况。（工具需运行在x86平台上）使用须知>>

*源码文件存放路径　/opt/portadv/portadmin/bytecheck/

　redis-5.0.13　　　　　　　　　　　　　　　　　　　　　　　[上传 ▼]

　⊘ 上传并解压成功

构建工具　　　　make　　　　　　　　　　　　　　　　　　　▼

*编译命令　　　　make

　　　　　　　　编译命令需根据构建工具配置文件确定，具体请参考联机帮助。

[对齐检查]

图 2-89　上传成功

步骤3：选择构建工具和编译命令，然后单击"对齐检查"按钮，进行检查，检查完毕后可以查看对齐检查报告，如图2-90所示。

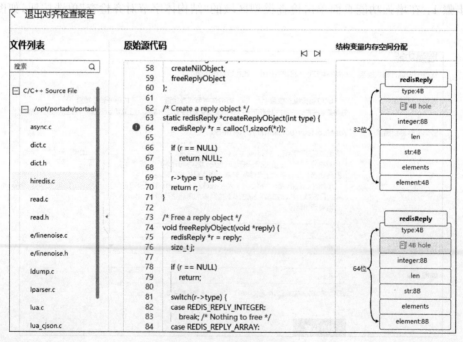

图 2-90　对齐检查报告

报告分为左、中、右 3 个区域,左侧是文件列表,单击某一个文件,在中间区域会显示该文件的原始源代码,在右侧会显示结构变量空间分配图。如果一个代码文件有多个结构体,则可以通过中间区域右上方的上下按钮来快速切换。根据检查报告的结构变量的内存空间分配情况,可以有针对性地对源码中的结构体进行修改,补足 32 位或者 64 位空间。

3. 内存一致性检查

CPU 的运算速度远超内存的读写速度,为了提高数据的读写效率,一般通过多级缓存的形式把主存数据放置到 CPU 的多级缓存中,这在单核心的处理器中一般没什么问题;但是,在现代的多核心处理器中,因为数据的可见性,各个处理器的缓存数据有可能不一致;除此之外,现代编译器为了提高多线程的处理效率,有可能会对指令进行重排序,这也会导致缓存数据的不一致;为了应对这个问题,处理器提供商推出了内存屏障指令,通过强制将缓存写到主存或者强制将主存数据读到缓存来解决数据的可见性和重排序问题。

但是,内存屏障指令效率较低,它破坏了对 CPU 指令执行的优化,最好只在必要的时候使用。通过鲲鹏代码迁移工具的内存一致性检查功能,就可以发现内存一致性问题,并且只在必要的时候提供插入内存屏障的建议。

内存一致性检查功能的使用步骤如下。

步骤 1:在增强功能页面单击检查类型区域的"内存一致性检查"单选按钮,如图 2-91 所示。

图 2-91　内存一致性检查

步骤 2：在选择检查模式区域单击"静态检查"单选按钮（编译器自动修复的检查模式比较复杂，本书定位为快速入门，不详细介绍该模式），在选择文件上传类型区域单击"源码文件上传"单选按钮，这些都是默认选项。

步骤 3：源码上传支持两种方式，一种是事先手动上传到服务器指定路径，再从填写框填写源码文件；另一种是通过上传按钮上传源码，上传成功后，在编译命令输入框输入make 命令，如图 2-92 所示。

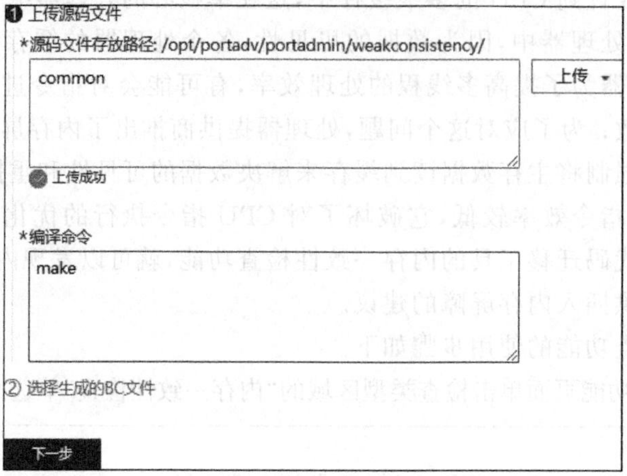

图 2-92　编译命令

步骤 4：单击"下一步"按钮，生成 BC 文件，生成成功后单击 BC 文件下拉列表框并选择生成的 BC 文件，页面如图 2-93 所示。

图 2-93　生成 BC 文件

步骤 5：单击"确认检查"按钮，开始检查，最终检查完毕，可以查看内存一致性检查报告，如图 2-94 所示。

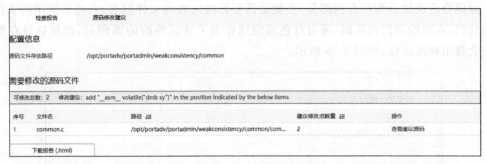

图 2-94　内存一致性检查报告

报告分为检查报告和源码修改建议两部分,默认显示检查报告。

1) 检查报告

检查报告分为 3 个区域,分别是上部的配置信息、中间的需要修改的源码文件及最下面的下载区域。

(1) 配置信息记录了源码存放路径。

(2) 需要修改的源码文件是一个列表,显示要修改的文件名称、路径、建议修改点数量及查看建议源码的操作。

(3) 下载区域是一个下载报告的按钮,可以下载.html 格式的检查报告。

2) 源码修改建议

源码修改建议的页面如图 2-95 所示。

图 2-95　源码修改建议

　　源码修改建议分为左右两部分,左侧是需要修改的源码文件列表,右侧是选定的文件原始源代码,在原始源代码区域,通过红色波浪线标出了建议修改的源码行,把鼠标放在波浪线上会弹出修改建议,如图 2-96 所示。

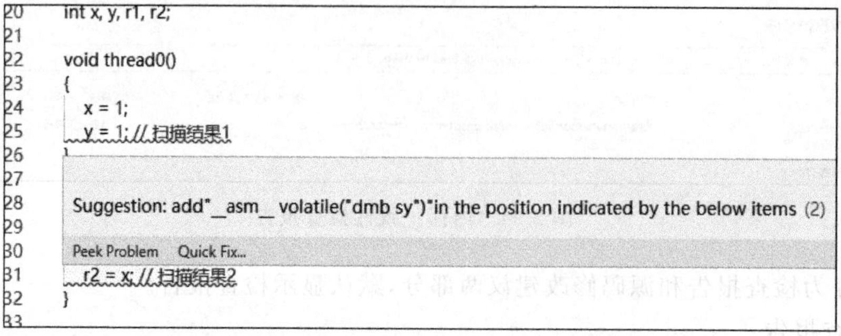

```
20  int x, y, r1, r2;
21
22  void thread0()
23  {
24    x = 1;
25    y = 1; // 扫描结果1
26
27
28    Suggestion: add "__asm__ volatile("dmb sy")" in the position indicated by the below items (2)
29
30    Peek Problem   Quick Fix...
31    r2 = x; // 扫描结果2
32  }
33
```

图 2-96　源码修改建议

单击 Quick Fix 超链接,将会弹出源码替换菜单,如图 2-97 所示。

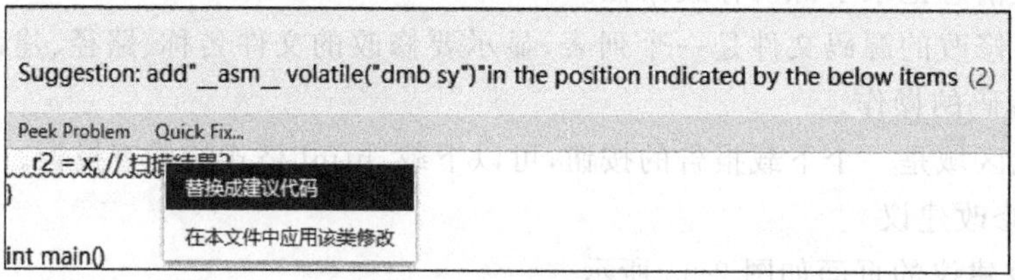

```
Suggestion: add "__asm__ volatile("dmb sy")" in the position indicated by the below items (2)

Peek Problem   Quick Fix...
r2 = x; // 扫描结果2
}            替换成建议代码

int main()   在本文件中应用该类修改
```

图 2-97　源码替换菜单

　　如果要替换单个的建议代码,则可以单击"替换成建议代码"菜单,如果要替换所有该类别的建议代码,则可以单击"在本文件中应用该类修改"菜单,修改后的代码如图 2-98 所示。

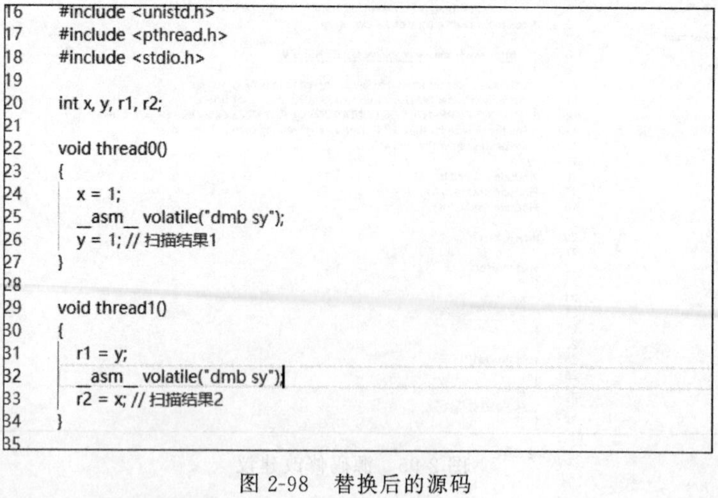

```
16  #include <unistd.h>
17  #include <pthread.h>
18  #include <stdio.h>
19
20  int x, y, r1, r2;
21
22  void thread0()
23  {
24    x = 1;
25    __asm__ volatile("dmb sy");
26    y = 1; // 扫描结果1
27  }
28
29  void thread1()
30  {
31    r1 = y;
32    __asm__ volatile("dmb sy");
33    r2 = x; // 扫描结果2
34  }
35
```

图 2-98　替换后的源码

这样,就完成了内存一致性检查和源码替换。

2.4 鲲鹏代码迁移插件

鲲鹏代码迁移工具的使用方式除了 Web 模式和 CLI 模式以外,还可以通过 IDE 的插件方式来使用,目前支持的 IDE 有两种,分别是 Visual Studio Code 和 IntelliJ IDEA。在插件模式中,插件相当于客户端,服务器端是以 Web 模式安装的鲲鹏迁移工具服务器,本书只演示在 Visual Studio Code 下使用鲲鹏代码迁移插件,IntelliJ IDEA 和它类似,就不再赘述了。

2.4.1 鲲鹏代码迁移插件的安装

鲲鹏代码迁移插件的安装步骤如下。

步骤 1:单击 Visual Studio Code 左边栏的"扩展"图标,此时会弹出"扩展:商店"对话框,如图 2-99 所示。

图 2-99 "扩展"对话框

步骤 2:在搜索框输入 kunpeng,查找适配的插件,如图 2-100 所示。

步骤 3:单击 Kunpeng Porting Advisor Plugin 插件右下角的"安装"按钮,安装鲲鹏迁移插件,安装成功后,在 Visual Studio Code 左边栏会显示鲲鹏代码迁移插件图标,如图 2-101所示。

这样就完成了鲲鹏代码迁移插件的安装。

2.4.2 鲲鹏代码迁移插件的使用

1. 配置服务器

配置服务器的步骤如下。

图 2-100　查找鲲鹏插件

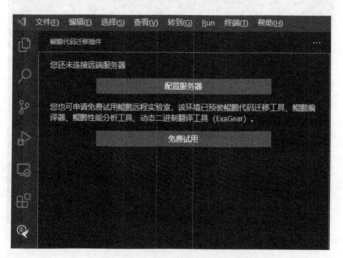

图 2-101　鲲鹏代码迁移插件

　　步骤 1：单击"配置服务器"按钮，如图 2-101 所示，此时会弹出"配置远端服务器"对话框，如图 2-102 所示。

　　步骤 2：因为鲲鹏代码迁移插件是以客户端的形式来连接服务器的，所以这里要填写远端服务器的 IP 地址、端口，并且需要指定服务证书。IP 地址和端口是在 2.2 节安装鲲鹏代码迁移工具时确定的 IP 地址和端口，如果服务器是公网环境，则这里要使用公网的 IP 地址。服务证书可以指定根证书，也可以信任当前服务证书，这样就不用指定根证书了。配置完毕后，单击"保存"按钮即可保存配置。

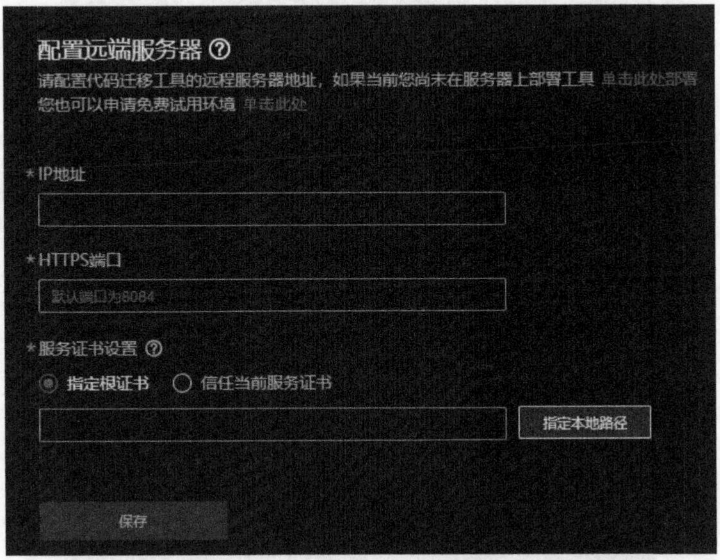

图 2-102　配置远端服务器

2. 配置服务器可能出现的问题

Visual Studio Code 默认情况下对于"扩展"使用代理支持,如果没有配置代理服务器,则在单击"保存"按钮时会出错,此时会弹出服务未响应的对话框,如图 2-103 所示。

图 2-103　服务未响应

要解决这个问题,可以将 Visual Studio Code 的"扩展"使用代理支持修改为关闭,步骤如下。

步骤 1:单击"文件"菜单下的"首选项"二级菜单,然后单击"设置"菜单项,如图 2-104 所示。

步骤 2:在弹出的"设置"对话框中,展开"应用程序"下拉菜单,单击"代理服务器"菜单项,如图 2-105 所示,可以看到 Proxy Support 的默认下拉配置是 override。

步骤 3:单击 Proxy Support 下拉列表框,选择 off 项目,关闭对扩展使用代理的支持,如图 2-106 所示,这样就完成了远端服务器的配置了。

3. 登录服务器

登录服务器的步骤如下。

步骤 1:在鲲鹏代码迁移插件界面单击"登录"按钮,此时会弹出登录代码迁移工具的对话框,如图 2-107 所示。

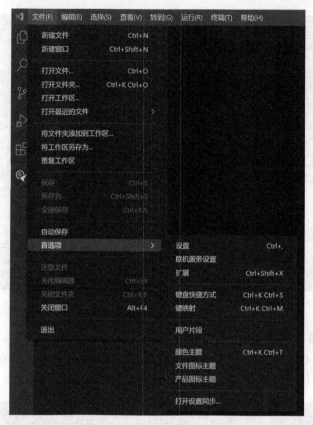

图 2-104　"设置"菜单项

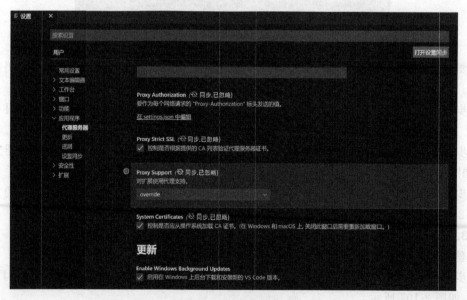

图 2-105　"设置"对话框

图 2-106 关闭代理支持

图 2-107 登录对话框

步骤 2：输入用户名和密码，如果不是管理员用户，则可以单击"记住密码"和"自动登录"复选框，然后单击"登录"按钮，登录成功后的主界面如图 2-108 所示。

4. 代码迁移工具的使用

插件模式下的代码迁移插件的使用和网页版本的使用比较类似，就不再赘述了。

2.4.3 鲲鹏代码迁移插件的卸载

鲲鹏代码迁移插件的卸载步骤如下。

步骤 1：单击 Visual Studio Code 左边栏的"扩展"图标，此时会弹出"扩展：商店"对话框，在搜索框输入 kunpeng，如图 2-109 所示，可以看到已安装的 Kunpeng Porting Advisor Plugin 插件。

图 2-108 插件模式下的鲲鹏代码迁移工具

图 2-109 已安装插件

步骤 2：单击 Kunpeng Porting Advisor Plugin 插件右下角的齿轮图标 ⚙，此时会弹出下拉菜单，如图 2-110 所示。

步骤 3：单击"卸载"菜单，即可完成插件的卸载。

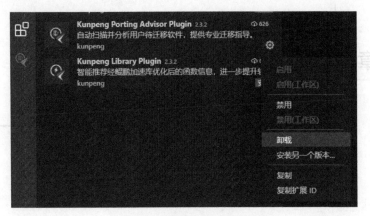

图 2-110 插件弹出菜单

2.5 鲲鹏代码迁移工具的卸载

鲲鹏代码迁移工具的卸载比较简单,这里只演示 Web 安装模式下的卸载,详细步骤如下。

步骤 1: 使用 SSH 远程工具登录安装了鲲鹏代码迁移工具的服务器。

步骤 2: 进入鲲鹏代码迁移工具安装目录的 tools 目录,默认为/opt/portadv/tools。

步骤 3: 执行鲲鹏代码迁移工具的卸载,命令及回显如下:

```
# ./uninstall.sh
Are you sure you want to uninstall porting advisor?(y/n)y
Removed symlink
/etc/systemd/system/multi-user.target.wants/nginx_port.service.
Removed symlink
/etc/systemd/system/multi-user.target.wants/gunicorn_port.service.
Erasing rsa successfully.
Delete portworker1 user.
Delete portworker2 user.
Delete portworker3 user.
Delete portworker4 user.
Delete portworker5 user.
Delete portworker6 user.
Delete portworker7 user.
Delete portworker8 user.
Delete portworker9 user.
Delete portworker10 user.
Delete porting user.
porting:x:1002:1002::/home/porting:/usr/sbin/nologin
The Kunpeng Porting Advisor is uninstalled successfully.
```

最后出现 uninstalled successfully,表示卸载成功了。

第 3 章

鲲鹏加速库

3.1　鲲鹏加速库简介

为了充分发挥鲲鹏 CPU 硬件设计的优良性能及 ARM 指令本身的优势,华为推出了一系列基于硬件加速和软件指令加速的鲲鹏加速库,这些加速库以基础库的形式提供,兼容开放的接口,在保证上层应用基本不需要更改代码的前提下,为鲲鹏平台的应用提供更强的能力。

鲲鹏加速库目前可以分为 7 个大类 24 个加速库,下面按照类别对这些加速库做简要说明。

3.1.1　系统库

1. Glibc-patch

- 加速库类别:指令加速;
- 开发语言:汇编;
- 下载网址:http://ftp.jaist.ac.jp/pub/GNU/libc/;
- 加速库介绍:Glibc-patch 主要对内存、字符串、锁等接口基于华为鲲鹏 920 处理器微架构的特点进行了加速优化,memcmp/memset/memcpy/memrchr/strcpy/strlen/strnlen 已合入 GNU 社区,随 Glibc 2.31 主干版本发布,同步推送 openEuler 社区,已随 openEuler 1.0 发布。

2. HyperScan

- 加速库类别:指令加速;
- 开发语言:C;
- 下载网址:https://github.com/kunpengcompute/hyperscan;
- 加速库介绍:HyperScan 是一款高性能的正则表达式匹配库,它遵循 libpcre 库通用的正则表达式语法,拥有独立的 C 语言接口。在 HyperScan 正式发布的 5.2.1 版本的基础上,参考华为鲲鹏微架构特征,重新设计核心接口的实现机制,并完成了开发和性能优化,推出了适合鲲鹏计算平台的软件包。

3. AVX2Neon

- 加速库类别：异构生态迁移；
- 开发语言：C；
- 下载网址：https://github.com/kunpengcompute/AvxToNeon；
- 加速库介绍：AVX2Neon 是一款接口集合库。当使用 Intrinsic 类接口的应用程序从传统平台迁移到鲲鹏计算平台时，由于各个平台的 Intrinsic 函数的定义不同，需要逐一对 Intrinsic 函数重新进行适配开发。针对该问题，华为提供了 AVX2Neon 模块，将传统平台的 Intrinsic 接口集合使用鲲鹏指令重新实现，并封装为独立的接口模块（C 语言头文件方式），以减少大量迁移项目重复开发的工作量。用户通过将头文件导入应用程序即可继续使用传统平台的 Intrinsic 函数。

3.1.2　压缩库

1. Gzip

- 加速库类别：指令加速；
- 开发语言：C；
- 下载网址：https://github.com/kunpengcompute/gzip；
- 加速库介绍：Gzip(GNU zip)是一款发布较早并已广泛应用的压缩软件。其优化版本在官网发布的 Gzip-1.10 Release 版本基础上，通过数据预取、循环展开、CRC 指令替换等方法，来提升其在鲲鹏计算平台上的压缩和解压缩速率，尤其对文本类型文件的压缩及解压具有更明显的性能优势。

2. ZSTD

- 加速库类别：指令加速；
- 开发语言：C；
- 下载网址：https://github.com/kunpengcompute/zstd；
- 加速库介绍：Zstandard，即 ZSTD 压缩库，是 2016 年开源的一款快速无损压缩算法，基于 C 语言开发，旨在提供 zlib 库对应级别的压缩解压速度和更高的压缩比。其补丁版本在官网发布的 zstd-1.4.4 Release 版本上，通过 NEON 指令、内联汇编、代码结构调整、内存预取、指令流水线排布优化等方法，实现 ZSTD 在鲲鹏计算平台上压缩和解压性能的提升。

3. Snappy

- 加速库类别：异构生态迁移；
- 开发语言：C/C++；
- 下载网址：https://github.com/kunpengcompute/snappy；
- 加速库介绍：Snappy 是一款基于 C++语言开发的压缩算法，旨在提供较高的压缩/解压速率和相对合理的压缩比，其优化版本在官网发布的 Snappy-1.1.7 Release 版本上，利用内联汇编、宽位指令、优化 CPU 流水线、内存预取等方法，实现 Snappy 在鲲鹏计算平台上的压缩和解压速率提升。

4. KAEzip

- 加速库类别：压缩硬加速；
- 开发语言：C；
- 下载网址：https://github.com/kunpengcompute/KAEzip；
- 加速库介绍：KAEzip 是鲲鹏加速引擎的压缩模块，使用鲲鹏硬加速模块实现 deflate 算法，结合无损用户态驱动框架，提供高性能 Gzip/zlib 格式压缩接口。

3.1.3 加解密库

KAE 加解密

- 加速库类别：加解密硬加速；
- 开发语言：C；
- 下载网址：https://github.com/kunpengcompute/KAE；
- 加速库介绍：KAE 加解密是鲲鹏加速引擎的加解密模块，使用鲲鹏硬加速模块实现 RSA/SM3/SM4/DH/MD5/AES 算法，结合无损用户态驱动框架，提供高性能对称加解密、非对称加解密算法能力，兼容 OpenSSL 1.1.1a 及其之后版本，支持同步 & 异步机制。

3.1.4 媒体库

1. HMPP

- 加速库类别：媒体信号库；
- 开发语言：C、汇编；
- 下载网址：https://support.huawei.com/enterprise/zh/kunpeng-computing/kunpeng-computing-dc-solutios-pid-251181670/software/252791773；
- 加速库介绍：鲲鹏超媒体性能库 HMPP(Hyper Media Performance Primitives)包括向量缓冲区的分配与释放、向量初始化、向量数学运算与统计学运算、向量采样与向量变换、滤波函数、变换函数(快速傅里叶变换)，支持 IEEE 754 浮点数运算标准，支持鲲鹏平台下使用。

2. HW265

- 加速库类别：视频优化库；
- 开发语言：C、汇编；
- 下载网址：向华为申请；
- 加速库介绍：HW265 视频编码器是符合 H.265/HEVC 视频编码标准、基于鲲鹏处理器 NEON 指令加速的华为自研 H.265 视频编码器。HW265 支持 4 个预设编码挡位可选，对应不同编码速度的应用场景，码率控制支持平均比特率模式(ABR)和恒定 QP 模式(CQP)，功能涵盖直播、点播等各个场景，整体性能优于目前的主流开源软件。

3. X265

- 加速库类别：视频转码库；
- 开发语言：C、汇编；
- 下载网址：https://bitbucket.org/multicoreware/x265_git/downloads/? tab=tags；
- 加速库介绍：针对 FFmpeg 视频转码场景，对 X265 的转码底层算子使用鲲鹏向量指令进行加速优化，提高整体性能。补丁已经回馈 X265 官网社区，已在 X265 3.4 版本正式发布。

4. X264

- 加速库类别：视频编解码库；
- 下载网址：https://www.videolan.org/developers/x264.html；
- 加速库介绍：X264 是采用 GPL 授权的视频编码免费软件，主要功能实现了 H.264/ MPEG-4 AVC 的视频编码。

3.1.5 数学库

1. KML_FFT

- 加速库类别：傅里叶变换库；
- 开发语言：C；
- 下载网址：https://support.huawei.com/enterprise/zh/kunpeng-computing/kunpeng-boostkit-pid-253662225/software/253678165；
- 加速库介绍：KML_FFT 是快速傅里叶变换数学库，快速傅里叶变换（fast Fourier transform，FFT），是快速计算序列的离散傅里叶变换（DFT）或其逆变换的方法，广泛地应用于工程、科学和数学领域，将傅里叶变换计算需要的复杂度从 $O(n^2)$ 降到了 $O(n\log n)$，被 IEEE 科学与工程计算期刊列入 20 世纪十大算法。KML_FFT 基于鲲鹏架构，通过向量化、算法改进，对快速离散傅里叶变换进行了深度优化，使快速傅里叶变换接口函数的性能有大幅度提升。

2. KML_BLAS

- 加速库类别：基础线性代数库；
- 开发语言：C；
- 下载网址：https://support.huawei.com/enterprise/zh/kunpeng-computing/kunpeng-boostkit-pid-253662225/software/253678165；
- 加速库介绍：KML_BLAS 是一个基础线性代数运算数学库，基于鲲鹏架构提供了 3 个层级的高性能向量运算：向量-向量运算、向量-矩阵运算和矩阵-矩阵运算，是计算机数值计算的基石，在制造、机器学习、大数据等领域应用广泛。KML_BLAS 基于鲲鹏架构，通过向量化、数据预取、编译优化、数据重排等手段，对 BLAS 的计算效率进行了深度挖掘，使 BLAS 接口函数的性能逼近理论峰值。

3. KML_SPBLAS

- 加速库类别：稀疏基础线性代数库；

- 开发语言：C；
- 下载网址：https://support.huawei.com/enterprise/zh/kunpeng-computing/kunpeng-boostkit-pid-253662225/software/253678165；
- 加速库介绍：KML_SPBLAS 是稀疏矩阵的基础线性代数运算库，基于鲲鹏架构为压缩格式的稀疏矩阵提供了高性能向量、矩阵运算。KML_SPBLAS 基于鲲鹏架构，充分利用鲲鹏的指令集和架构特点，开发了高性能稀疏矩阵运算库，提升了 HPC 和大数据解决方案的业务性能。

4. KML_MATH

- 加速库类别：基础数学函数库；
- 开发语言：C；
- 下载网址：https://support.huawei.com/enterprise/zh/kunpeng-computing/kunpeng-boostkit-pid-253662225/software/253678165；
- 加速库介绍：KML_MATH 是数学计算的基础库，主要实现了基本的数学运算、三角函数、双曲函数、指数函数、对数函数等，广泛应用于科学计算，如气象、制造、化学等行业。KML_MATH 通过周期函数规约、算法改进等手段，提供了基于鲲鹏处理器性能提升较大的函数实现。

5. KML_VML

- 加速库类别：向量运算库；
- 开发语言：C；
- 下载网址：https://support.huawei.com/enterprise/zh/kunpeng-computing/kunpeng-boostkit-pid-253662225/software/253678165；
- 加速库介绍：KML_VML 是向量运算数学库，主要实现基本的数学运算、三角函数、双曲函数、指数函数、对数函数等数学接口的向量化实现。KML_VML 通过 NEON 指令优化、内联汇编等方法，对输入数据进行向量化处理，充分利用了鲲鹏架构下的寄存器特点，实现了在鲲鹏处理器上的性能提升。

6. KML_LAPACK

- 加速库类别：线性代数运算库；
- 开发语言：C；
- 下载网址：https://support.huawei.com/enterprise/zh/kunpeng-computing/kunpeng-boostkit-pid-253662225/software/253678165；
- 加速库介绍：KML_LAPACK 是线性代数运算库，提供了线性方程组运算，包括方程组求解、特征值和奇异值问题求解等。KML_LAPACK 通过分块、求解算法组合、多线程、BLAS 接口优化等手段，基于鲲鹏架构对 LAPACK 的计算效率进行了优化，实现了在鲲鹏处理器上的性能提升。

7. KML_SVML

- 加速库类别：短向量运算库；

- 开发语言：C；
- 下载网址：https://support. huawei. com/enterprise/zh/kunpeng-computing/kunpeng-boostkit-pid-253662285/software/253678165；
- 加速库介绍：KML_SVML 是短向量的数学运算，包括幂函数、三角函数、指数函数、双曲函数、对数函数等。KML_SVML 通过 NEON 指令优化、内联汇编等方法，对输入向量进行批量处理，充分利用了鲲鹏架构下的寄存器特点，实现了在鲲鹏服务器上的性能提升。

8. KML_SOLVER

- 加速库类别：稀疏迭代求解库；
- 开发语言：C；
- 下载网址：https://support. huawei. com/enterprise/zh/kunpeng-computing/kunpeng-boostkit-pid-253662285/software/253678165；
- 加速库介绍：KML_ SOLVER 是稀疏迭代求解库(Iterative Sparse Solvers)，包含了预条件共轭梯度法(PCG)和广义共轭残差法(GCR)。当前 KML_SOLVER 为单节点多线程版本。

3.1.6　存储库

1. Smart Prefetch

- 加速库类别：智能预取库；
- 开发语言：C、C++；
- 下载网址：https://support. huawei. com/enterprise/zh/kunpeng-computing/kunpeng-computing-dc-solution-pid-251181670/software/252325103；
- 加速库介绍：针对分布式存储、大数据的 Spark/HBase 等解决方案中的存储 I/O 密集型场景，访问 I/O 存储器(硬盘、SSD)的性能(带宽、延迟、单位时间操作数)，对业务整体性能影响明显。同时，在这些场景里，用户对存储器的单位容量成本也很敏感。在现在及未来的很长一段时间里，存储器容量大小与 I/O 性能不可能兼具。同时，利用小容量的高速存储介质作为缓存盘，把预测可能被访问的 I/O 数据提前放入缓存盘中，下次直接从高速缓存中获取数据，可以显著地改善系统整体的存储 I/O 性能，这里小容量高速存储介质可以是内存为介质的 Ramdisk，也可以是 NVMe SSD。Smart Prefetch(智能预取)，创新性地采用高速缓存盘配合高效的预取算法，提升了系统存储 I/O 性能，进而提升了上述解决方案中存储 I/O 密集型场景的整体性能。

2. SPDK

- 加速库类别：SSD 用户态驱动；
- 下载网址：https://github. com/spdk/spdk；
- 加速库介绍：SPDK 的全称为 Storage Performance Development Kit(高性能存储开发包)，SPDK 的目标是通过网络技术、处理技术和存储技术来提升效率和性能。通过运行为硬件设计的软件,SPDK 已经证明很容易达到每秒数百万次 I/O 读取,通过许多处理器核心和许多 NVMe 驱动去存储,而不需要额外卸载硬件。

3. ISA-L

- 加速库类别:存储加速库;
- 下载网址:https://github.com/intel/isa-l;
- 加速库介绍:ISA-L 的全称为 Intelligent Storage Acceleration Library,是提供 RAID、纠删码、循环冗余检查、密码散列和压缩的高度优化的函数。

3.1.7 网络库

1. XPF

- 加速库类别:OVS 流表加速库;
- 开发语言:C;
- 下载网址:https://support.huawei.com/enterprise/zh/kunpeng-computing/kunpeng-computing-dc-solution-pid-251181670/software/252325103;
- 加速库介绍:XPF(Extensible Packet Framework)加速库是鲲鹏自研加速库,XPF 自研功能模块,在 OVS(Open vSwitch)软件内部实现了一个智能卸载引擎模块,该模块用于跟踪数据报文在 OVS 软件中所经历的所有流表和 CT 表,将执行的 CT 行为和所有流表行为项进行综合编排成一条综合行为项并结合统一匹配项生成一条集成流表项。后续的数据报文在进入 OVS 后,若匹配命中该集成流表,则直接执行综合行为,相比开源的处理流程,查询次数将减少,性能将大幅度提升。

2. DPDK

- 加速库类别:用户态网络驱动库;
- 开发语言:C;
- 下载网址:https://github.com/DPDK/dpdk;
- 加速库介绍:DPDK 的全称为 Data Plane Development Kit,为用户空间高效的数据包处理提供数据平面开发工具集,包括库函数和驱动。

3.2 鲲鹏加速库插件

在鲲鹏平台的应用开发中,开发者可以直接使用鲲鹏加速库来优化应用的性能,不过,因为加速库数量众多,实现的函数和匹配的汇编指令更是数以千计,人工识别并应用确实有一定的难度,为了解决这个问题,华为推出了鲲鹏加速库插件,自动扫描代码文件中可使用鲲鹏加速库优化后的函数或汇编指令,生成可视化报告;编码时能够自动匹配鲲鹏加速库函数字典,智能提示、高亮、联想字典中可以替换的库和函数。

鲲鹏加速库插件支持 Visual Studio Code 和 IntelliJ IDEA,为简单起见,本书只介绍 Visual Studio Code 中该插件的安装、使用和卸载。

3.2.1 鲲鹏加速库插件的安装与卸载

鲲鹏加速库插件的名称为 Kunpeng Library Plugin,安装步骤可参考 2.4.1 节"鲲鹏代码迁移插件的安装";卸载步骤可参考 2.4.3 节"鲲鹏代码迁移插件的卸载"。

3.2.2 鲲鹏加速库插件的使用

为了演示插件功能,需要先创建一个代码文件,这里使用一段对给定字符串压缩,然后计算压缩率,最后解压、输出字符串的代码,命名为 zlibtest.c,代码如下:

```
//Chapter3/zlibtest.c

# include < string.h >
# include < stdio.h >
# include < stdlib.h >
# include "zlib.h"

int main()
{
  signed char * content = "This is the string to be compressed. This is the string to be
compressed. This is the string to be compressed.";
  /* 要压缩的字符串长度,+1是为了算上最后的结束符 */
  uLong contentLen = strlen(content) + 1;

  /* 压缩后数据长度的上限 */
  uLong compressBufLen = compressBound(contentLen);

  /* 分配压缩缓冲区,缓冲区大小不超过 compressBufLen */
  unsigned char * compressBufStream = (unsigned char * )malloc(compressBufLen);

  /* 执行压缩 */
  int compressResult = compress(compressBufStream, &compressBufLen, (const unsigned char * )
content, contentLen);

  /* 缓冲区不够大 */
  if(compressResult == Z_BUF_ERROR){
    printf("Buffer is too small for compression!\n");
    return 1;
  }

  /* 内存不够用 */
  if(compressResult == Z_MEM_ERROR){
    printf("Not enough memory for compression!\n");
    return 2;
  }

  /* 压缩率 */
```

```
    float ratio = (float)compressBufLen/contentLen;
    printf("Source length is %d,target length is %d,the compression ratio is %.2f!\n",
contentLen,compressBufLen,ratio);

    unsigned char *compressedStream = compressBufStream;
    signed char * decompressBufStream = (signed char *)malloc(contentLen);

    int decompressResult = uncompress((unsigned char *)decompressBufStream, &contentLen,
compressedStream, compressBufLen);

    /* 缓冲区不够大 */
    if(decompressResult == Z_BUF_ERROR){
      printf("Buffer is too small for decompression!\n");
      return 1;
    }

    /* 内存不够用 */
    if(decompressResult == Z_MEM_ERROR){
      printf("Not enough memory for decompression!\n");
      return 2;
    }

    printf("%s\n", decompressBufStream);
    return 0;
}
```

1. 语法高亮

插件可以高亮标识出鲲鹏加速优化后的函数,打开代码文件,可以看到一些函数是绿色高亮显示的,当把鼠标放到该函数上时,会显示该函数的优化描述,包括优化点、下载网址等,如图 3-1 所示。

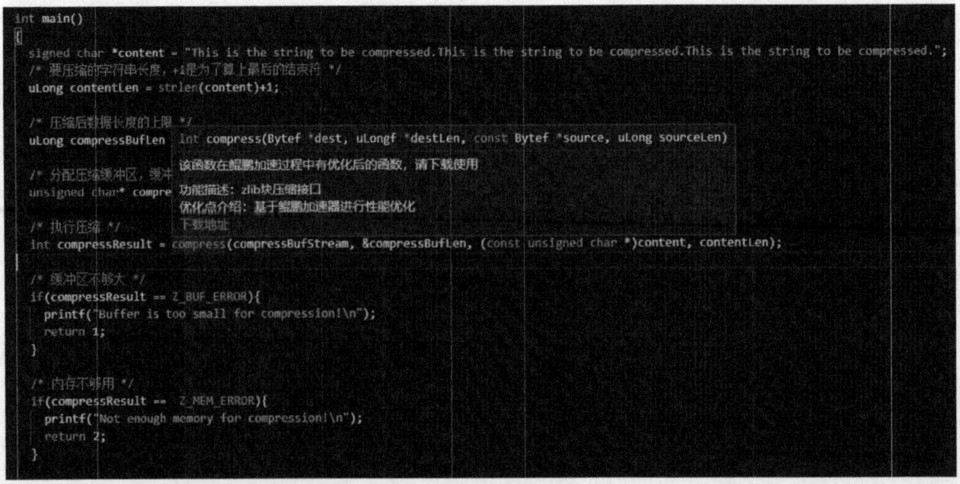

图 3-1　语法高亮

2．智能联想

在编码时，插件可以自动联想出鲲鹏加速后的函数，例如，输入字符串 com，后面就会自动联想出匹配的函数来，并且会提示该函数的参数信息及所在的文件，如图 3-2 所示。

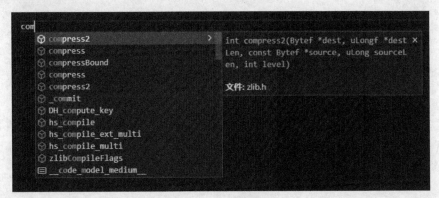

图 3-2　智能联想

3．定义跳转

对于鲲鹏加速的函数，按着 Ctrl 键，把鼠标放在函数名称上，可以出现超链接的状态，如图 3-3 所示。

图 3-3　函数超链接

此时，单击该函数名称，会自动跳转到该函数的定义位置，如图 3-4 所示。

4．函数搜索

单击代码编辑界面右上角的 🔍 图标，此时会弹出函数搜索窗口，提供对 function 函数的名称、优化点、描述搜索，以及 Intrinsic 函数的名称、函数详细定义、Intel 对应的 Intrinsic 功能函数名称、Intel 对应的汇编指令名称、ARM 对应的汇编指令名称的搜索，如图 3-5 所示。

5．加速分析

在资源管理器下的文件或者文件夹上右击，此时弹出的菜单会出现"鲲鹏加速分析""查看加速分析报告""清除加速分析报告"菜单项，如图 3-6 所示。

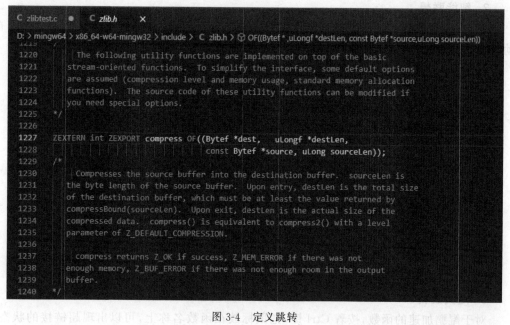

图 3-4 定义跳转

图 3-5 搜索对话框

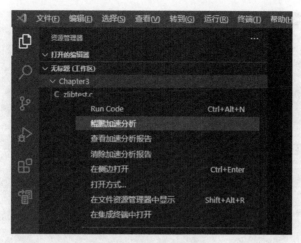

图 3-6　加速分析菜单

1）鲲鹏加速分析

单击"鲲鹏加速分析"菜单项，此时会出现"选择加速分析类型"对话框，如图 3-7 所示。

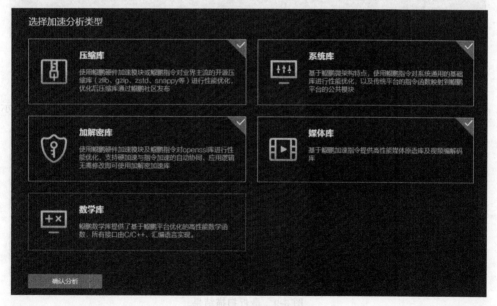

图 3-7　选择加速分析类型

选择合适的加速库后，单击"确认分析"按钮，即可执行分析，分析结果如图 3-8 所示。

在源码上，使用波浪线并且绿色高亮显示可以通过加速库优化的函数，在源码下的"问题"选项卡，列出了所有该类函数，并且给出了函数名称、描述、优化点和下载网址，单击该问题，可以跳转到源码对应的函数。

图 3-8　分析结果

2）查看加速分析报告

单击"查看加速分析报告"菜单项，此时会出现"最近扫描结果"对话框，如图 3-9 所示。

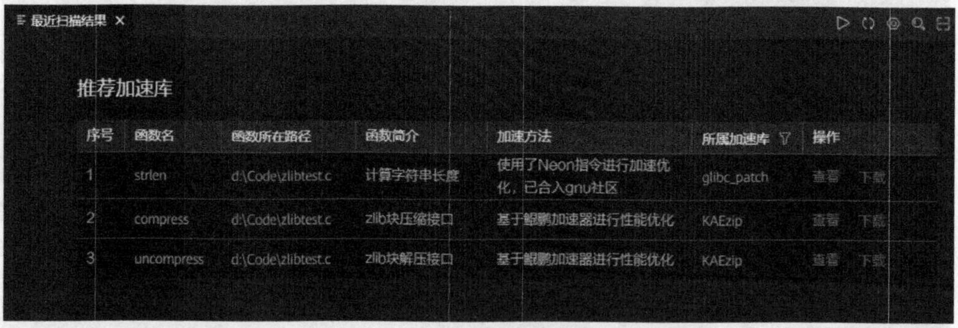

图 3-9　最近扫描结果

在推荐加速库的表格里，列出了所有可以应用鲲鹏加速库的函数信息，单击"操作"列的"查看"超链接，可以跳转到源码对应的函数；单击"下载"超链接则可以打开加速库下载网址。

3）清除加速分析报告

单击"清除加速分析报告"菜单项，可以清除最近的扫描结果。

第 4 章

编 译 调 试

随着软硬件越来越复杂,应用程序执行性能的影响因素也越来越多,而编译器在其中扮演着一个比较关键的角色。因为历史的原因,大部分编译器是在 x86 架构居于统治地位的情况下产生并发展起来的,或多或少地受 x86 架构的影响,所以,默认情况下,通过传统编译器编译的应用,在鲲鹏架构的系统中,并不能发挥出最高效的性能。为了解决这个问题,华为推出了多个针对鲲鹏微架构和指令进行优化的高性能编译器,包括毕昇编译器、毕昇 JDK、鲲鹏 GCC。

4.1 毕昇编译器

4.1.1 LLVM

传统的编译器,编译大体分为 3 个阶段,分别是前端(Frontend)、优化器(Optimizer)和后端(Backend)。前端负责分析源代码,进行词法分析、语法分析、语义分析,最终生成中间代码,优化器负责对中间代码进行优化,后端负责生成目标代码,架构如图 4-1 所示。

图 4-1 传统编译器架构

传统编译器的优点是结构简单,比较容易实现,但是在增加新的语言或者平台后,整个过程要重来一遍,前端、优化器和后端的设计很难重用,在现代应用程序多语言开发、多处理器架构支持的情况下,越来越不符合发展的需要了。

LLVM 是一个开源的编译器项目,采用模块化设计,把前端、优化器、后端解耦,引入了统一的中间代码 LLVM Intermediate Representation (LLVM IR),不同的语言经过前端处理后都可以生成统一的 IR,优化器也只对 IR 进行优化,后端把优化好的 IR 解释成不同平台的机器码。LLVM 架构如图 4-2 所示。

LLVM 架构的优势主要体现在以下方面:

(1) 中间表达 IR 的引入、模块化设计,简化了前端、优化器和后端每一部分的开发。

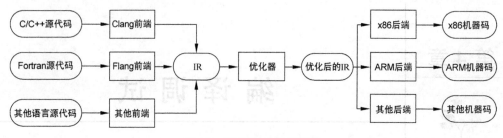

图 4-2　LLVM 编译器架构

（2）支持一种新的语言只需实现对应的前端，同样，支持一种新的硬件设备，也只需实现对应的后端。

4.1.2　毕昇编译器简介

毕昇编译器基于 LLVM 开发，针对鲲鹏平台做了关键技术点的优化，支持 C/C++ 和 Fortran 语言，其中 C/C++ 前端使用 Clang 实现，Fortran 前端使用 Flang 实现。毕昇编译器除了对 LLVM 通用功能进行优化外，对中端及后端的关键技术点进行了深度优化，还集成了自动调优特性 Auto-tuner，支持编译器自动地进行迭代调优。总体来讲，毕昇编译器的高性能主要体现在以下方面。

（1）高性能编译算法：编译深度优化、增强多核并行化、自动向量化等，大幅提升了指令和数据吞吐量。

（2）加速指令集：结合 NEON/SVE 等内嵌指令技术，深度优化了指令编译和运行时库，发挥鲲鹏架构的最优表现。

（3）AI 迭代调优：内置 AI 自学习模型、自动优化编译配置，迭代提升程序性能，完成最优编译。

4.1.3　毕昇编译器的安装

毕昇编译器安装的平台架构是 AArch64，需要 GCC 4.8.5 或以上的支持，这里以本书编写时毕昇编译器最新的 1.3.3 版本为例，演示安装的步骤。

步骤 1：登录服务器，创建编译器安装目录/opt/compiler，命令如下：

```
mkdir -p /opt/compiler/
cd /opt/compiler/
```

步骤 2：下载编译器压缩包并解压，命令如下：

```
wget
https://mirrors.huaweicloud.com/kunpeng/archive/compiler/bisheng_compiler/bisheng - compiler -
1.3.3 - aarch64 - Linux.tar.gz
tar - zxvf bisheng - compiler - 1.3.3 - aarch64 - Linux.tar.gz
```

步骤 3：配置环境变量，编辑/etc/profile，命令如下：

```
vim  /etc/profile
```

在 profile 文件的最后加上如下的配置并保存退出：

```
export PATH = /opt/compiler/bisheng - compiler - 1.3.3 - aarch64 - Linux/bin: $ PATH
export
LD_LIBRARY_PATH = /opt/compiler/bisheng - compiler - 1.3.3 - aarch64 - Linux/lib: $ LD_LIBRARY_PATH
```

步骤 4：执行如下命令，使配置生效：

```
source  /etc/profile
```

步骤 5：检查 Clang 版本，确认毕昇编译器是否成功安装，命令及成功的回显如下：

```
[root@book compiler]# clang - v
Bisheng Compiler 1.3.3.b023 clang version 10.0.1 (clang - e31092d4f8cd flang - 3c92ea4b404f)
Target: aarch64 - unknown - Linux - gnu
Thread model: posix
InstalledDir: /opt/compiler/bisheng - compiler - 1.3.3 - aarch64 - Linux/bin
Found candidate GCC installation: /usr/lib/gcc/aarch64 - redhat - Linux/4.8.2
Found candidate GCC installation: /usr/lib/gcc/aarch64 - redhat - Linux/4.8.5
Selected GCC installation: /usr/lib/gcc/aarch64 - redhat - Linux/4.8.5
Candidate multilib: .;@m64
Selected multilib: .;@m64
```

4.1.4　毕昇编译器的使用

毕昇编译器基于开源的 LLVM，其命令 clang、clang ++ 、flang 的使用方式和 LLVM 相同，此处就不再赘述了。

4.2　毕昇 JDK

4.2.1　毕昇 JDK 简介

为了在 Java 环境下也可以发挥出鲲鹏架构的优良性能，同时解决生产环境中的大量问题和诉求，华为推出了毕昇 JDK。毕昇 JDK 基于 OpenJDK 定制开发，在华为多个内部产品中使用，解决了业务实际运行中遇到的代表性问题，在 ARM 架构上进行了性能优化，在大数据等场景下可以获得更好的性能，华为每个季度为毕昇 JDK 提供补丁更新，保证了运行的安全稳定性。

毕昇 JDK 目前只支持 Linux/AArch64 平台，版本包括毕昇 JDK 8 和毕昇 JDK 11。作为开源的项目，毕昇 JDK 8 的开源代码仓地址为 https://gitee. com/openeuler/bishengjdk-8,

毕昇 JDK 11 的开源代码仓地址为 https://gitee.com/openeuler/bishengjdk-11。

4.2.2 毕昇 JDK 的安装

毕昇 JDK 可以通过 tar 压缩包进行安装,也可以通过 yum 源进行安装,截至本书编写时,yum 源安装方式只支持 openEuler 操作系统,考虑到操作系统的普及性,本书只演示在 CentOS 操作系统上通过 tar 包进行 JDK 8 的安装,详细安装步骤如下。

步骤 1:登录鲲鹏服务器,检查本地安装的旧版本 JDK 包,命令及回显如下:

```
[root@book ~]# rpm - qa | grep jdk
java - 1.8.0 - openjdk - headless - 1.8.0.232.b09 - 0.el7_7.aarch64
java - 1.8.0 - openjdk - devel - 1.8.0.232.b09 - 0.el7_7.aarch64
java - 1.8.0 - openjdk - 1.8.0.232.b09 - 0.el7_7.aarch64
copy - jdk - configs - 3.3 - 10.el7_5.noarch
```

步骤 2:如果已经安装了旧版 JDK 包,则需要先卸载,卸载旧版 JDK 相关包的命令如下:

```
[root@book ~]# rpm - e -- nodeps
java - 1.8.0 - openjdk - headless - 1.8.0.232.b09 - 0.el7_7.aarch64
[root@book ~]# rpm - e -- nodeps
java - 1.8.0 - openjdk - devel - 1.8.0.232.b09 - 0.el7_7.aarch64
[root@book ~]# rpm - e -- nodeps
java - 1.8.0 - openjdk - 1.8.0.232.b09 - 0.el7_7.aarch64
[root@book ~]# rpm - e -- nodeps copy - jdk - configs - 3.3 - 10.el7_5.noarch
```

步骤 3:创建并进入/opt/jdk8/目录,命令如下:

```
mkdir - p /opt/jdk8/
cd /opt/jdk8/
```

步骤 4:下载毕昇 JDK 8 并解压,命令如下:

```
wget
https://mirrors.huaweicloud.com/kunpeng/archive/compiler/bisheng_jdk/bisheng - jdk - 8u292 -
Linux - aarch64.tar.gz
tar - zxvf bisheng - jdk - 8u292 - Linux - aarch64.tar.gz
```

步骤 5:配置环境变量,编辑/etc/profile,命令如下:

```
vim /etc/profile
```

在 profile 文件最后加上如下的配置并保存退出:

```
export JAVA_HOME = /opt/jdk8/bisheng - jdk1.8.0_292
export PATH = $ PATH: $ JAVA_HOME/bin
export CLASSPATH = . : $ JAVA_HOME/lib
```

步骤 6：执行如下命令，使配置生效：

```
source /etc/profile
```

步骤 7：检查 JDK 版本，确认毕昇 JDK 8 是否成功安装，命令及成功回显如下：

```
[root@book ~]# java - version
openjdk version "1.8.0_292"
Openjdk Runtime Environment Bisheng (build 1.8.0_292 - b13)
Openjdk 64 - Bit Server VM Bisheng (build 25.292 - b13, mixed mode)
```

如果原先已经安装了 JDK 并且没有删除，这里有可能还会显示原先的 JDK 版本，可以通过重新启动系统来解决。

4.3 鲲鹏 GCC

4.3.1 鲲鹏 GCC 简介

鲲鹏 GCC 是华为基于开源的 GCC 开发的编译器工具链，针对鲲鹏平台进行了优化和改进，通过软硬件深度协同提供比开源 GCC 更好的性能，在高性能计算等典型领域也提供了深度优化，目前支持的语言有 C、C++、Fortran。鲲鹏 GCC 也是开源的，开源代码仓地址为 https://gitee.com/src-openeuler/gcc。

鲲鹏 GCC 目前运行在鲲鹏 920 平台上，支持 CentOS 7.6、openEuler 20.03 等操作系统。

4.3.2 鲲鹏 GCC 的安装

本书编写时，最新的鲲鹏 GCC 是基于 GCC 10.3 版本开发的，鲲鹏 GCC 的版本是 2.0.0，这里以该版本为例，演示安装的步骤。

步骤 1：登录服务器，创建编译器安装目录/opt/compiler，命令如下：

```
mkdir - p /opt/compiler/
cd /opt/compiler/
```

步骤 2：下载编译器压缩包并解压，命令如下：

```
wget
https://mirror.iscas.ac.cn/kunpeng/archive/compiler/kunpeng_gcc/gcc - 10.3.1 - 2021.09 -
aarch64 - Linux.tar.gz
tar - zxvf gcc - 10.3.1 - 2021.09 - aarch64 - Linux.tar.gz
```

步骤 3：配置环境变量，编辑/etc/profile，命令如下：

```
vim /etc/profile
```

在 profile 文件的最后加上如下配置并保存退出：

```
export PATH = /opt/compiler/gcc-10.3.1-2021.09-aarch64-Linux/bin: $ PATH
export
INCLUDE = /opt/compiler/gcc-10.3.1-2021.09-aarch64-Linux/include: $ INCLUDE
export
LD_LIBRARY_PATH = /opt/compiler/gcc-10.3.1-2021.09-aarch64-Linux/lib64: $ LD_LIBRARY_PATH
```

步骤 4：执行如下命令，使配置生效：

```
source /etc/profile
```

步骤 5：检查 Clang 版本，确认毕昇编译器是否成功安装，命令及成功的回显如下：

```
# gcc - v
Using built-in specs.
COLLECT_GCC = gcc
COLLECT_LTO_WRAPPER = /opt/compiler/gcc-10.3.1-2021.09-aarch64-Linux/bin/../libexec/
gcc/aarch64-Linux-gnu/10.3.1/lto-wrapper
Target: aarch64-Linux-gnu
Configured with:
/usr1/cloud_compiler_hcc/build/hcc_arm64le_native/../../open_source/gcc/configure --
prefix = /usr1/cloud_compiler_hcc/build/hcc_arm64le_native/arm64le_build_dir/gcc-10.3.1-
2021.09-aarch64-Linux --enable-shared --enable-threads = posix --enable-checking =
release --enable-__cxa_atexit --enable-gnu-unique-object --enable-linker-build-
id --with-linker-hash-style = gnu --enable-languages = c,c++,fortran,lto --enable-
initfini-array --enable-gnu-indirect-function --with-multilib-list = lp64 --
enable-multiarch --with-gnu-as --with-gnu-ld --enable-libquadmath --with-
pkgversion = 'Kunpeng gcc 10.3.1-2.0.0.b020' --with-sysroot = / --with-gmp = /usr1/cloud_
compiler_hcc/build/hcc_arm64le_native/arm64le_build_dir/gcc-10.3.1-2021.09-aarch64-
Linux --with-mpfr = /usr1/cloud_compiler_hcc/build/hcc_arm64le_native/arm64le_build_dir/
gcc-10.3.1-2021.09-aarch64-Linux --with-mpc = /usr1/cloud_compiler_hcc/build/hcc_
arm64le_native/arm64le_build_dir/gcc-10.3.1-2021.09-aarch64-Linux --with-isl = /
usr1/cloud_compiler_hcc/build/hcc_arm64le_native/arm64le_build_dir/gcc-10.3.1-2021.09-
aarch64-Linux --libdir = /usr1/cloud_compiler_hcc/build/hcc_arm64le_native/arm64le_build_
dir/gcc-10.3.1-2021.09-aarch64-Linux/lib64 --disable-bootstrap --build = aarch64-
Linux-gnu --host = aarch64-Linux-gnu --target = aarch64-Linux-gnu
Thread model: posix
Supported LTO compression algorithms: zlib
gcc version 10.3.1 (Kunpeng gcc 10.3.1-2.0.0.b020)
```

4.3.3 鲲鹏 GCC 的使用

鲲鹏 GCC 基于开源的 GCC，其命令 gcc、g++、gfortran 等的使用方式与 GCC 相同，此处就不再赘述了。

4.4　鲲鹏编译插件

在鲲鹏架构应用的开发中,开发者通常还是使用基于 x86 架构的台式机或者笔记本进行开发,开发的平台也是以 Windows 或者 macOS 操作系统为主,这种情况下,要调试或者编译鲲鹏应用就会比较困难,开发效率也会受到影响。要解决这个问题,降低开发难度、提高开发效率,可以安装鲲鹏开发套件中的鲲鹏编译插件,该插件支持 Visual Studio Code 和 IntelliJ IDEA,可在线安装、即插即用。为了简单起见,本书只介绍 Visual Studio Code 中该插件的安装、使用和卸载。

4.4.1　鲲鹏编译插件的安装与卸载

鲲鹏编译插件的名称为 Kunpeng Compiler Plugin,安装步骤可参考 2.4.1 节"鲲鹏代码迁移插件的安装";卸载步骤可参考 2.4.3 节"鲲鹏代码迁移插件的卸载"。

4.4.2　服务器配置

要进行远程服务器的编译和调试,需要先配置远程服务器信息,步骤如下。

步骤 1:生成本机 SSH 密钥对,在本机打开命令行工具,输入命令 ssh-keygen,随后在需要输入的地方直接按 Enter 键即可,具体的命令及回显如下(演示时使用的用户名是 zhangl):

```
C:\Users\zhangl > ssh - keygen
Generating public/private rsa key pair.
Enter file in which to save the key (C:\Users\zhangl\.ssh\id_rsa):
Enter passphrase (empty for no passphrase):
Enter same passphrase again:
Your identification has been saved in C:\Users\zhangl\.ssh\id_rsa.
Your public key has been saved in C:\Users\zhangl\.ssh\id_rsa.pub.
The key fingerprint is:
SHA256:8SU7fzeCkMLAsjdqWgr + /eisdBGtfGQJ7lmt7uiAyeQ zhangl@DESKTOP - 24VPS9C
The key's randomart image is:
 +--- [RSA 3072] ----+
|          .         |
|     o o o          |
|   . = * . . . .    |
|     = X .o. +      |
| . . O = So+        |
| + o o = . .o.      |
|.E * . . ......     |
|o * = + ....        |
| + .o+ B.o          |
+---- [SHA256] -----+
```

就本机而言,生成的公钥和私钥都保存在 C:\Users\zhangl\.ssh\ 文件夹,其中公钥为
id_rsa.pub,私钥为 id_rsa。

步骤 2:单击 Visual Studio Code 侧边栏的"鲲鹏编译插件"图标,此时会出现如图 4-3
所示的对话框。

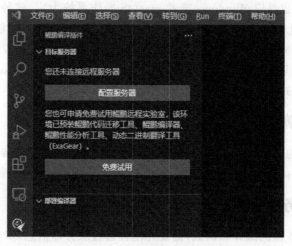

图 4-3　鲲鹏编译插件

步骤 3:单击"配置服务器"按钮,此时会弹出"添加目标服务器"对话框,如图 4-4 所示。
根据提示填写的服务器配置信息如下。

(1) 服务器 IP 地址:要连接的远程服务器的 IP 地址。

(2) SSH 端口:要连接的远程服务器的 SSH 端口,一般是 22。

(3) SSH 用户名:要连接的远程服务器的用户名。

(4) 工作空间:要同步的代码在服务器上的存放路径。

(5) 私钥:私钥在本地的文件,默认为 C:\Users\zhangl\.ssh\id_rsa(把 zhangl 替换成
自己的用户名)。

(6) 密码短语:可选的密码短语,根据实际情况确定是否需要输入。

(7) 公钥自动上传:SSH 密钥对的公钥如何传送到服务器并进行配置,为了方便起见
可以选择"是",插件将会自动完成传输和配置;否则就要自己手动完成这些工作。

(8) 公钥:公钥在本地的文件,默认为 C:\Users\zhangl\.ssh\id_rsa.pub(把 zhangl 替
换成自己的用户名)。

(9) SSH 密码:远程 SSH 登录的密码,如果公钥认证选择"自动",则需要提供该密码,
如果选择"手动",则将不需要该密码。

步骤 4:单击"配置"按钮,插件开始配置服务器,此时可能会弹出将公钥传输到服务器
的确认对话框,如图 4-5 所示,单击"确认"按钮继续配置。

在配置过程中还可能会弹出主机指纹的可信度对话框,如图 4-6 所示,单击"是"按钮继
续连接,最终会提示配置完成。

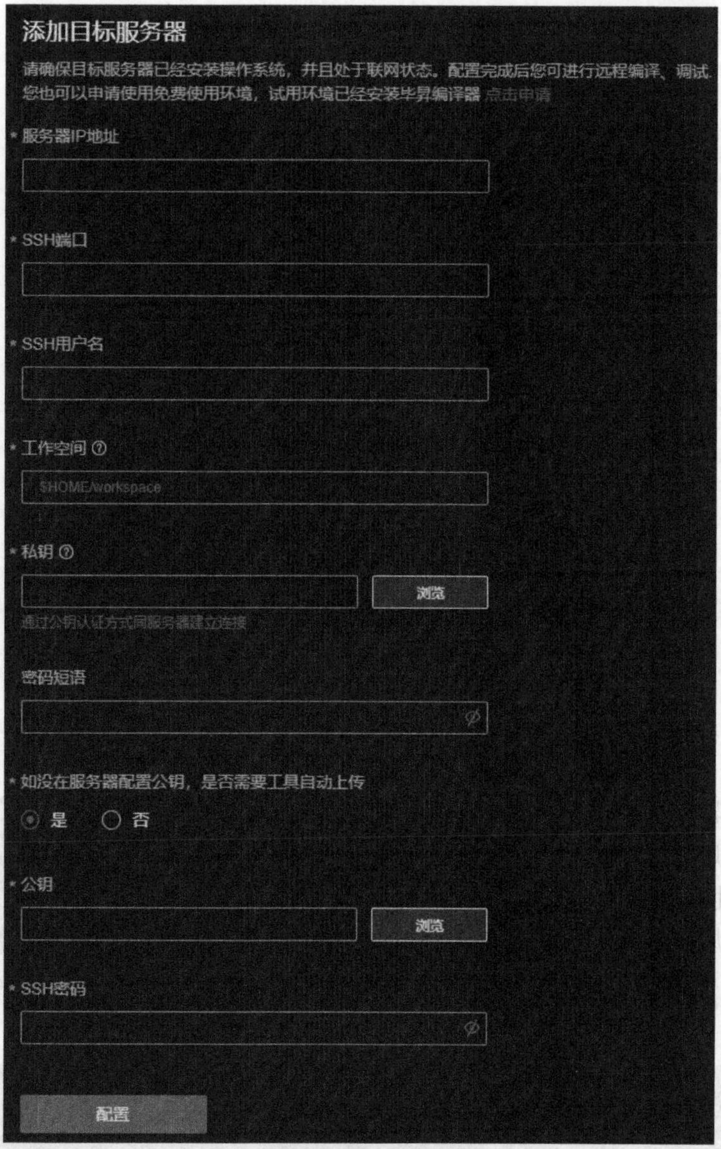

添加目标服务器

请确保目标服务器已经安装操作系统，并且处于联网状态。配置完成后您可进行远程编译、调试。
您也可以申请使用免费使用环境，试用环境已经安装毕昇编译器 点击申请

* 服务器IP地址

* SSH端口

* SSH用户名

* 工作空间 ⑦

$HOME/workspace

* 私钥 ⑦

浏览

通过公钥认证方式同服务器建立连接

密码短语

* 如没在服务器配置公钥，是否需要工具自动上传

⊙ 是   ○ 否

* 公钥

浏览

* SSH密码

配置

图 4-4　添加目标服务器

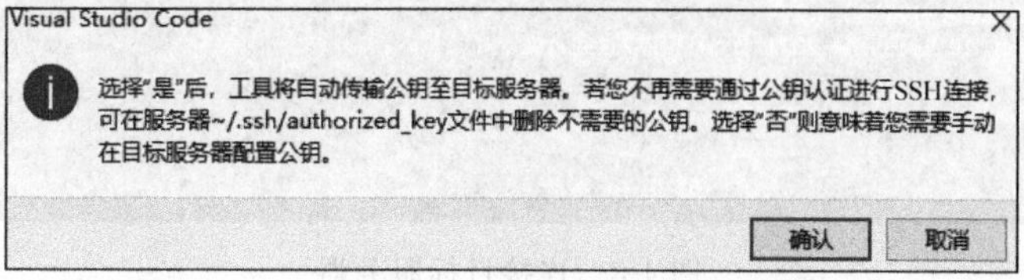

Visual Studio Code

ⓘ 选择"是"后，工具将自动传输公钥至目标服务器。若您不再需要通过公钥认证进行SSH连接，
可在服务器~/.ssh/authorized_key文件中删除不需要的公钥。选择"否"则意味着您需要手动
在目标服务器配置公钥。

确认   取消

图 4-5　确认传输

图 4-6   是否继续连接

服务器配置成功后，配置信息会保存在工作区.vscode 文件夹下的 settings.json 文件中，就本例而言，配置信息如下：

```
"kunpeng.remote.ssh.privatekeypath": "c:\\Users\\zhangl\\.ssh\\id_rsa",
    "kunpeng.remote.ssh.machineinfo": [
        {
            "label": "121.36.5.199",
            "ip": "121.36.5.199",
            "port": "22",
            "user": "duser",
            "workspace": "/home/duser/code"
        }
    ]
```

4.4.3   目标服务器管理

目标服务器配置成功后，在编译器插件的目标服务器区域可以进行管理，如图 4-7 所示。

1. 连接目标服务器

单击目标服务器名称后面的  图标，可以自动连接远程服务器，在 Visual Studio Code 的终端选项卡会显示交互信息，如图 4-8 所示。

图 4-7   目标服务器

图 4-8   连接目标服务器

2．修改目标服务器

单击目标服务器名称后面的 图标，可以修改目标服务器配置，界面和图 4-4 添加目标服务器类似，操作也类似，此处就不再赘述了。

3．删除目标服务器

单击目标服务器名称后面的 图标，此时弹出删除确认对话框，确认后可以删除目标服务器。

4.4.4 部署编译器

鲲鹏编译器插件支持一键部署鲲鹏 GCC、毕昇编译器、毕昇 JDK 这 3 个编译器，下面以毕昇编译器为例演示一键部署的过程。

步骤 1：单击 Visual Studio Code 侧边栏的"鲲鹏编译插件"图标，会出现如图 4-9 所示的对话框。

步骤 2：单击"部署编译器"区域的 图标，会弹出"安装部署工具"对话框，如图 4-10 所示。

图 4-9 部署编译器

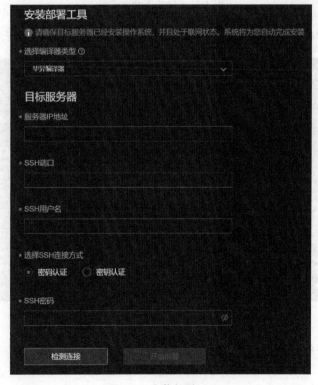

图 4-10 安装部署工具

根据提示选择编译器类型并填写目标服务器信息。

（1）选择编译器类型：要部署的编译器类型，可以选择鲲鹏 GCC、毕昇编译器、毕昇 JDK 三者之一，这里选择毕昇编译器。

（2）服务器 IP 地址：要部署的远程服务器的 IP 地址。

（3）SSH 端口：要部署的远程服务器的 SSH 端口，一般是 22。

（4）SSH 用户名：要部署的远程服务器的用户名。

（5）选择 SSH 连接方式：可以选择密码认证或者密钥认证，如果选择密码认证就要输入 SSH 密码，如果选择密钥认证，就要导入私钥文件。

（6）SSH 密码：远程 SSH 登录的密码。

步骤 3：填写完毕，单击"检测连接"按钮，如果检测无误，则"开始部署"按钮变为可用状态，此时可以单击"开始部署"按钮，会弹出确认下载并安装的对话框，如图 4-11 所示。

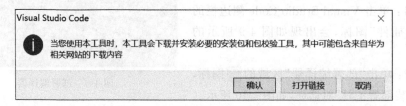

图 4-11　确认下载并安装

步骤 4：单击"确认"按钮，工具便开始部署编译器，界面如图 4-12 所示。

图 4-12　正在部署

最终部署成功的界面如图 4-13 所示。

图 4-13　部署成功

4.4.5　远程编译

下面使用一个简单的 C 程序演示编译器插件的远程编译步骤。

步骤 1：登录远程服务器，配置编译环境（如果已经安装过可以跳过该步骤），输入的命令如下：

```
yum install – y make cmake gcc – c++ git gdb
```

步骤 2：在 Visual Studio Code 工作区（本次演示的工作区的名称为 TEST）添加 compileTest.c 文件，代码如下：

```
int main( ) {

    int a = 1;
    int b = 2;
    int c = 0;

    c = a + b;
    printf( "The result is : % d \n", c);
    return 0;
}
```

步骤 3：在 Visual Studio Code 工作区的.vscode 文件夹添加 tasks.json 配置文件，文件内容如下：

```
{
    "version": "2.0.0",
    "presentation": {
        "echo": true,
        "reveal": "always",
        "focus": false,
        "panel": "shared"
    },
    "tasks": [
        {
            "type": "shell",
            "group": {
                "kind": "build",
                "isDefault": true
            },
            "options": {
                "env": {
                    "xxx": "xxx"
                }
            },
            "presentation": {
                "echo": true,
                "reveal": "always",
                "focus": false,
                "panel": "shared"
            },
            "label": "compileTask",                              /*编译任务名称*/
            "command": "gcc - g - o compileTest compileTest.c",  /*编译命令,相对路径*/
            "problemMatcher": {
                "owner": "cpp",
                "fileLocation": [
                    "relative",
                    "${workspaceRoot}"
                ],
                "pattern": {
                    "regexp": "^([^:]*):(\\d+):(\\d+):\\s+(warning|error):\\s+(.*)$",
                    "file": 1,
                    "line": 2,
                    "column": 3,
                    "severity": 4,
                    "message": 5
                }
            }
        }
    ]
}
```

在这个文件里要注意的是 label 和 command 配置项，一个是编译任务的名称，另一个是编译命令。将 tasks.json 文件保存后，在编译器插件的编译任务栏可以看到刚创建的编译任务，如图 4-14 所示。

图 4-14 编译任务

步骤 4：单击 compileTask 编译任务后面的启动编译图标 ，此时会弹出选择同步代码服务器的下拉列表，选择要远程调试的服务器，如图 4-15 所示。

图 4-15 选择同步代码服务器

这时会弹出同步确认对话框，如图 4-16 所示，如果是第一次编译或者代码有变化，则可以单击"同步并编译"按钮，否则单击"仅编译"按钮。

图 4-16 确认编译

编译成功后的界面如图 4-17 所示。

也可以登录远程服务器查看实际编译结果并运行编译后的程序，直接通过目标服务器区域登录即可，如图 4-18 所示。

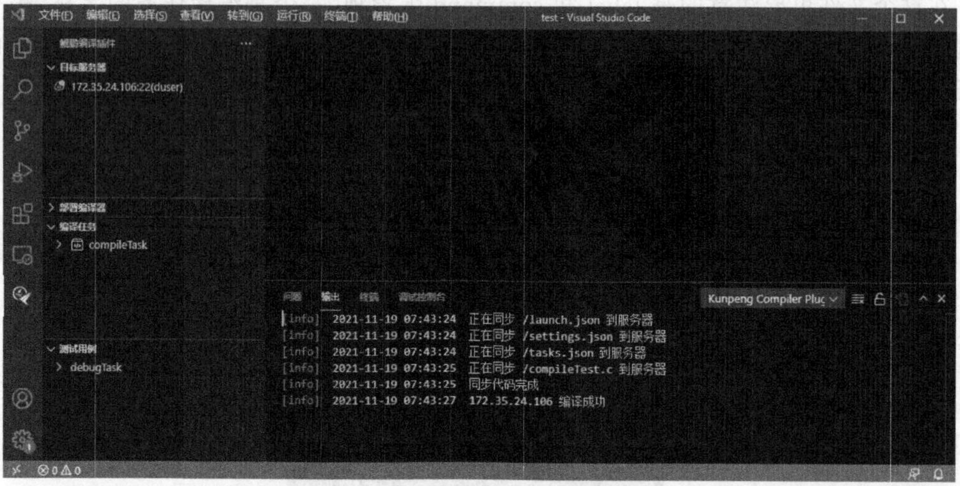

图 4-17　编译成功

图 4-18　查看编译结果

4.4.6　远程调试

除了可以远程编译，鲲鹏编译插件还支持远程调试的功能，这里还是以 4.4.5 节"远程编译"使用的代码为例，详细步骤如下。

步骤 1：在 Visual Studio Code 工作区的.vscode 文件夹添加 launch.json 配置文件，文件内容如下：

```
{
    "version": "0.2.0",
    "configurations": [
```

```
{
    "name": "debugTask",                        /* 调试任务名称 */
    "type": "cppdbg",
    "request": "launch",
    "program": "./compileTest",                 /* 要调试的二进制名称 */
    "args": [],
    "stopAtEntry": true,
    "cwd": "${command:remotessh.remoteworkspace}/",      /* 要调试的二进制路径 */
    "externalConsole": true,
    "MIMode": "gdb",
    "pipeTransport": {
        "pipeCwd": "",
        "pipeProgram": "${command:remotessh.sshclientpath}",
        "pipeArgs": [
            "-p",
            "${command:remotessh.remoteport}",
            "${command:remotessh.remoteuser}@${command:remotessh.remoteip}"
        ],
        "debuggerPath": "/usr/bin/gdb"
    },
    "sourceFileMap": {
        "${command:remotessh.remoteworkspace}": "${workspaceRoot}"
    },
    "setupCommands": [
        {
            "description": "Enable pretty-printing for gdb",
            "text": "-enable-pretty-printing",
            "ignoreFailures": true
        },
        {
            "text": "handle SIGPIPE nostop noprint pass",
            "description": "ignore SIGPIPE",
            "ignoreFailures": true
        }
    ],
    "preLaunchTask": "compileTask"              /* 调试依赖的前置编译任务名称 */
    }
    ]
}
```

这里要特别注意的是 name、program、cwd、preLaunchTask 这 4 个配置项,分别表示调试任务的名称、要调试的二进制文件名称、要调试的二进制文件路径、调试依赖的前置编译任务名称。

步骤 2:当 launch.json 文件保存配置后,在编译插件的"测试用例"区域可以看到刚添加的调试任务,如图 4-19 所示。

图 4-19　测试用例

单击"获取测试用例"图标 ▤ 可以获取特定服务器的测试用例；单击"配置"图标 ⚙ 可以打开 launch.json 文件进行配置；要进行调试，需要单击 DebugAll 图标 ⛛，此时会出现调试界面，如图 4-20 所示。

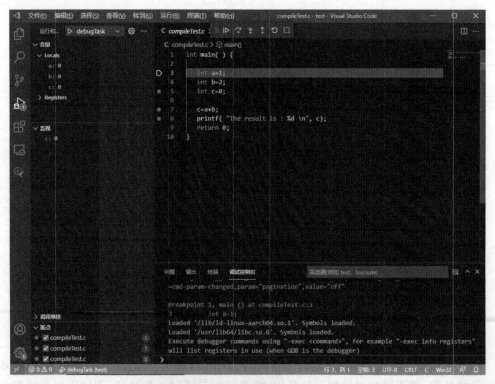

图 4-20　开始调试

步骤 3：根据具体调试需要进行操作。通过单击调试工具栏的对应按钮，可以执行单步调试、单步跳出等调试动作，在代码行前单击可以添加或者取消断点（红点），如图 4-21 所示。

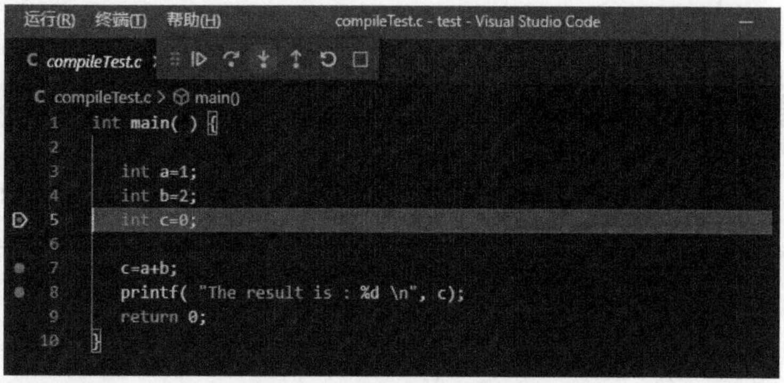

图 4-21 调试工具栏和断点

在变量区域可以查看当前变量的值，如图 4-22 所示。

如果要随时关注某一个表达式的值，可以通过在监视区域添加表达式实现，如图 4-23 所示。

图 4-22 变量查看　　　　　　图 4-23 监视

这样，就可以完成鲲鹏编译插件的远程调试工作了。

第 5 章

鲲鹏性能分析工具

5.1　鲲鹏性能分析工具简介

　　系统性能的提升,需要综合考虑计算机硬件、操作系统、应用程序等多方面的因素,这些因素是互相影响的,要不断地调试、分析、调整相关参数,才能最终达到最优的系统性能。这一过程比较漫长,对人员的技术要求也比较高,很多情况下,调优人员在特定系统上花费了大量的时间,但是最终也不一定能达到性能的有效提升。不但如此,在系统出现故障或者异常时,要定位问题的位置、找到触发的原因也比较烦琐、困难。为了协助开发者和调优人员在鲲鹏系统上有效调优、诊断异常,华为推出了鲲鹏性能分析工具,支持鲲鹏平台上的系统性能分析、Java 性能分析和系统诊断,提供系统全景及常见应用场景下的性能采集和分析功能,同时基于调优专家系统给出优化建议;对于大部分不太复杂的场景,也可以使用调优助手进行快速调优,在工具的帮助下迅速找到解决问题的方法。

　　鲲鹏性能分析工具运行在鲲鹏平台的服务器上,支持 IDE 插件(Visual Studio Code)和浏览器两种客户端工作模式,该工具包括调优助手、系统性能分析工具、Java 性能分析工具和系统诊断工具 4 个子工具,本书编写时,最新版本是 2.3. T20 版本,官方网站为 https://www.hikunpeng.com/developer/devkit/hyper-tuner。

　　鲲鹏性能分析工具是鲲鹏开发套件中最重要、最复杂的工具,为了便于展开介绍,本书把该工具分成 5 个独立的章节,本章将总体介绍鲲鹏性能分析工具,其他 4 个章节将分别介绍调优助手、系统性能分析工具、Java 性能分析工具和系统诊断工具。

5.2　鲲鹏性能分析工具的安装

　　鲲鹏性能分析工具可以安装在基于鲲鹏 916、鲲鹏 920 的服务器中,也可以安装在虚拟机或者 Docker 中,支持的操作系统包括 openEuler、CentOS、Ubuntu 等,为了简单起见,本书只演示在基于鲲鹏 920 的华为云 ECS 上,在 CentOS 7.6 的操作系统中安装鲲鹏性能分析工具,安装的工具版本为 2.3. T20,详细步骤如下。

步骤 1：登录鲲鹏服务器，创建并进入目录/data/soft/，命令如下：

```
mkdir -p /data/soft/
cd /data/soft/
```

步骤 2：下载鲲鹏性能分析工具安装包，命令如下：

```
wget
https://mirror.iscas.ac.cn/kunpeng/archive/Tuning_kit/Packages/Hyper-tuner_2.3.T20_
Linux.tar.gz
```

步骤 3：解压并进入安装包目录，命令如下：

```
tar -zxvf Hyper-tuner_2.3.T20_Linux.tar.gz
cd Hyper_tuner/
```

步骤 4：执行工具安装，命令及回显如下：

```
#./install.sh
  Start installing,please wait!

Hyper_tuner Config Generate
  install tool:
  [1] : System Profiler, System Diagnosis, Tuning Assistant and Java Profiler will be installed
  [2] : System Profiler, System Diagnosis, Tuning Assistant will be installed
  [3] : Java Profiler will be installed
  Please enter a number as install tool. (The default install tool is all):
```

系统提示可选择安装的工具类型如下。

[1]：同时安装系统性能分析工具、系统诊断工具、调优助手和 Java 性能分析工具。

[2]：安装系统性能分析工具、系统诊断工具和调优助手。

[3]：安装 Java 性能分析工具。

默认为同时安装所有 4 个工具，按 Enter 键继续，回显如下：

```
Selected install_tool: all
If the host name is not set, after installing the tool, the host name will be changed to Malluma.
Do you want to continue the installation? [Y/N]: Y

  Enter the installation path. (The default path is /opt):
```

步骤 5：系统要求输入安装路径，默认为/opt，按 Enter 键继续，回显如下：

```
Selected install_path: /opt

ip address list:
sequence_number        ip_address          device
[1]                    172.16.0.154        eth0
Please enter the sequence number of listed ip as web server ip:
```

系统要求列出所有的 IP 地址,选择一个作为 Web 服务的 IP 地址,因为实际只有一个 IP 地址,这里选择 1,回显如下:

```
Selected web server ip: 172.16.0.154

  Please enter install port. (The default install port is 8086):
```

系统要求输入端口号,默认为 8086,按 Enter 键使用默认即可,回显如下:

```
  Selected nginx_port: 8086

  ip address list:
  sequence_number        ip_address        device
  [1]                    172.16.0.154      eth0
  Please enter the sequence number of listed as system profiler cluster server ip:1
```

系统要求选择一个 IP 作为系统分析服务 IP,这里选择 1,回显如下:

```
Selected   system profiler cluster server ip: 172.16.0.154

  Please enter the mallumad external ip(mapping IP):
```

系统要求输入 mallumad 的外部 IP,直接按 Enter 键,回显如下:

```
The server external ip is: 172.16.0.154

  Please enter system profiler cluster server port. (The default system profiler cluster server
port is 50051):
```

系统要求输入性能分析服务的端口,默认为 50051,按 Enter 键使用默认即可,系统还要求输入映射的外部端口,可以直接按 Enter 键使用默认的 50051:

```
System profiler cluster server port: 50051

  Please enter system profiler cluster server external port. (mapping port):
System profiler cluster server external port: 50051

  JAVA_HOME requirement:
  1.JAVA_HOME is the parent path of bin. (Example: [JAVA_HOME]/bin/java)
  2.The JRE version must be 11 or later.
  Please enter JAVA_HOME (The default JAVA_HOME is environment java, if not meet requirements,
integration java of tool will be used):
```

系统需要 Java 环境,要求 JRE 版本必须是 11 或者更高的版本,这里要求输入 JAVA_HOME 的地址,如果没有,则会自动使用内置的 Java 环境,这里直接按 Enter 键:

```
The JAVA_HOME is empty or check failed, environment java will be used.
    Java_version is 1.8.0_232
    The environment java check failed, integration java of tool will be used.
    ip address list:
    sequence_number          ip_address          device
    [1]                      172.16.0.154        eth0
    Please enter the sequence number of listed as java profiler cluster server ip:
```

系统检测到 Java 版本不满足要求,所以使用内置的 Java 环境,然后系统要求选择 Java
性能分析服务的 IP 地址,也选择 1 即可,然后系统会要求输入 Java 性能分析的外部 IP,同
样按 Enter 键:

```
Selected java profiler cluster server ip: 172.16.0.154

    Please enter the java profiler external ip(mapping IP):

The java profiler external ip is: 172.16.0.154

    Please enter java profiler cluster server port. (The default java profiler cluster server
    port: 9090):
```

系统要求输入 Java 性能分析服务的端口,默认为 9090,直接按 Enter 键使用默认的端
口,系统又提示输入 Java 性能分析服务的外部端口,也直接按 Enter 键使用 9090:

```
Selected java profiler cluster server port: 9090

    Please enter java profiler cluster server external port. (mapping port):
    Java profiler cluster server external port: 9090
```

这样系统就开始安装工具和需要的软件包了。

步骤 6:安装过程中,系统要求自动安装有一定风险的软件包,回显如下:

```
Some risky components, such as binutils and strace, will be automatically installed with the
Kunpeng Hyper Tuner. If there is a source installation package, please add the installation path
to the LD_LIBRARY_PATH or PATH environment variable. Do you allow automatic installation of
these components? [Y/N]?
```

输入 Y 自动安装。

步骤 7:安装成功后的回显如下:

```
Start hyper - tuner service success

Hyper_tuner install Success
    ================================================================
    The login URL of Hyper_Tuner is https://172.16.0.154:8086/user - management/ # /login
    ================================================================
    If 172.16.0.154:8086 has mapping IP, please use the mapping IP.
```

性能分析工具安装成功后,还需要确保使用的端口(默认 8086)处于开通状态,详细的步骤可以参考 2.2 节"鲲鹏代码迁移工具的安装"的第 4 部分"开通端口"。

5.3 鲲鹏性能分析工具的使用

这里通过在 Windows 操作系统上使用 Chrome 浏览器来演示鲲鹏性能分析工具公共功能的使用。

5.3.1 登录鲲鹏性能分析工具

登录鲲鹏性能分析工具步骤如下。

步骤 1:在浏览器网址栏输入鲲鹏性能分析工具的网络地址,格式为 https://IP:Port,本次演示使用的地址为 https://121.36.5.199:8086/,读者可以根据自己实际使用的 IP 地址和端口号确定工具地址。

如果是第一次访问,则可能会出现如图 5-1 所示的连接警告信息。

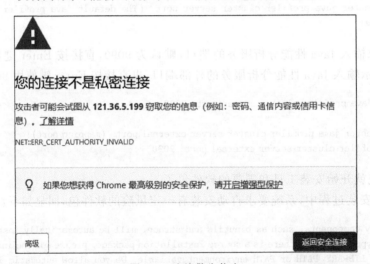

图 5-1 连接警告信息

步骤 2:单击"高级"按钮,会出现高级连接信息,如图 5-2 所示。

步骤 3:单击"继续前往 121.36.5.199(不安全)"超链接,进入首次登录页面,如图 5-3 所示。

对于首次登录,系统会提示创建管理员密码,管理员的账号名称为 tunadmin,该名称不能修改。密码的复杂性要求如下。

(1)必须包含大写字母、小写字母、数字及特殊字符(`、~、!、@、#、$、%、^、&、*、(、)、-、_、=、+、\、|、[、{、}、]、;、:、'、"、,、<、.、>、/、?、)中两种及以上类型的组合。

(2)长度为 8~32 个字符。

(3)不能含空格。

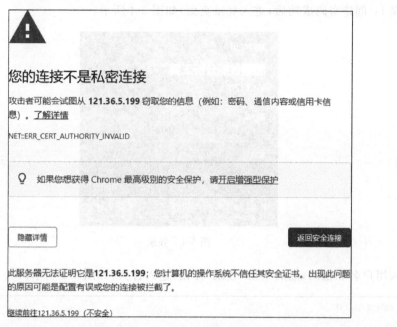

图 5-2　高级连接信息

图 5-3　首次登录

（4）密码不能在弱口令字典中。

在输入符合要求的密码并确认密码后，单击"确认"按钮，即可创建密码。

步骤 4：创建密码成功后，进入登录页面，如图 5-4 所示。

图 5-4　登录

输入用户名和密码，然后单击"登录"按钮，进入首页，如图 5-5 所示。

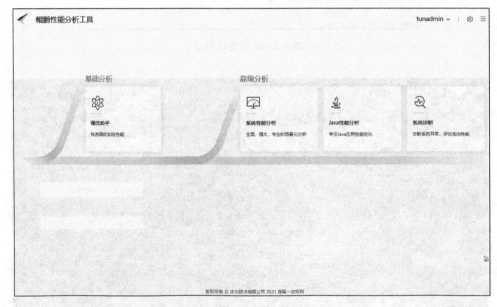

图 5-5　首页

这样就完成了鲲鹏性能分析工具的登录。

5.3.2　用户管理

在鲲鹏性能分析工具首页的右上角，有一个齿轮标志，把鼠标放到该标志上，会显示配置菜单，如图 5-6 所示。

单击配置菜单的"用户管理"菜单项，进入用户管理页面，如图 5-7 所示。

图 5-6 配置菜单

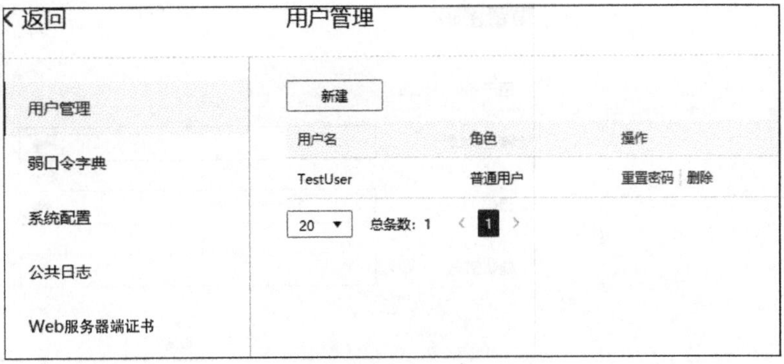

图 5-7 用户管理

1. 添加用户

步骤 1：单击"新建"按钮，会弹出"新建用户"对话框，如图 5-8 所示。

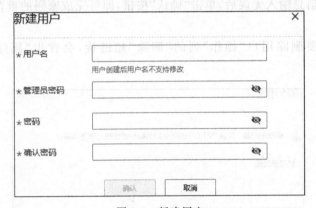

图 5-8 新建用户

步骤 2：根据页面提示输入用户名、管理员密码、密码、确认密码，其中密码的复杂性要求如下。

(1) 必须包含大写字母、小写字母、数字及特殊字符(`、~、!、@、#、$、%、^、&、*、(、)、-、_、=、+、\、|、[、{、}、]、;、:、'、"、,、<、.、>、/、?、)中两种及以上类型的组合。

(2) 长度为 8～32 个字符。

(3) 不能含空格。

(4) 不能是弱口令字典中的密码。

步骤 3：用户信息输入无误后，单击"确认"按钮，即可完成用户的创建。

2. 重置密码

步骤 1：单击要重置密码用户"操作"列的"重置密码"超链接，会弹出"重置密码"对话框，如图 5-9 所示。

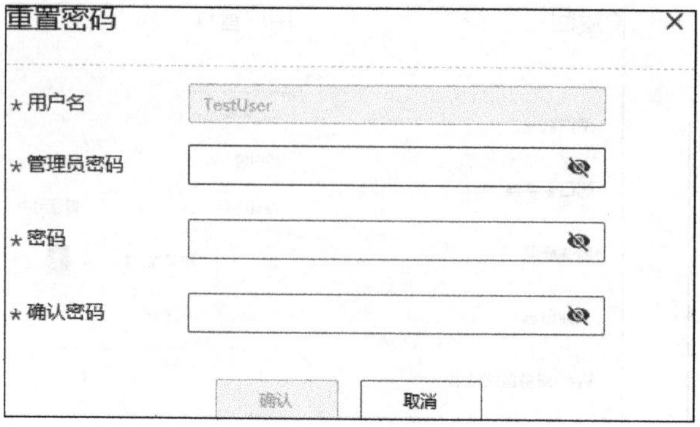

图 5-9　重置密码

　　步骤 2：根据页面提示输入管理员密码、密码、确认密码，其中密码的复杂性要求和添加用户时的密码要求一样。

　　步骤 3：密码信息输入无误后，单击"确认"按钮，即可完成密码的重置。

3．删除用户

　　步骤 1：单击要删除用户"操作"列的"删除"超链接，会弹出"删除用户"对话框，如图 5-10 所示。

图 5-10　删除用户

　　步骤 2：根据页面提示输入管理员密码，然后单击"确认"按钮，即可完成用户的删除。

5.3.3　弱口令字典

　　单击如图 5-6 所示的配置菜单的"弱口令字典"菜单项，进入弱口令字典页面，如图 5-11 所示，具体的使用方法可以参考 2.3.2 节"迁移工具的常用配置"的第 2 部分"弱口令字典"。

5.3.4　系统配置

　　单击如图 5-6 所示的配置菜单的"系统配置"菜单项，进入系统配置的公共配置页面，如图 5-12 所示。

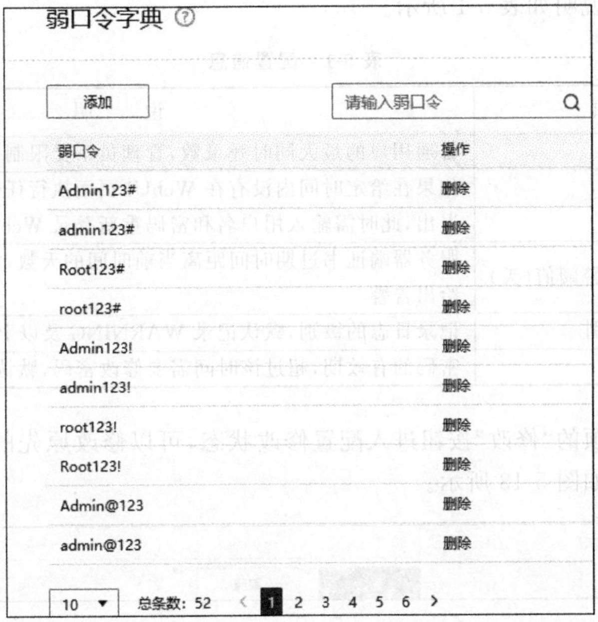

图 5-11　弱口令字典

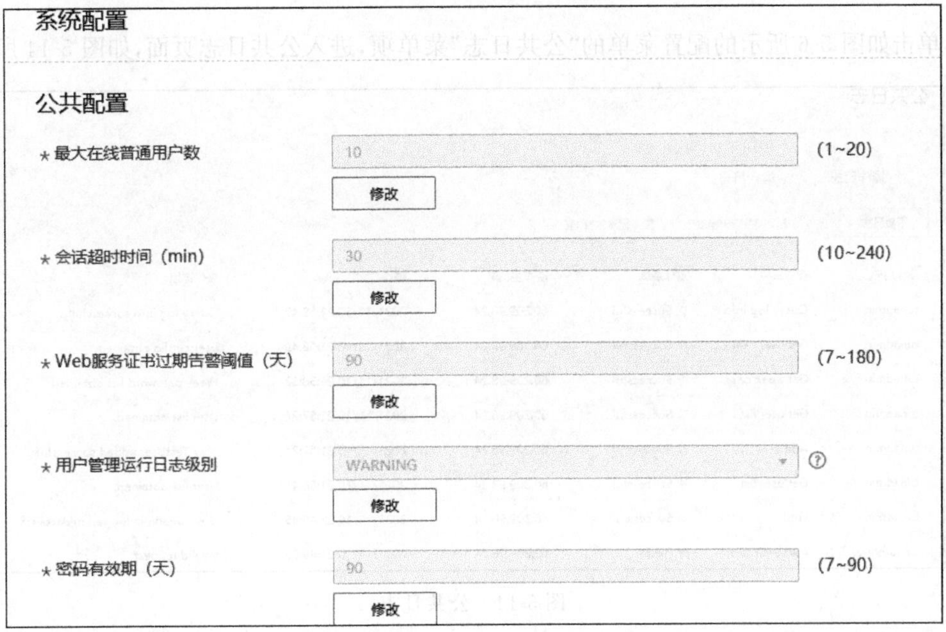

图 5-12　系统配置

各个配置项的说明如表 5-1 所示。

表 5-1 配置信息

配 置 项	说 明
最大在线普通用户数	普通用户的最大同时登录数，管理员不受限制
会话超时时间（min）	如果在给定时间内没有在 WebUI 页面执行任何操作，则系统将自动退出，此时需输入用户名和密码重新登录 WebUI 页面
Web 服务证书过期告警阈值（天）	服务器端证书过期时间距离当前时间的天数，如果超过该天数，则将给出告警
用户管理运行日志级别	记录日志的级别，默认记录 WARNING 及以上的日志
密码有效期（天）	密码的有效期，超过该时间需要修改密码，默认 90 天

单击各个配置项的"修改"按钮进入配置修改状态，可以修改原先的配置，然后单击"确认"按钮保存配置，如图 5-13 所示。

图 5-13 修改配置

5.3.5 公共日志

单击如图 5-6 所示的配置菜单的"公共日志"菜单项，进入公共日志页面，如图 5-14 所示。

公共日志

操作用户	操作名称	操作结果	操作主机IP	操作时间	操作详情
tunadmin	Query log info	● Successful	60.209.98.24	2021/11/10 21:58:49	Query log info successfully.
tunadmin	Get user user c...	● Successful	60.209.98.24	2021/11/10 21:58:49	user config obtained.
tunadmin	Get weak pass...	● Successful	60.209.98.24	2021/11/10 21:58:32	Weak password list obtained.
tunadmin	Get user list	● Successful	60.209.98.24	2021/11/10 21:57:27	User list obtained.
tunadmin	Add user	● Successful	60.209.98.24	2021/11/10 21:57:27	User TestUser added successfully.
tunadmin	Get user list	● Successful	60.209.98.24	2021/11/10 21:56:47	User list obtained.
tunadmin	Login	● Successful	60.209.98.24	2021/11/10 21:45:45	User tunadmin logged in successf...
Unauthorized...	Authentication	● Failed	60.209.98.24	2021/11/10 21:45:06	Invalid request.

操作日志 运行日志

下载日志 操作日志仅保存近30天的记录，最多显示2000条

图 5-14 公共日志

日志分为两类，分别是操作日志和运行日志，操作日志的详细信息可以下载后查看，也可以在线直接查看；运行日志是一个压缩包，叫作 hyper-tuner-user-management.zip，里面

存储了程序运行过程中的必要信息,在程序出现异常时,可以帮助开发人员快速定位问题。管理员用户(tunadmin)可以查看和下载所有用户的操作日志及运行日志,普通用户只能查看和下载当前登录用户的操作日志。

5.3.6 Web服务器端证书

单击如图5-6所示的配置菜单的"Web服务器端证书"菜单项,进入Web服务器端证书页面,如图5-15所示。

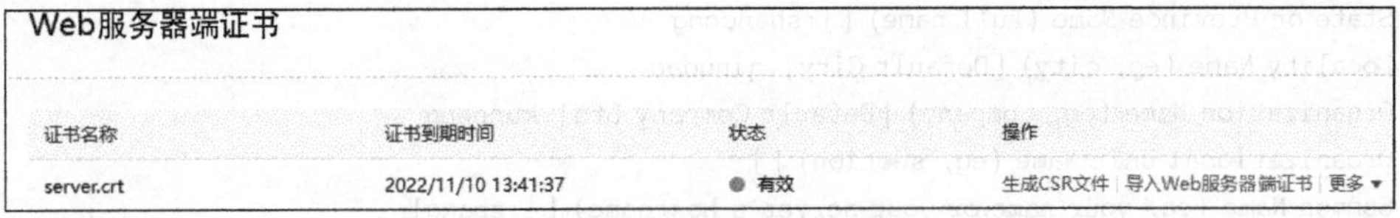

Web服务器端证书				
证书名称	证书到期时间	状态	操作	
server.crt	2022/11/10 13:41:37	● 有效	生成CSR文件 | 导入Web服务器端证书 | 更多 ▼	

图 5-15 Web服务器端证书

1. 更换服务器端证书

SSL证书通过在客户端浏览器和Web服务器之间建立一条SSL安全通道(访问方式为HTTPS),实现数据信息在客户端和Web服务器之间的加密传输,可以防止数据信息的泄露。及时更新证书,保证证书的有效性,可以提高系统的安全性。鲲鹏性能分析工具默认使用的是自带的证书,可以替换为使用者的证书,下面演示更换Web服务器端证书的过程,为了简单起见,使用的是使用者自己签名的证书,在实际使用中,可以使用SSL证书颁发机构颁发的证书。

步骤1:准备证书制作环境。登录CentOS的证书生成服务器(x86或者鲲鹏架构都可以,也可以使用其他Linux发行版操作系统),安装openssl和上传下载工具lrzsz,命令如下:

```
yum - yinstall openssl lrzsz
```

步骤2:创建目录/data/soft/ca/并进入,命令如下:

```
mkdir - p /data/soft/ca/
cd /data/soft/ca/
```

步骤3:生成根证书的私有密钥,命令如下:

```
openssl genrsa - out ca.key 2048
```

步骤4:生成根证书的CSR请求文件,在生成请求文件时,会提示输入签名的国家、省、市、组织及其他一些信息,演示的信息录入为国家:CN;省:shandong;市:qingdao;组织:kunpeng,常用名:zhangl,其他的信息可直接按 Enter 键跳过,命令及回显信息如下:

```
[root@book ca]#openssl req -new -key ca.key -out ca.csr
You are about to be asked to enter information that will be incorporated
into your certificate request.
What you are about to enter is what is called a Distinguished Name or a DN.
There are quite a few fields but you can leave some blank
For some fields there will be a default value,
If you enter '.', the field will be left blank.
-----
Country Name (2 letter code) [XX]:CN
State or Province Name (full name) []:shandong
Locality Name (eg, city) [Default City]:qingdao
Organization Name (eg, company) [Default Company Ltd]:kunpeng
Organizational Unit Name (eg, section) []:
Common Name (eg, your name or your server's hostname) []:zhangl
Email Address []:

Please enter the following 'extra' attributes
to be sent with your certificate request
A challenge password []:
An optional company name []:
```

步骤 5：生成 CA 根证书，有效期 1 年，命令及回显如下：

```
[root@book ca]#openssl x509 -req -days 365 -in ca.csr -signkey ca.key -out ca.crt
Signature ok
subject = /C = CN/ST = shandong/L = qingdao/O = kunpeng/CN = zhangl
Getting Private key
```

得到的根证书为 ca.crt。

步骤 6：生成 CSR 文件。单击如图 5-15 所示的"操作"列的"生成 CSR 文件"超链接，会弹出"生成 CSR 文件"对话框，按照提示输入国家、省份、城市、公司、部门、常用名信息，如图 5-16 所示。

步骤 7：单击"确认"按钮，将 CSR 文件保存到本地，默认文件名称为 server.csr。

步骤 8：回到证书生成服务器，进入/data/soft/ca 目录，可以使用 rz 命令上传 server.csr 文件。

步骤 9：防止生成证书时报错，执行证书生成前的辅助工作，命令如下：

```
touch /etc/pki/CA/index.txt
echo 01|tee /etc/pki/CA/serial
```

步骤 10：根据上传的证书请求文件 server.csr，使用根证书 ca.crt 签名生成证书，生成的过程需要同意签名，即输入 y，命令及回显如下：

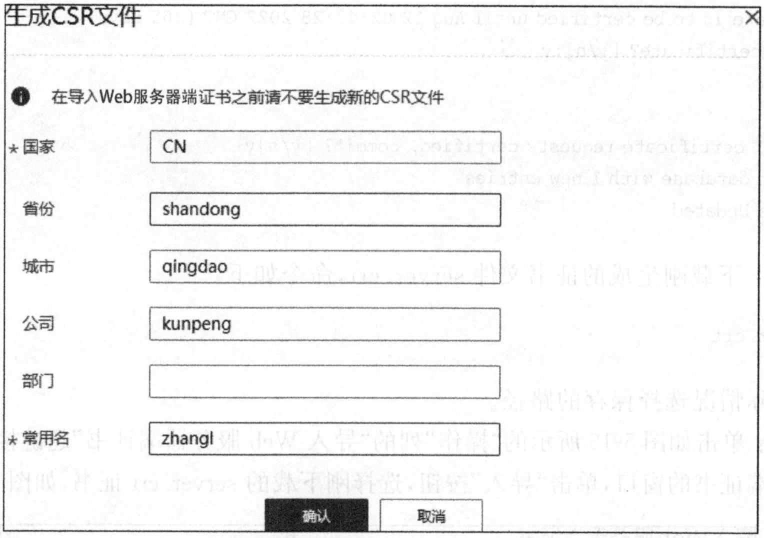

生成CSR文件　　　　　　　　　　　　　　　　　　　✕

  ❶ 在导入Web服务器端证书之前请不要生成新的CSR文件

* 国家　　　　　　CN

省份　　　　　　shandong

城市　　　　　　qingdao

公司　　　　　　kunpeng

部门

* 常用名　　　　　zhangl

　　　　　　　　　　　　　　确认　　　取消

图 5-16　生成 CSR 文件

```
[root@book ca]# openssl ca - in server.csr - out server.crt - cert ca.crt - keyfile ca.key
Using configuration from /etc/pki/tls/openssl.cnf
Check that the request matches the signature
Signature ok
Certificate Details:
     Serial Number: 1 (0x1)
     Validity
        Not Before: Aug 12 02:43:28 2021 GMT
        Not After : Aug 12 02:43:28 2022 GMT
     Subject:
        countryName           = CN
        stateOrProvinceName   = shandong
        organizationName      = kunpeng
        commonName            = zhangl
     X509v3 extensions:
        X509v3 Basic Constraints:
           CA:FALSE
        Netscape Comment:
           OpenSSL Generated Certificate
        X509v3 Subject Key Identifier:
           36:31:0A:0C:EA:CE:8C:47:6B:A6:4C:DC:37:2F:BC:9E:0A:6F:3A:AA
        X509v3 Authority Key Identifier:
           DirName:/C = CN/ST = shandong/L = qingdao/O = kunpeng/CN = zhangl
           serial:C5:A8:BA:5A:E2:3C:27:6A
```

```
Certificate is to be certified until Aug 12 02:43:28 2022 GMT (365 days)
Sign the certificate? [y/n]:y


1 out of 1 certificate requests certified, commit? [y/n]y
Write out database with 1 new entries
Data Base Updated
```

步骤 11：下载刚生成的证书文件 server.crt，命令如下：

```
sz server.crt
```

根据实际情况选择保存的路径。

步骤 12：单击如图 5-15 所示的"操作"列的"导入 Web 服务器端证书"超链接，会弹出导入 Web 服务器端证书的窗口，单击"导入"按钮，选择刚下载的 server.crt 证书，如图 5-17 所示。

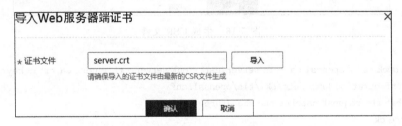

图 5-17　导入 Web 服务器端证书

步骤 13：单击"确认"按钮，执行导入，出现导入成功的提示信息，如图 5-18 所示。

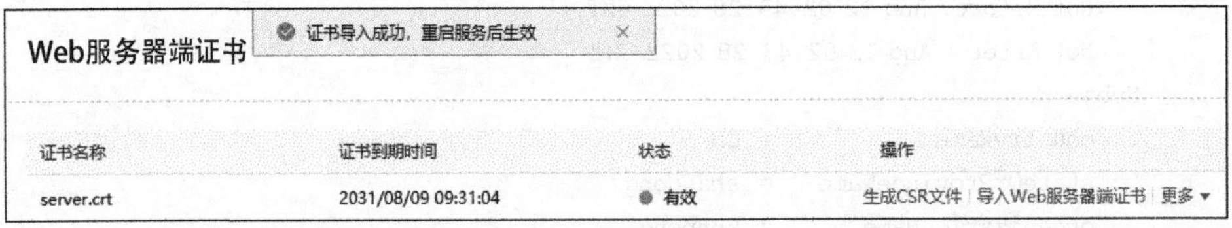

Web服务器端证书	⊘ 证书导入成功，重启服务后生效	✕		
证书名称	证书到期时间	状态	操作	
server.crt	2031/08/09 09:31:04	● 有效	生成CSR文件｜导入Web服务器端证书｜更多 ▼	

图 5-18　导入成功

步骤 14：单击"更多"超链接，然后单击"重启服务"，会重新启动服务，如图 5-19 所示。

步骤 15：重启登录系统，看到更换证书后的页面如图 5-20 所示。

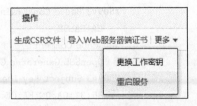

这样就完成了证书的更换。

2. 更换工作密钥

工作密钥用于加密启动 Nginx 服务的口令，最好定

图 5-19　重启服务

期更换。单击如图 5-19 所示的"更换工作密钥"菜单项即可完成工作密钥的更换，要使密钥生效，也需要重启服务。

图 5-20　更换证书后的页面

5.4　鲲鹏性能分析工具的卸载

卸载鲲鹏性能分析工具时,需要确保没有正在执行的分析任务,否则可能会引起异常。详细的卸载步骤如下。

步骤 1:登录鲲鹏性能分析工具所在服务器。

步骤 2:进入鲲鹏性能分析工具的安装目录,默认为/opt/hyper_tuner/,命令如下:

```
cd /opt/hyper_tuner/
```

步骤 3:执行卸载命令 hyper_tuner_uninstall. sh,默认情况下会全部卸载,也可以选择只卸载一部分分析工具,命令及回显如下:

```
# hyper_tuner_uninstall.sh
  uninstall tool:
  [1] : System Profiler, System Diagnosis, Tuning Assistant and Java Profiler will be uninstall
  [2] : System Profiler, System Diagnosis, Tuning Assistant will be uninstall
  [3] : Java Profiler will be uninstall
  Please enter a number as uninstall tool. (The default uninstall tool is all):
  Selected uninstall_tool: all
  get hyper_tuner config
You will remove all from your operating system, do you want to continue [ Y/[N] ]?y
```

5.5　鲲鹏性能分析插件的安装与卸载

鲲鹏性能分析插件的名称为 Kunpeng Hyper Tuner Plugin,安装步骤可参考 2.4.1 节"鲲鹏代码迁移插件的安装";卸载步骤可参考 2.4.3 节"鲲鹏代码迁移插件的卸载"。

5.6　鲲鹏性能分析插件的配置

鲲鹏性能分析插件是一个客户端,如果要正常使用,则需要连接到安装了鲲鹏性能分析服务的远端服务器,详细配置步骤如下。

步骤 1:单击 Visual Studio Code 侧边栏的鲲鹏性能分析插件图标,会弹出鲲鹏性能分析插件对话框,如图 5-21 所示。

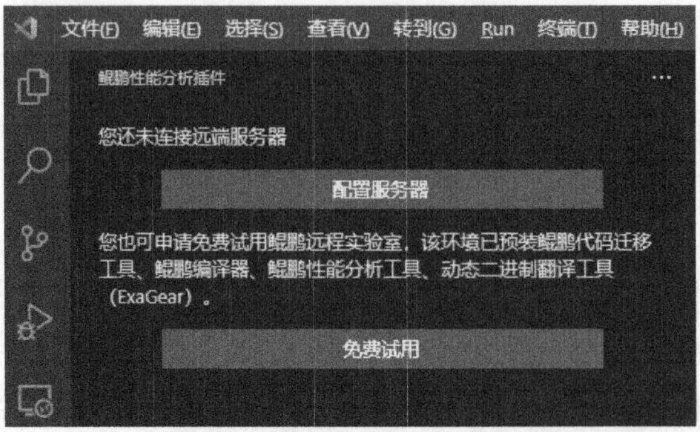

图 5-21　性能分析插件对话框

步骤 2：单击"配置服务器"按钮,此时会弹出"配置远端服务器"对话框,如图 5-22 所示。

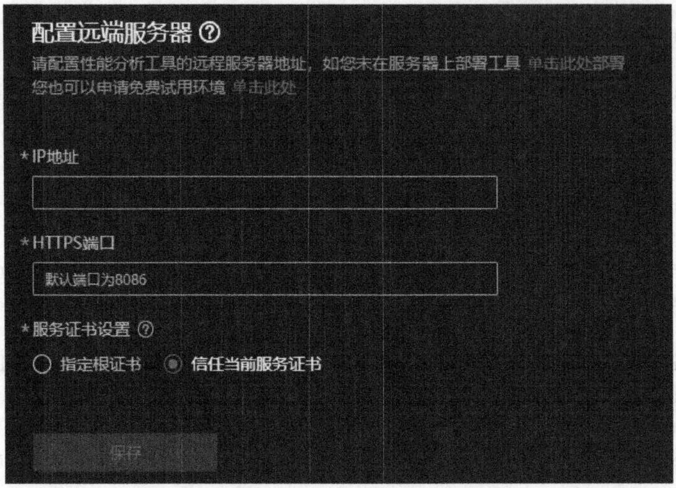

图 5-22　配置远端服务器

这里 IP 地址和端口是在 5.2 节安装鲲鹏性能分析工具时确定的 IP 地址和端口,如果服务器是公网环境,这里则要使用公网的 IP 地址。服务证书可以指定根证书,也可以信任当前服务证书,这样就不用指定根证书了。配置完毕,单击"保存"按钮即可保存配置。需要注意的是,在配置正确的情况下可能会出现证书验证失败的信息对话框,如图 5-23 所示。

图 5-23　证书验证失败

要解决这个问题,可以将 Visual Studio Code 的"扩展"使用代理支持修改为关闭,详细步骤可以参考 2.4.2 节"鲲鹏代码迁移插件的使用"第 2 部分"配置服务器可能出现的问题"。

第6章

鲲鹏调优助手

6.1　鲲鹏调优助手简介

　　鲲鹏调优助手是鲲鹏性能分析工具的子工具,针对鲲鹏架构的服务器,可以生成模式化的系统性能指标,引导使用者有目的地进行系统瓶颈分析,从而快速实现性能调优;相对于系统性能分析,鲲鹏调试助手操作更简单,分析更明确;当然,这个工具也有固有的不足,就是用户可选择的地方较少,分析不够全面、深入,如果有更进一步的调优需求,则可以使用系统性能分析工具。

　　要进入鲲鹏调优助手主界面,需要先进入鲲鹏性能分析工具主界面,如图 6-1 所示,然后单击"调优助手"图标,即可进入调优助手主界面,如图 6-2 所示。

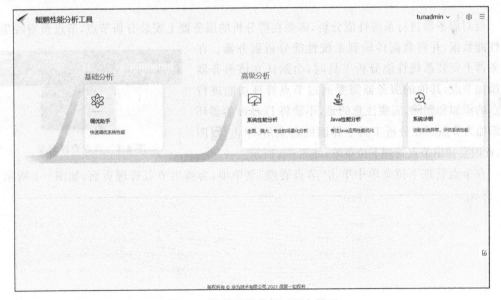

图 6-1　鲲鹏性能分析工具主界面

图 6-2　调优助手主界面

6.2　节点管理

　　要对服务器进行系统性能分析,需要在待分析的服务器上安装分析节点,节点负责收集系统性能数据,并将数据传输到系统性能分析服务器。在服务器上安装系统性能分析工具时,会默认在该服务器上添加节点,其他的服务器需要通过节点管理功能进行节点的添加和删除,需要注意的是,不能将 Docker 容器环境添加为节点。在分析工具主界面的右上角,单击 ▤ 图标,此时会弹出节点管理下拉菜单,如图 6-3 所示。

图 6-3　节点管理菜单

　　在节点管理下拉菜单中单击"节点管理"菜单项,会弹出节点管理页面,如图 6-4 所示。

图 6-4　节点管理页面

1．添加节点

步骤1：在节点管理页面单击"添加节点"按钮，弹出"添加节点"对话框，如图6-5所示。

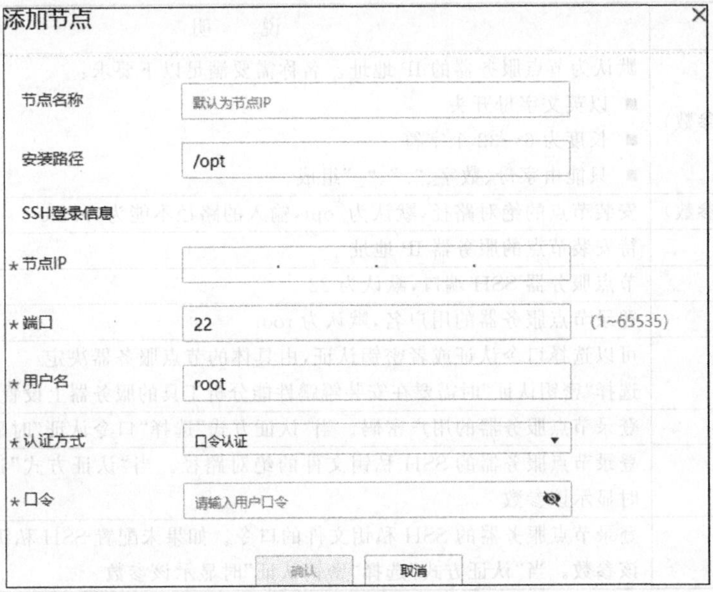

图6-5 添加节点

认证方式分为口令认证和密钥认证，如果把认证方式改为密钥认证，则界面如图6-6所示。

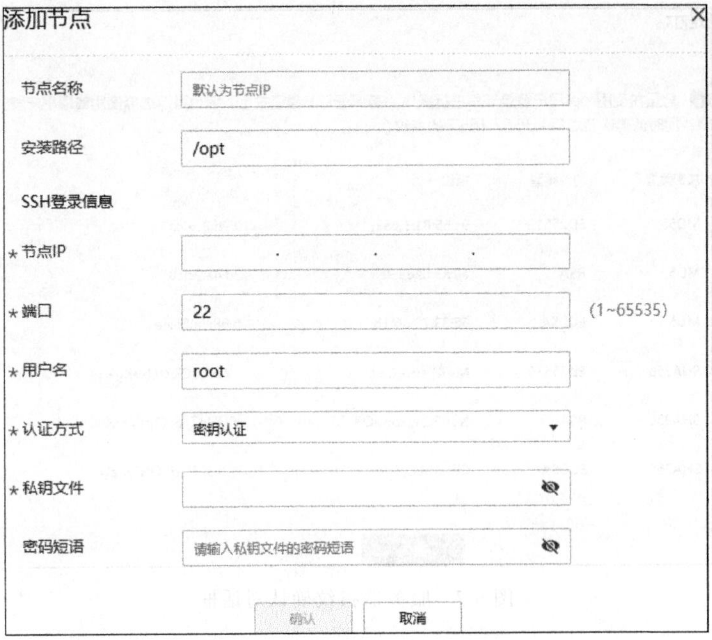

图6-6 密钥认证方式

添加节点页面的各个参数的说明如表 6-1 所示。

表 6-1 添加节点参数说明

参 数	说 明
节点名称(可选参数)	默认为节点服务器的 IP 地址。名称需要满足以下要求： ■ 以英文字母开头 ■ 长度为 6~32 个字符 ■ 只能由字母、数字、"."、"_"组成
安装路径(可选参数)	安装节点的绝对路径，默认为/opt，输入的路径不能为/home
节点 IP	待安装节点的服务器 IP 地址
端口	节点服务器 SSH 端口，默认为 22
用户名	登录节点服务器的用户名，默认为 root
认证方式	可以选择口令认证或者密钥认证，由具体的节点服务器决定 选择"密钥认证"时需要在安装鲲鹏性能分析工具的服务器上设置 SSH 认证信息
口令	登录节点服务器的用户密码。当"认证方式"选择"口令认证"时显示该参数
私钥文件	登录节点服务器的 SSH 私钥文件的绝对路径。当"认证方式"选择"密钥认证"时显示该参数
密码短语	登录节点服务器的 SSH 私钥文件的口令。如果未配置 SSH 私钥口令，则可省略该参数。当"认证方式"选择"密钥认证"时显示该参数

步骤 2：输入节点信息后，单击"确认"按钮，此时会弹出服务器指纹确认对话框，如图 6-7 所示。

图 6-7 服务器指纹确认对话框

单击"确认"按钮,即可添加节点服务器,添加成功后的界面如图 6-4 所示。

注意:有时候,节点添加成功了,但是节点状态还是显示"离线",这种情况一般是因为系统分析服务器的端口没有开通,节点无法和系统分析服务器进行通信,导致节点显示"离线"状态。系统分析服务器端口默认为 50051,开通此端口可以解决这种问题。

2. 修改节点

在图 6-4 的节点管理页面单击要修改节点"操作"列的"修改"超链接,会弹出"修改节点信息"对话框,如图 6-8 所示。

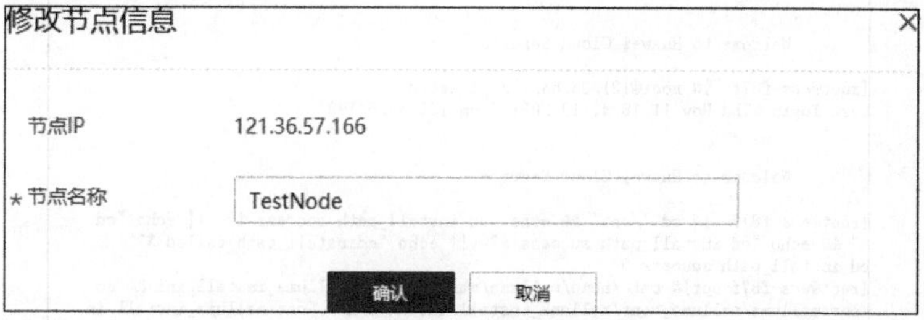

修改节点信息　　　　　　　　　　　　　　　　　　　×

节点 IP　　　　　121.36.57.166

★ 节点名称　　　TestNode

确认　　取消

图 6-8　修改节点信息

目前只支持修改节点名称,对节点名称的要求和添加节点的要求相同,填写节点名称完毕后,单击"确认"按钮即可完成节点信息的修改。

3. 删除节点

在图 6-4 的节点管理页面单击要删除节点"操作"列的"删除"超链接,会弹出"删除节点"对话框,如图 6-9 所示。

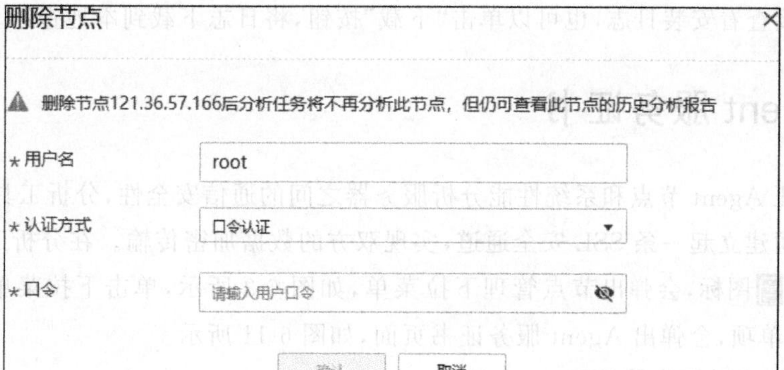

删除节点　　　　　　　　　　　　　　　　　　　×

⚠ 删除节点 121.36.57.166 后分析任务将不再分析此节点,但仍可查看此节点的历史分析报告

★ 用户名　　　root

★ 认证方式　　　口令认证　　　　　　　　　　　▼

★ 口令　　　　　请输入用户口令　　　　　　　👁

确认　　取消

图 6-9　删除节点

选择认证方式,如果是口令认证,则需输入口令;如果是密钥认证,则需输入私钥文件和密码短语,最后单击"确认"按钮,会弹出类似图 6-7 所示的指纹确认按钮,单击"确认"按钮,即可删除节点。

4. 查看安装日志

在安装节点的过程中,可能因为各种原因而导致安装失败,这时候就可以使用节点管理的查看安装日志功能,查找具体的原因。在图 6-4 的节点管理页面单击要查看日志节点"操作"列的"查看安装日志"超链接,会弹出节点安装日志查看对话框,如图 6-10 所示。

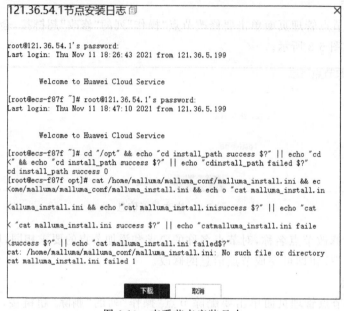

图 6-10 查看节点安装日志

可以直接查看安装日志,也可以单击"下载"按钮,将日志下载到本地查看。

6.3 Agent 服务证书

为了保证 Agent 节点和系统性能分析服务器之间的通信安全性,分析工具使用 SSL 证书在两者之间建立起一条 SSL 安全通道,实现双方的数据加密传输。在分析工具主界面的右上角,单击▤图标,会弹出节点管理下拉菜单,如图 6-3 所示,单击下拉菜单中的"Agent 服务证书"菜单项,会弹出 Agent 服务证书页面,如图 6-11 所示。

1. 修改证书过期告警阈值

SSL 证书只能在有效期内保证通信的安全性,为了防止使用过期的证书,可以在证书过期前告警,告警的提前时间为告警阈值,可以在 Agent 服务证书页面内设置。单击 Agent 服务证书页面的✎图标,可以修改告警阈值,如图 6-12 所示。

输入新的告警阈值,单击"确认"按钮,即可完成修改。

2. 更换证书

在证书过期后需要更换证书,更换证书时,要先生成新的证书,单击 Agent 服务证书页

图 6-11　Agent 服务证书

Agent服务证书

| ★ Agent服务证书过期告警阈值（天） | 90 | (7~180) |

确认　取消

图 6-12　修改告警阈值

面的"生成证书"按钮，可以自动生成新的证书。单击要更换证书节点"操作"列的"更换证书"超链接，如果节点所在服务器是分析工具本身所在的服务器，系统则会自动更换证书；如果节点所在服务器是其他的服务器，则会弹出"更换证书"对话框，如图 6-13 所示。

更换证书

节点IP	121.36.57.166
★ 用户名	root
★ 认证方式	口令认证
★ 口令	请输入用户口令

确认　取消

图 6-13　更换证书

选择认证方式，如果是口令认证，则需输入口令；如果是密钥认证，则需输入私钥文件和密码短语，最后单击"确认"按钮，会弹出类似图 6-7 所示的指纹确认按钮，单击"确认"按钮,即可更换证书。

3. 更换工作密钥

工作密钥用于加密系统性能分析服务器端和 Agent 节点端的私钥文件,为了提高系统安全性,建议定期更新。单击要更换工作密钥节点"操作"列的"更换工作密钥"超链接,如果节点所在服务器是系统性能分析服务器本身所在的服务器,系统则会自动更换工作密钥;如果节点所在服务器是其他的服务器,则会弹出"更换工作密钥"对话框,如图 6-14 所示。

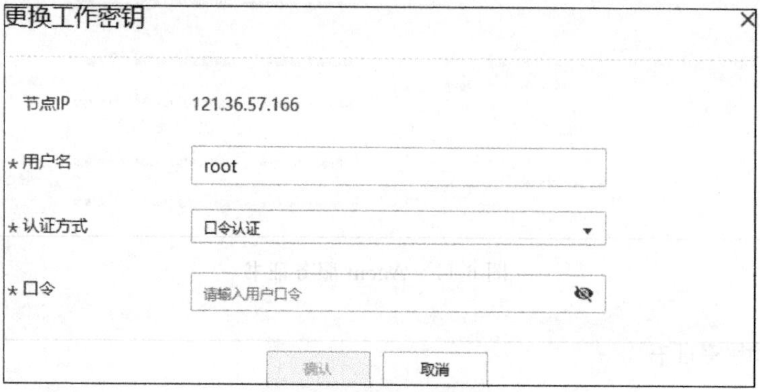

图 6-14　更换工作密钥

选择认证方式,如果是口令认证,则需输入口令;如果是密钥认证,则需输入私钥文件和密码短语,最后单击"确认"按钮,会弹出类似图 6-7 所示的指纹确认按钮,单击"确认"按钮,即可更换工作密钥。

6.4　工程管理

1. 创建工程

步骤 1:在调优助手主界面单击工程管理后面的 ⊕ 图标,或者单击"新建工程"按钮,会弹出"创建工程"对话框,如图 6-15 所示。

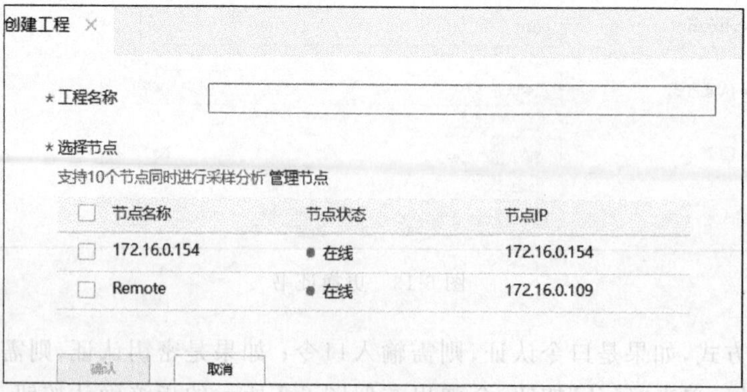

图 6-15　创建工程

创建工程需要的参数说明如下。

(1) 工程名称：工程的名称，名称具有唯一性，长度为1～32个字符，只能由字母、数字、特殊字符(@、#、$、%、^、&、*、(,)、[,]、<,>、.、_、-、!、~、+、空格)组成。

(2) 选择节点：选择进行分析的节点，可以选择多个。

步骤2：输入工程名称，选择分析的节点，然后单击"确认"按钮，即可完成工程的添加，添加成功后的工程管理页面如图6-16所示。

2. 删除工程

在工程管理页面找到要删除的工程，单击后面的删除工程图标，如图6-17所示，会弹出工程删除确认对话框，如图6-18所示。

图 6-16 工程管理

图 6-17 删除工程

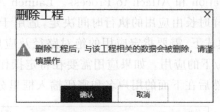

图 6-18 删除工程确认

单击"确认"按钮，即可删除工程和相关的数据。

6.5 任务管理

1. 创建任务

步骤1：在工程管理页面选中要创建任务的工程，单击工程名称后面的创建任务图标，如图6-19所示。

图 6-19 创建任务

单击后会弹出新建分析任务对话框，如图6-20所示。

创建任务需要的参数说明如下。

(1) 任务名称：分析任务的名称，名称具有唯一性，长度为1～32个字符，只能由字母、数字、特殊字符(@、#、$、%、^、&、*、(,)、[,]、<,>、.、_、-、!、~、+、空格)组成。

(2) 分析对象：分析针对的对象，可以选择系统或者应用。

选择"系统"，表示采集整个系统的数据分析，无须关注系统中有哪些类型的应用在运行，采样时长由配置参数控制，适用于多业务混合运行和有子进程的场景。选择"应用"，表示采集指定应用或进程的数据进行分析。应用的分析模式有两种，分别是 Launch

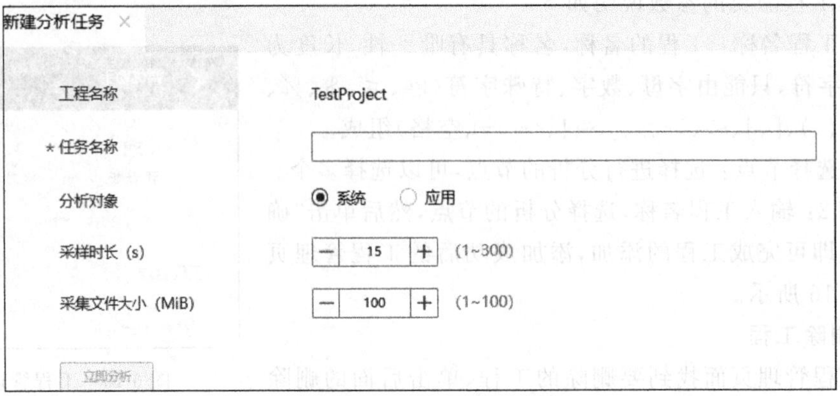

图 6-20　创建分析任务

Application 和 Attach to Process。Launch Application 模式在启动采集任务时同时启动应用,采样时长由应用的执行时间决定,适用于应用运行时间较短的场景,如图 6-21 所示,在这种模式下,需要指定应用的绝对路径及应用需要的参数,当前版本下只支持输入/opt/或/home/下的应用。如果应用需要在特定操作系统的用户下执行,就选中"应用运行用户"复选框,然后在下面的用户名和密码输入框里分别输入特定用户的用户名和密码。

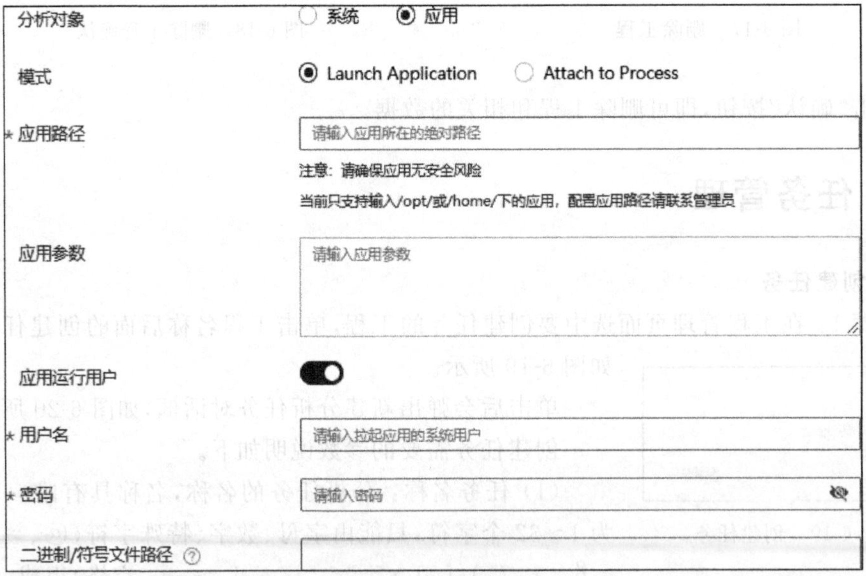

图 6-21　Launch Application 模式

　　Attach to Process 模式不自己启动应用,启动采集任务时应用正在运行,采样时长由配置参数控制,适用于应用运行时间较长的场景,如图 6-22 所示,在这种模式下,可以输入进程的名称,也可以直接输入 PID,两者至少选择一个,可以同时采集多个进程的数据。

图 6-22　Attach to Process 模式

（1）二进制/符号文件路径：二进制/符号文件在服务器上的绝对路径，只在分析对象是"应用"时可以配置。

（2）采样时长：采样的时间，范围为 1～300s，默认为 15s。

（3）采集文件大小：采集文件的最大大小，范围为 1～100MB，默认为 100MB。

（4）配置指定节点参数：如果任务在多个节点上执行，则可以为每个节点配置不同的参数。

步骤 2：根据需要填写必要的参数后，单击"立即分析"按钮，此时会弹出"确认新建分析任务"对话框，如图 6-23 所示。

创建后的任务会立即执行，如图 6-24 所示，节点前的绿色圆点表示任务执行成功，如果圆点是红色，则表示执行失败。

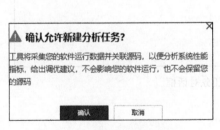

图 6-23　确认新建分析任务

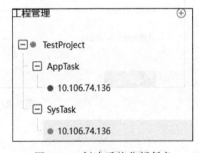

图 6-24　创建后的分析任务

2. 删除任务

删除任务时，单击任务后面的删除图标，如图 6-25 所示，会弹出删除确认对话框，确认后即可删除任务。

3. 再次分析任务

已经成功分析过的任务，可以再次分析，单击任务后面的"再次分析任务"图标，如图 6-26 所示，弹出"再次分析任务"对话框，如图 6-27 所示，修改参数后，单击"立即分析"按钮，即可再次进行分析。

图 6-25　删除任务

图 6-26　再次分析任务

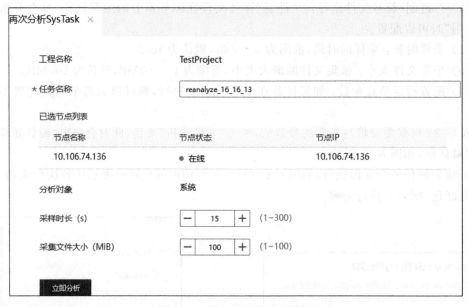

图 6-27　再次分析任务对话框

6.6　分析报告

在工程管理页面,单击成功进行任务分析的节点名称,会打开分析报告查看页面,如图 6-28 所示。

分析报告最上面是优化建议的过滤条件区域,服务器的应用场景按照业务类型分为 CPU 密集型、网络 I/O 密集型、存储 I/O 密集型 3 个场景,可以根据实际业务情况选择合适的 1 个或者多个场景。业务类型后面是建议范围的下拉列表,默认显示所有的优化建议,也可以只显示经过阈值过滤的建议。在性能指标里,有些数值型的指标会有阈值设置,如果指标没有到达这个阈值,而且建议范围选择的是"经过阈值过滤的建议",则这时候将不会显示该指标的优化建议。

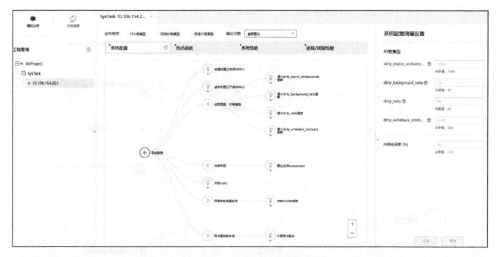

图 6-28　分析报告查看页面

　　下面的优化建议区域分为 4 部分,分别是系统配置、热点函数、系统性能、进程/线程性能,下面分别进行介绍。

1. 系统配置

　　系统配置页面布局如图 6-29 所示,左侧是优化建议区域,详细内容如图 6-30 所示,根节点是系统配置节点,选中该节点后,右侧会显示系统配置阈值设置,详细内容如图 6-31 所示。阈值设置页面显示了与系统配置相关的性能指标阈值,默认不能修改,当建议范围下拉列表选中"经过阈值过滤的建议"时,阈值处于可修改状态,如图 6-32 所示,修改阈值的设置值后,单击"应用"按钮可以保存阈值设置;如果要恢复默认值,则可以单击"重置"按钮。

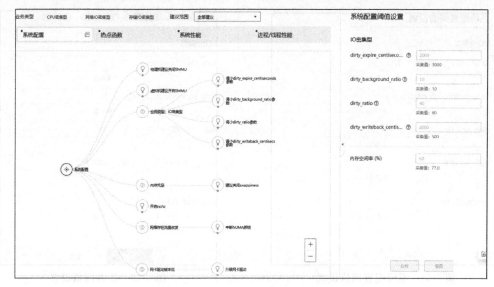

图 6-29　系统配置页面

物理机建议关闭SMMU
虚拟机建议开启SMMU
业务类型：I/O密集型
调小dirty_expire_centiseconds参数
调小dirty_background_ratio参数
调小dirty_ratio参数
调小dirty_writeback_centisecs参数
系统配置
内存充足
建议关闭swappiness
开启nohz
网络存在流量收发
中断NUMA绑核
网卡驱动版本低
升级网卡驱动

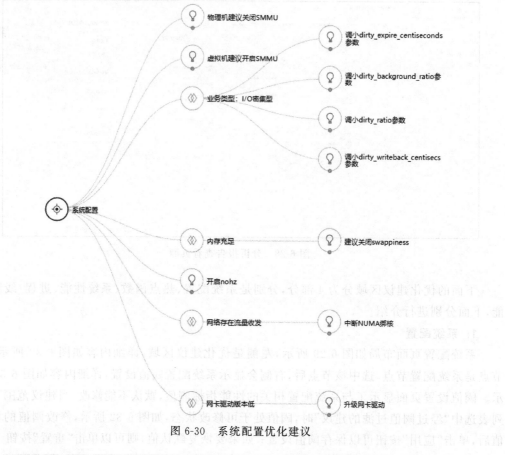

图 6-30　系统配置优化建议

系统配置阈值设置
I/O密集型
dirty_expire_centiseco...
2000
采集值：3000
dirty_background_ratio
10
采集值：10
dirty_ratio
40
采集值：60
dirty_writeback_centis...
2000
采集值：500
内存空闲率 (%)
60
采集值：77.0
应用
重置

图 6-31　系统配置阈值设置

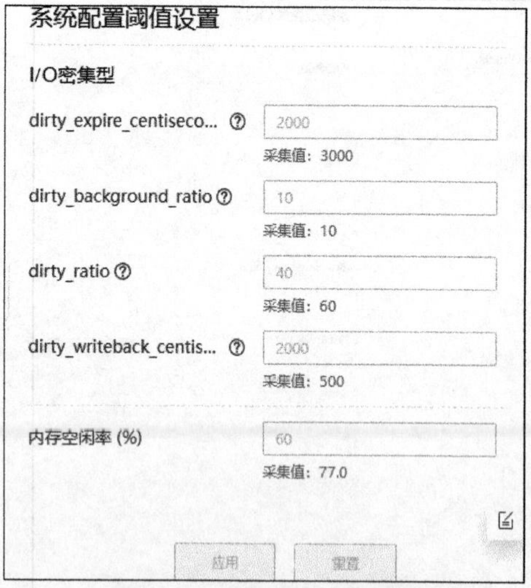

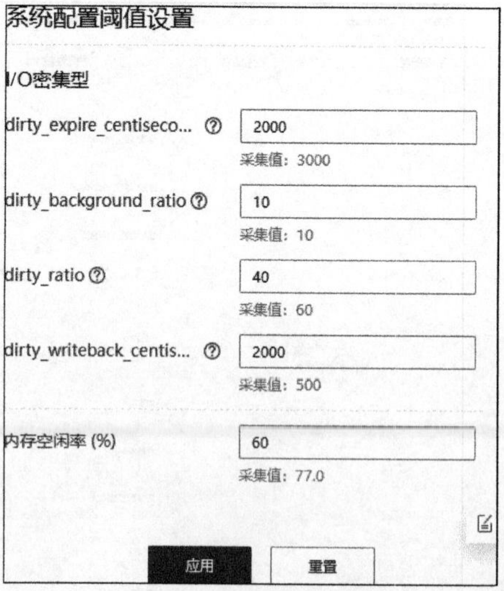

系统配置阈值设置
I/O密集型
dirty_expire_centiseco...
2000
采集值：3000
dirty_background_ratio
10
采集值：10
dirty_ratio
40
采集值：60
dirty_writeback_centis...
2000
采集值：500
内存空闲率 (%)
60
采集值：77.0
应用
重置

图 6-32　修改阈值设置

在优化建议页面,分支节点使用 ⊕ 图标,选中后将在右侧显示该指标的说明,如果有指标采集值,则同时显示该值。叶节点使用 ♀ 图标,表示指标的优化建议,选中后将在右侧显示该指标的说明、相关配置、优化建议、优化指导等信息,在最下部还会出现是否采纳该建议的按钮,以指标"调小 dirty_ratio 参数"为例,优化建议页面如图 6-33 所示,单击是否采纳该建议的按钮,可以切换优化建议的采纳状态,采用后的建议可以在关联报告中查看。

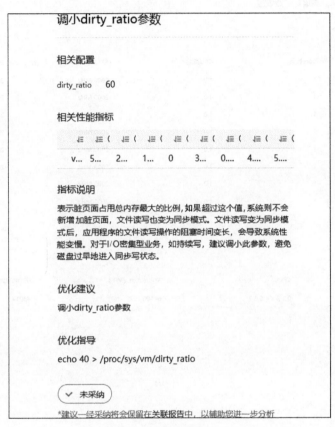

图 6-33 优化建议

单击系统配置右侧的 ⊟ 图标,可以进入系统配置详细数据查看页面,如图 6-34 所示,详细数据包括 CPU、内存、存储、网络、OS 配置 5 个类别,单击每个类别的页签标题可以查看该类别的详细信息。

2. 热点函数

热点函数页面如图 6-35 所示,该页面的布局和操作方式和系统配置页面类似,这里的优化建议被分成了 3 个分类,分别是加速库函数、已知热点函数给出优化建议和采用热点函数功能分析,下面分别进行介绍。

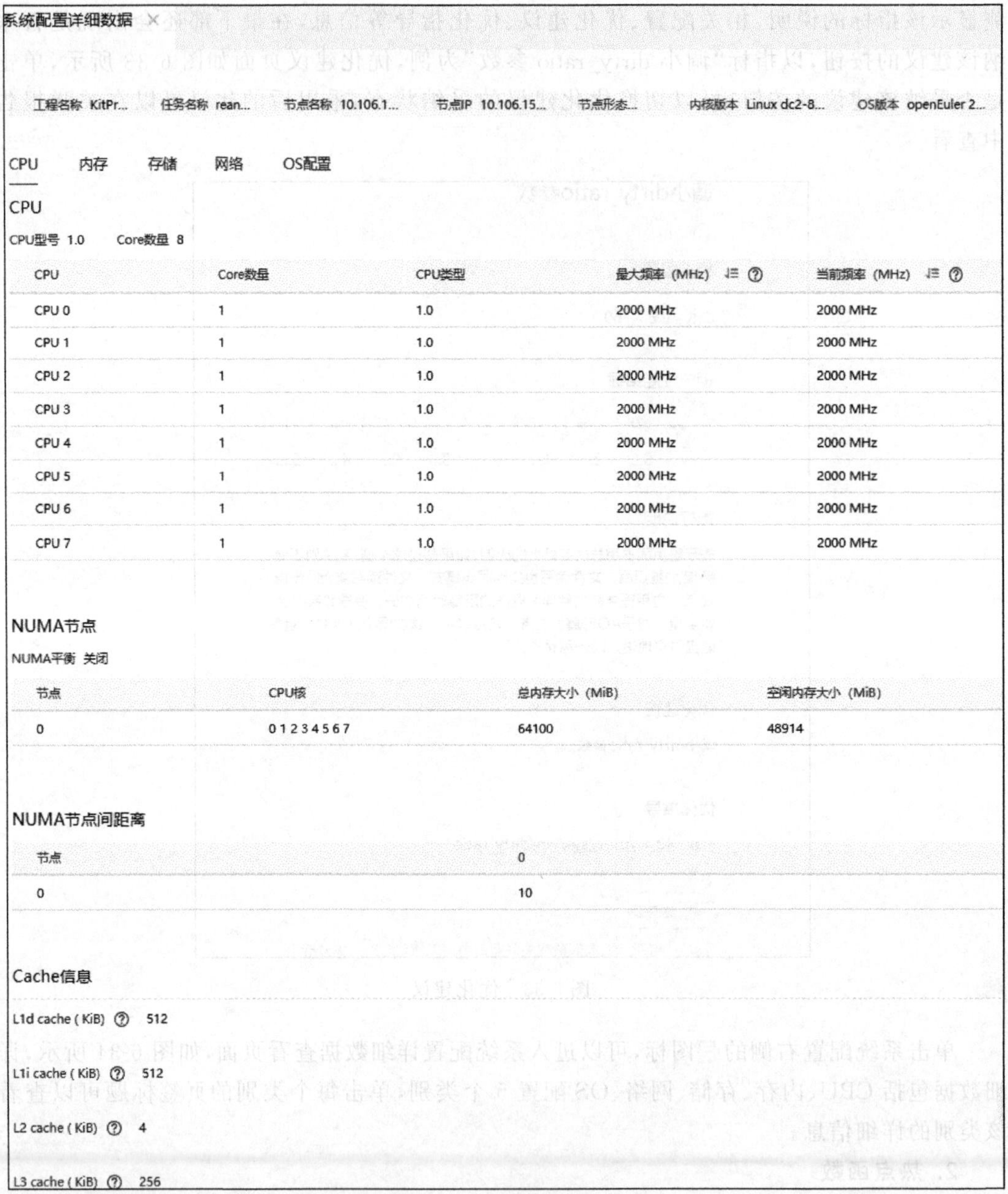

点击主行后面的 ⊙ 图标，弹出图 6-34 窗口，展示了该节点的系统配置详细数据，包括
该系统使用的[内核]版本、OS版本、节点IP、节点形态等；同时，右半部显示此生成[资源的结构]
式以及生成的结果数据。图中详细说明了CPU的各项信息、[NUMA]节点及其拓扑结构分布等。

在此工具的帮助下，可精准地实时查看系统对dirty_ratio等配置项，帮助客户更直观、深入…

图 6-34 系统配置详细数据

单击查询到的硬件配置信息，可在列表中查看到CPU的详细信息，包括CPU数量、频率等，
也可查看到CPU、内存、存储、网络、OS配置以下5大类信息，单击左侧的各个子类即可进一步查看
这类别的详细信息。

2. 场景配置

完成对待调优系统（OS）和目标应用调优类型的识别后，用户需要根据具体的应用场景对应的
优化配置项进行一一设置，分别进行配置调优，以确保调优结果达出的优化项适合对应来用应用
较适合当前应用场景的配置。

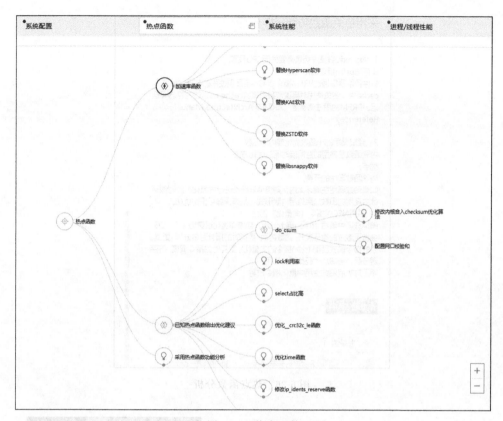

图 6-35 热点函数

1）加速库函数

鲲鹏开发套件提供了针对鲲鹏架构的鲲鹏加速库，详细信息见第 3 章"鲲鹏加速库"，利用这些加速库可以有效地提升软件在鲲鹏系统中的性能，这里列出了可以替换的加速库软件，并给出了具体的优化建议。

2）已知热点函数给出优化建议

针对已知的性能指标瓶颈，系统直接给出优化建议和优化指导，可以在后续的具体优化过程中进行尝试。

3）采用热点函数功能分析

调优助手毕竟只是快速性能分析的工具，对一些特殊的或者未知原因的性能指标，需要通过性能分析工具中的热点函数分析功能进行更进一步的分析，在采用热点函数功能分析的优化指导页面下部有"创建任务"的按钮，如图 6-36 所示，单击"创建任务"按钮，将会弹出在系统性能分析中新建工程的对话框，如图 6-37 所示，单击"确认"按钮，将会自动创建工程，转到系统性能分析页面的首页，可以看到已经创建成功，如图 6-38 所示，详细的热点函数分析任务的说明，可参见 7.12 节"热点函数分析"。

图 6-36　热点函数分析

图 6-37　新建系统性能分析工程

图 6-38　工程创建成功

　　单击热点函数右侧的 ⊟ 图标,可以进入热点函数详细数据页面,如图 6-39 所示,详细数据包括函数和模块两部分,默认显示函数部分。在函数部分以表格形式列出了热点函数的详细信息,各个列的说明如表 6-2 所示。

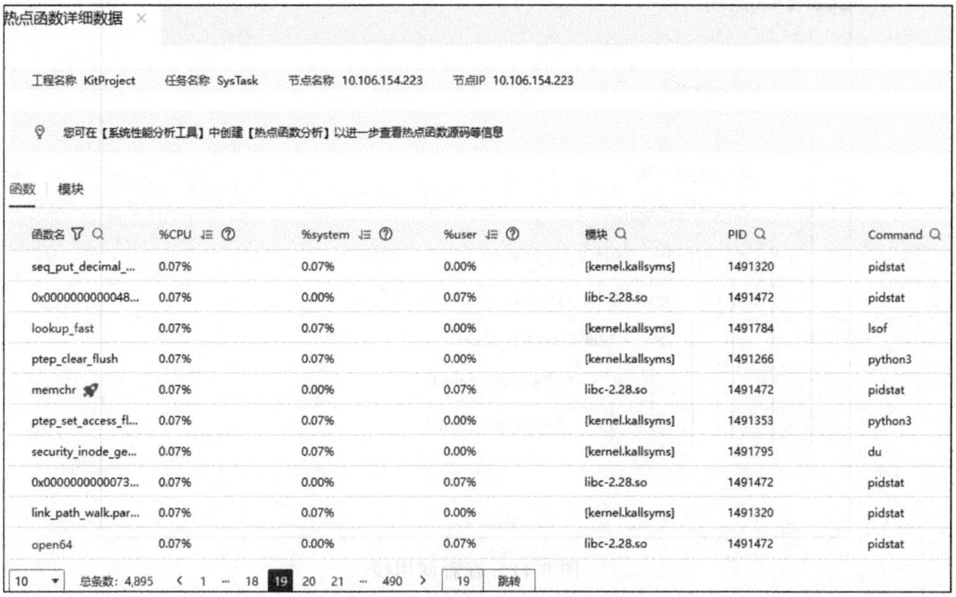

图 6-39 热点函数详细数据

表 6-2 函数列说明

列　　名	说　　明
函数名	函数的名称，如果该函数有优化建议，则会在旁边出现 🚀 图标，鼠标在该图标上悬停会出现优化建议，如图 6-40 所示。如果函数名称是超链接的形式，则表明可以查看该函数的调用栈，在函数名称上单击，会弹出调用栈查看对话框，如图 6-41 所示
%CPU	CPU 使用率（非 idle 状态下的 CPU 使用率）
%system	在内核态运行时所占用 CPU 总时间的百分比。该指标没有包含服务硬件和软件中断所花费的时间
%user	在用户态运行时所占用 CPU 总时间的百分比
模块	函数所属模块
PID	函数所在的进程 PID 编号
Command	进程执行的命令行命令

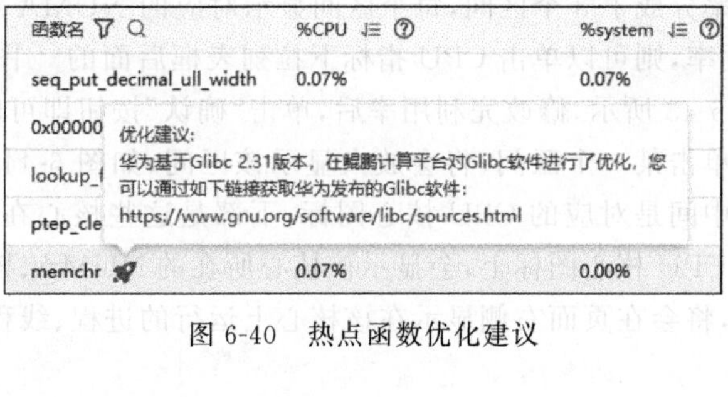

图 6-40 热点函数优化建议

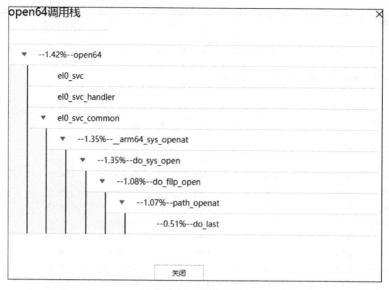

图 6-41　查看调用栈

在模块部分,按照模块对函数进行了分组处理,可以按照模块查看 CPU 的使用率,如果一个模块包含多个函数,单击模块前的 ▶ 图标,则可以切换展示模块所属的函数。

3. 系统性能

系统性能页面如图 6-42 所示,在 CPU 指标下拉列表框可以选择要查看的 CPU 指标,这些可选的指标如下。

(1) %sys:在内核态运行时所占用 CPU 总时间的百分比。该指标没有包含服务硬件和软件中断所花费的时间。

(2) %user:在用户态运行时所占用 CPU 总时间的百分比。

(3) %iowait:CPU 等待存储 I/O 操作导致空闲状态的时间占 CPU 总时间的百分比。

(4) %irq:CPU 服务硬件中断所花费时间占 CPU 总时间的百分比。

(5) %soft:CPU 服务软件中断所花费时间占 CPU 总时间的百分比。

(6) %idle:CPU 空闲且系统没有未完成的存储 I/O 请求的时间占总时间的百分比。

CPU 指标下拉列表框的下部是 CPU 利用率区间示意图,默认按照 0%～10%～30%～100%的利用率分成了 3 个区间,每个区间显示对应的 NUMA 和 CPU 核心,如果要更改每个区间的利用率,则可以单击 CPU 指标下拉列表框后面的 ⊚ 图标,会弹出利用率区间修改对话框,如图 6-43 所示,修改完利用率后,单击"确认"按钮即可应用修改。

在默认视图下,单击某一个区间,将会放大显示该区间,如图 6-44 所示,该区间的上部会显示利用率范围,中间是对应的 CPU 核心图标,下部是这些核心在各个 NUMA 的分布数量,将鼠标悬停在 CPU 核心图标上,会显示该核心所在的 NUMA、核心编号及 CPU 利用率指标,单击该图标,将会在页面右侧显示在该核心上运行的进程、线程及软硬中断信息,如图 6-45 所示。

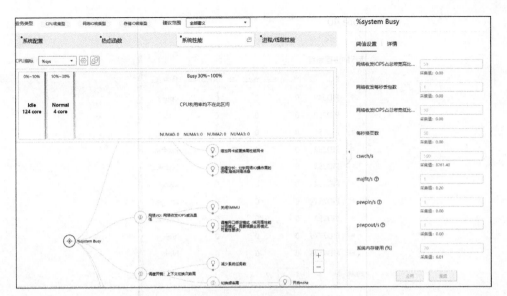

图 6-42　系统性能

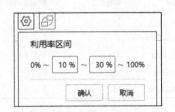

图 6-43　修改利用率区间

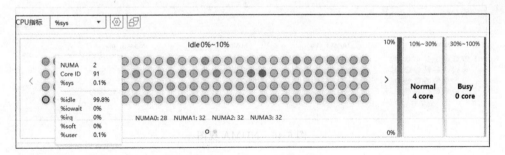

图 6-44　CPU 利用率区间

单击 CPU 指标下拉列表框后面的 图标,将切换为 NUMA 视图,如图 6-46 所示,该视图下按照 NUMA 分为 1～4 区域(虚拟机有可能显示 1 个或多个区域,而物理机则显示 4 个区域),每个区域上方显示 NUMA 名称和绑定到该 NUMA 的 CPU 核心比例,鼠标悬停和单击 CPU 核心图标的操作和默认视图一致。

Core 40

运行的进程线程

PI...	%...	%s...	%c...	命令
▶ PID249	0	0	0	cpuhp...
▶ PID250	0	0	0	watch...
▶ PID251	0	0	0	migrat...
▶ PID252	0	0	0	ksoftir...
▶ PID253	0	0	0	kwork...
▶ PID254	0	0	0	kwork...
▶ PID791	0	0	0	khuge...
▶ PID992	0	0	0	kwork...
▶ PID7775	0	0	0	hinic ...
▶ PID9148	0	0	0	hinic ...

总条数: 24　　< 　1/3 ▾ 　>

硬中断

设备名	中断编号	每间隔中断次数
vgic	1	0
kvm guest tim...	3	0
arch_timer	4	13874.2
ACPI:Ged	10	0
HISI02A2:00	16	0

图 6-45　核心运行信息

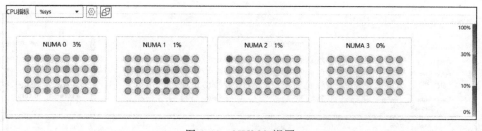

图 6-46　NUMA 视图

对于状态为 Busy 的 CPU 利用区间,在下面会显示优化建议,如图 6-47 所示,当选中根节点时,会在页面右侧区域显示阈值设置和 CPU 指标详情,如图 6-48 所示。优化建议也使用了树形结构,选中分支节点或者叶节点,将会在右侧区域显示该指标的说明及优化建议和优化指导,详细操作类似系统配置的优化建议,此处不再赘述,阈值设置也和系统配置的操作类似。

0%~10%
Idle
124 core
10%~30%
Normal
4 core
Busy 30%~100%
CPU利用率均不在此区间
NUMA0: 0 NUMA1: 0 NUMA2: 0 NUMA3: 0
增加网卡或更换高性能网卡
进程分析：分析网络I/O操作高的进程,降低网络流量
关闭SMMU
网络I/O：网络收发IOPS或流量低
调整网口绑定模式（采用高性能分担模式，需要根据业务模式、可靠性要求）
%system Busy
减少系统任务数
调度开销：上下文切换次数高
切换频率高
开启nohz

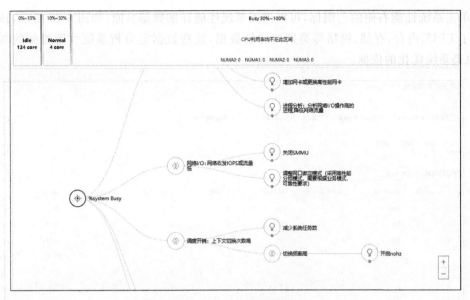

图 6-47 Busy 区间优化建议

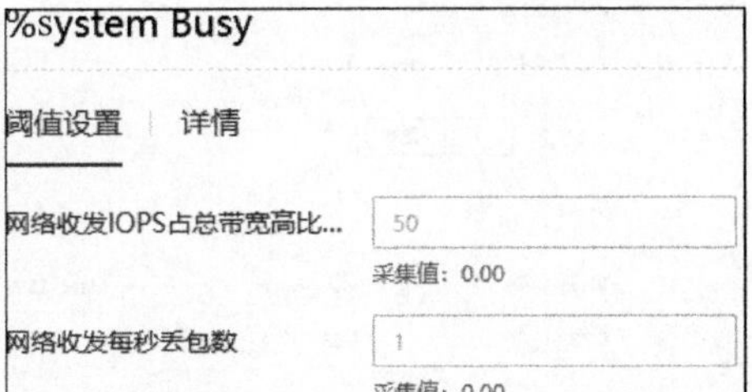

%system Busy
阈值设置 | 详情
网络收发IOPS占总带宽高比...
50
采集值：0.00
网络收发每秒丢包数
1
采集值：0.00
网络收发IOPS占总带宽低比...
50
采集值：0.00
每秒换页数
50
采集值：0.00
cswch/s
500
采集值：8761.40
majflt/s
1
采集值：0.20
pswpin/s
1
采集值：0.00
pswpout/s
1
采集值：0.00
系统内存使用 (%)
70
采集值：0.01
应用
重置

图 6-48 system Busy 阈值设置

单击系统性能右侧的 ▤ 图标，可以进入系统性能详细数据页面，如图 6-49 所示，该页面列出了 CPU、内存、存储、网络等类别的详细数据，这些数据是分析系统性能指标的基础数据，也是系统优化的依据。

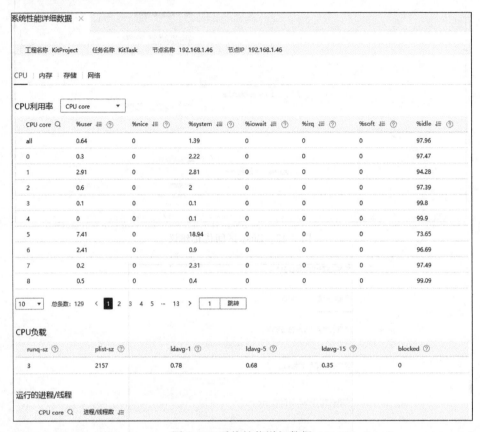

图 6-49　系统性能详细数据

4. 进程/线程性能

进程/线程性能页面如图 6-50 所示，在 CPU 指标下拉列表框里可以选择要查看的 CPU 指标，可选的指标如下。

（1）%user：在用户态运行时所占用 CPU 总时间的百分比。

（2）%sys：内核态运行时所占用 CPU 总时间的百分比。该指标没有包含服务硬件和软件中断所花费的时间。

（3）%cpu：CPU 使用率（非 idle 状态下的 CPU 使用率）。

CPU 指标下拉列表框下部是系统进程 TOP 50 的 CPU 利用率区间示意图，默认按照 0%~30%~35%~100%的利用率分成了 3 个区间，每个区间显示对应的系统进程，如果要更改每个区间的利用率，则可以单击 CPU 指标下拉列表框后面的 ▣ 图标，在弹出的利用率区间修改对话框里可以修改利用率。

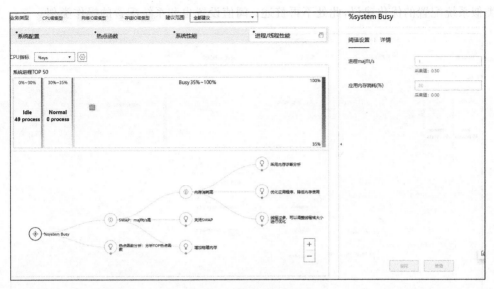

图 6-50　进程/线程性能

单击某一个利用率区间，将会放大显示该区间，如图 6-51 所示，该区间的上部显示了利用率范围，中间是对应的进程图标，如果将鼠标悬停在进程图标上，则会显示该进程的编号及 CPU 指标参数，单击该图标，将会在页面右侧显示该进程的指标信息，如图 6-52 所示。

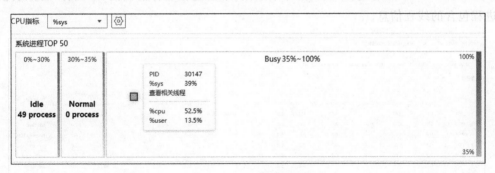

图 6-51　进程/线程性能

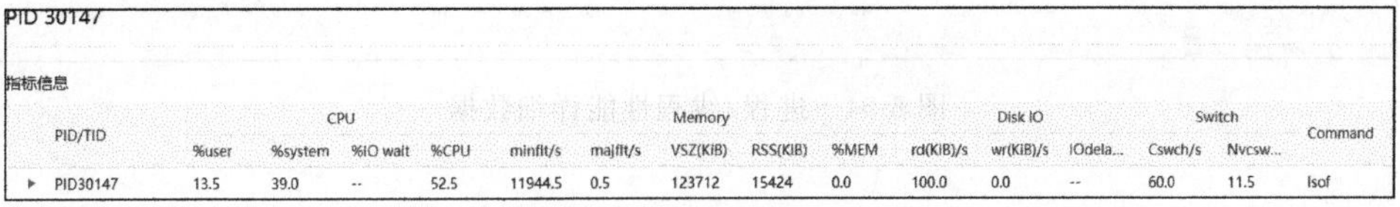

PID 30147

指标信息

PID/TID	CPU				Memory					Disk IO			Switch		Command
	%user	%system	%IO wait	%CPU	minflt/s	majflt/s	VSZ(KiB)	RSS(KiB)	%MEM	rd(KiB)/s	wr(KiB)/s	IOdela...	Cswch/s	Nvcsw...	
▸ PID30147	13.5	39.0	--	52.5	11944.5	0.5	123712	15424	0.0	100.0	0.0	--	60.0	11.5	lsof

图 6-52　进程指标信息

对于状态为 Busy 的 CPU 利用区间，在下面会显示优化建议，如图 6-53 所示，当选中根节点时，会在页面的右侧区域显示阈值设置和进程指标详情。优化建议使用了树形结构，选中分支节点或者叶节点，将会在右侧区域显示该指标的说明及优化建议和优化指导，详细操作类似系统配置的优化建议,此处不再赘述;阈值设置也和系统配置的操作类似。

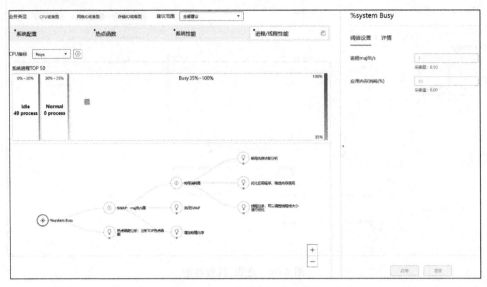

图 6-53　进程线程优化建议

单击进程/线程性能右侧的 图标,可以进入进程/线程性能详细数据页面,如图 6-54 所示,该页面列出了所有进程/线程的详细数据,单击进程名称前面的 ▶ 图标,可以切换展示进程包含的线程信息。

		CPU						Memory							Disk IO				Switch		Command
	PID/...	%user	%sy...	%IO...	%CPU	mi...	ma...	VS...	RS...	%...	rdKi...	wr(Ki...	IOdel...		Cswch/s	Nvcswc...	
▶	PID1	0.7	1.87	--	2.57	312.97	0.0	166784	18560	0.0	0.0	0.0	--		243.8	1.5	systemd
▶	PID2	0.0	0.0	--	0.0	0.0	0.0	0	0	0.0	0.0	0.0	0.0		2.87	0.0	kthreadd
▶	PID4	0.0	0.0	--	0.0	0.0	0.0	0	0	0.0	0.0	0.0	0.0		0.0	0.0	kworker/0:0H
▶	PID7	0.0	0.0	--	0.0	0.0	0.0	0	0	0.0	0.0	0.0	0.0		0.0	0.0	mm_percpu...
▶	PID8	0.0	0.0	--	0.0	0.0	0.0	0	0	0.0	0.0	0.0	0.0		1.9	0.0	ksoftirqd/0
▶	PID9	0.1	0.0	--	0.1	0.0	0.0	0	0	0.0	0.0	0.0	0.0		50.72	0.07	rcu_sched
▶	PID10	0.0	0.0	--	0.0	0.0	0.0	0	0	0.0	0.0	0.0	0.0		0.0	0.0	rcu_bh
▶	PID11	0.0	0.0	--	0.0	0.0	0.0	0	0	0.0	0.0	0.0	0.0		3.54	0.0	migration/0
▶	PID12	0.0	0.0	--	0.0	0.0	0.0	0	0	0.0	0.0	0.0	0.0		0.2	0.0	watchdog/0
▶	PID13	0.0	0.0	--	0.0	0.0	0.0	0	0	0.0	0.0	0.0	0.0		0.0	0.0	cpuhp/0

图 6-54　进程/线程性能详细数据

6.7　分析路径

系统调优是一个相对复杂的工作,很多时候需要长时间多角度进行尝试,最终才能达到一个相对满意的效果,鲲鹏调优助手可以保存调优过程中的多次任务分析记录,并且以有向图的形式展示这些分析的路径关系。

在过程管理页面,单击任务名称后面的 ▤ 图标,会打开该任务的分析路径页面,如图 6-55 所示,该页面显示了所有的相关分析任务,以及这些任务之间的关系。单击某个任务代表的节点名称,在下方会显示该任务已采纳的优化建议,优化建议下面有"有效"和"无效"按钮,可以根据实际调优情况设置该建议是否有效。将鼠标悬停在任务节点上方,该节点任务名称右侧便会出现查看任务的图标 ⊙,如图 6-56 所示,单击该图标,会转到任务对应的分析报告页面。单击分析路径图右下角的保存按钮 ▢,会把路径图保存为图片并下载到本地。

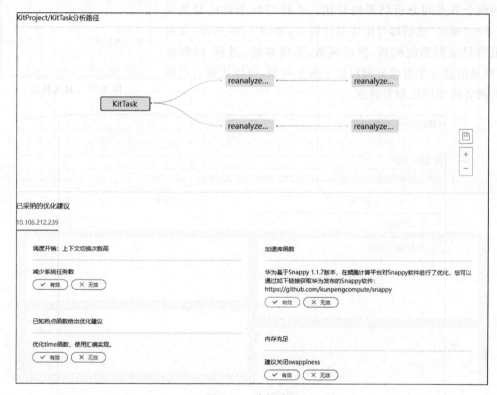

图 6-55　分析路径

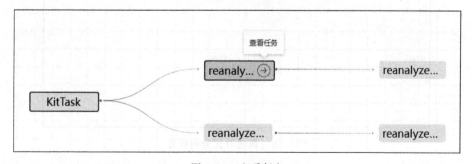

图 6-56　查看任务

6.8 对比报告

鲲鹏调优助手生成的调优报告支持对比分析，如图 6-57 所示，单击分析报告管理后面的创建任务图标⊕，会弹出“新建对比分析任务”对话框，如图 6-58 所示，在选择对比对象时支持横向对比和纵向对比，其中横向对比是指同一工程同一任务下的两个节点间分析结果的对比，纵向对比指不同任务下的两个节点间分析结果的对比。选择好两个对比对象以后，单击“确定”按钮即可生成对比报告，如图 6-59 所示，在对比报告里按照系统配置、热点函数、系统性能、进程/线程性能、对象信息 5 个维度分别对比了两个对象，可以比较直观地看出两者的相同点和差异点。

调优分析
对比报告
分析报告管理
对比结果（KitProject/KitTask/10.1...

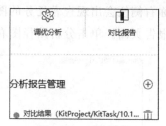

图 6-57　对比报告

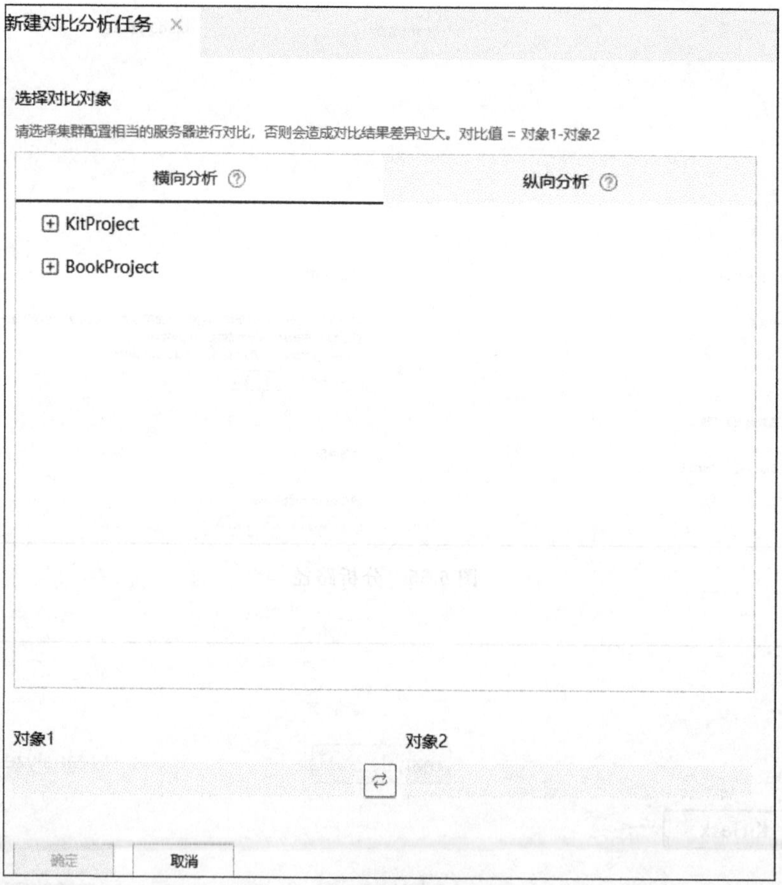
新建对比分析任务
选择对比对象
请选择集群配置相当的服务器进行对比，否则会造成对比结果差异过大。对比值 = 对象1-对象2
横向分析
纵向分析
KitProject
BookProject
对象1
对象2
确定
取消

图 6-58　新建对比分析任务

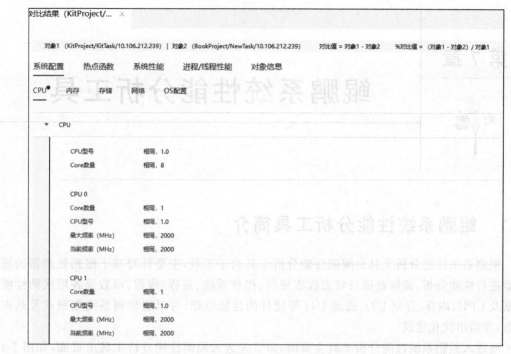

图 6-59　对比结果

对比报告支持删除操作,在分析报告管理页面,单击对比报告名称后面的删除图标🗑,会弹出删除确认对话框,确认后即可删除对比报告。

第 7 章

鲲鹏系统性能分析工具

7.1 鲲鹏系统性能分析工具简介

鲲鹏系统性能分析工具是鲲鹏性能分析工具的子工具,主要针对基于鲲鹏处理器的服务器进行性能分析,能够在运行状态收集硬件、操作系统、进程/线程、函数等各层次的性能数据及 CPU、内存、存储 I/O、磁盘 I/O 等硬件的性能指标,可以定位到系统瓶颈点及热点函数,并给出优化建议。

要进入鲲鹏系统性能分析工具主页面,需要先进入鲲鹏性能分析工具主页面,如图 7-1 所示。

图 7-1　鲲鹏性能分析工具主页面

在鲲鹏性能分析工具主页面单击"系统性能分析"图标,即可进入鲲鹏系统性能分析工具主页面,如图 7-2 所示。

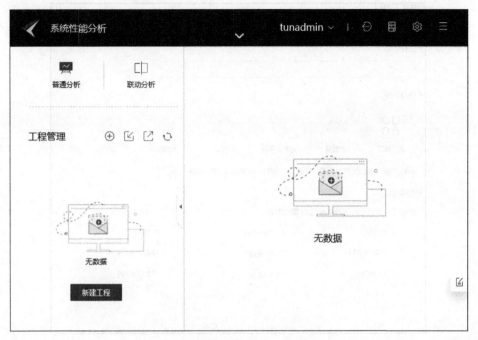

图 7-2　系统性能分析工具主页面

7.2　节点管理

系统性能分析的节点和调优助手的节点是一致的,具体的操作可以参考 6.2 节"节点管理"。

7.3　Agent 服务证书

可参考 6.3 节"Agent 服务证书"。

7.4　工程管理

1. 创建工程

步骤 1:在系统性能分析主页面单击工程管理后面的 ⊕ 图标,或者单击"新建工程"按钮,会弹出"创建工程"对话框,如图 7-3 所示。

创建工程需要的参数说明如下。

(1) 工程名称:工程的名称,名称具有唯一性,长度为 1~32 个字符,只能由字母、数字、特殊字符(@、#、$、%、^、&、*、(、)、[、]、<、>、.、,、_、-、!、~、+、空格)组成。

图 7-3 创建工程

（2）场景选择：工程适用的场景，分为通用场景、大数据、分布式存储、HPC、数据库 5 个类别，可以根据实际情况选择某一个场景。当选择的场景是大数据、分布式存储和数据库时，需要对场景的具体参数做一些设置，具体的参数如表 7-1 所示。

表 7-1 场景及场景参数

场景	场景参数
大数据	可选的大数据组件及应用场景如下。 ■ Spark2x：WordCount、Terasort、Kmeans ■ HBase：随机读、随机写、Bulkload ■ Hive：SQL1、SQL2、SQL3、SQL4、SQL5 ■ Elastic search：Elastic search 用例 ■ Flink：吞吐量 ■ Kafka：生产者吞吐量、消费者吞吐量 ■ Redis：基本数据类型 ■ Storm：Storm case
分布式存储	可选的存储类型如下。 ■ Ceph 对象存储：冷存储、均衡性存储、高性能存储 ■ Ceph 块存储：均衡性存储、高性能存储 ■ Ceph 文件存储：均衡性存储
数据库	可选的数据库类型为 MySQL 8 和 openGauss 2

（3）选择节点：选择进行采样分析的节点，除了HPC场景只能选择一个节点外，其余的场景支持同时选择多个节点。

步骤2：输入工程名称，选择场景和采样分析的节点，然后单击"确认"按钮，即可完成工程的添加，添加成功后的工程管理页面如图7-4所示。

2．修改工程

在工程管理页面找到要修改的工程，单击后面的修改工程图标 ✐ ，会弹出"修改工程"对话框，如图7-5所示。

在修改工程页面，可以修改工程名称，也可以重新选择节点，然后单击"确认"按钮，即可完成工程的修改。

图 7-4　工程管理

图 7-5　修改工程

3．删除工程

在工程管理页面找到要删除的工程，单击后面的删除工程图标 🗑 ，会弹出工程删除确认窗口，确认后即可删除工程和相关的数据。

7.5　任务管理

1．创建任务

步骤1：在工程管理页面选中要创建任务的工程，有两种方式来创建具体的分析任务，第一种是单击工程名称后面的创建任务图标；第二种是单击工程管理右侧区域的"新建分析任务"按钮。两种方式的图标和按钮如图 7-6 所示。

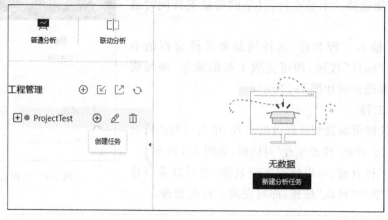

图 7-6　创建任务

单击后会弹出"新建分析任务"对话框，如图 7-7 所示。

图 7-7　新建分析任务

创建任务需要的通用参数说明如下（具体的与分析类型相关的参数说明见对应的分析任务章节）。

(1) 任务名称：分析任务的名称，名称具有唯一性，长度为 1～32 个字符，只能由字母、数字、特殊字符（@、#、$、%、^、&、*、(、)、[、]、<、>、.、_、-、!、~、+、空格）组成。

(2) 分析对象：分析针对的对象，可以选择系统或者应用。

选择"系统"，表示采集整个系统的数据分析，无须关注系统中有哪些类型的应用在运行，采样时长由配置参数控制，适用于多业务混合运行和有子进程的场景。如果选择"应用"，则表示采集指定应用或进程的数据进行分析。应用的分析模式有两种，分别是 Launch Application 和 Attach to Process。Launch Application 模式在启动采集任务的同时启动应用，采样时长由应用的执行时间决定，适用于应用运行时间较短的场景，如图 7-8 所示，在这种模式下，需要指定应用的绝对路径及应用需要的参数，当前版本下只支持输入/opt/或/home/下的应用。如果应用需要在特定操作系统的特定用户下执行，就选中"应用运行用户"复选框，然后在下面的用户名和密码输入框里分别输入特定用户的用户名和密码。

图 7-8　Launch Application 模式

Attach to Process 模式不自己启动应用，启动采集任务时需确保应用正在运行，采样时长由配置参数控制，适用于应用运行时间较长的场景，如图 7-9 所示，在这种模式下，可以输入进程的名称，也可以直接输入 PID，两者至少应选择一个，可以同时采集多个进程的数据。

(1) 分析类型：分析任务的类型，有 3 个大的类别，分别是通用分析、系统部件分析和专项分析，根据分析对象是系统还是应用，每个类别下有具体的可选分析类型，详细类别对应关系见表 7-2。

图 7-9　Attach to Process 模式

表 7-2　任务分析类型

分析对象	通 用 分 析	系统部件分析	专 项 分 析
系统	全景分析	微架构分析	资源调度分析
	进程/线程性能分析	访存分析	锁与等待分析
	热点函数分析	I/O 分析	HPC 分析(仅限 HPC 场景)
应用	进程/线程性能分析	微架构分析	资源调度分析
	热点函数分析	访存分析	锁与等待分析
		I/O 分析	HPC 分析(仅限 HPC 场景)

(2) 采样时长：采样的时间。默认为 300s,取值范围为 2～300s。

(3) 采样间隔：采样的间隔时间,默认为 1s,取值范围为 1～10s。

(4) 预约定时启动：该分析任务是否可以预约在特定的时间或者按照特定的周期启动,默认该开关为关闭状态,在打开该开关后,可以将采集方式选择为周期采集或者单次采集。当选择周期采集时,可以在给定的时间区间内每天在特定的时间启动任务一次,如图 7-10 所示。当选择单次采集时,可以选择任务启动的日期和时间,任务将在该时间启动一次,如图 7-11 所示。创建后的预约任务将出现在预约任务列表里,详细的预约任务管理功能见 7.6 节"预约任务"。

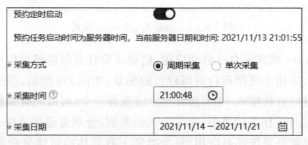

图 7-10　周期采集

（5）立即执行：任务创建完成后自动执行任务，默认为选中状态，当打开"预约定时启动"开关时，本选项将不可见。

步骤 2：根据需要填写必要的参数后，单击"确认"按钮，对于非预约任务，会弹出"确认允许新建分析任务"对话框，如图 7-12 所示，单击"确认"按钮即可直接创建；对于预约任务，不会弹出确认对话框，系统会自动创建预约任务。

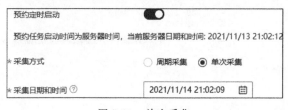

图 7-11　单次采集

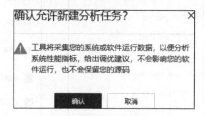

图 7-12　确认新建分析任务

创建后的分析任务如图 7-13 所示，节点前的蓝色圆点，表示任务在该节点还没有启动；节点前的绿色圆点，表示任务在该节点已经执行完毕，红色圆点表示任务取消或者其他原因导致的执行失败（彩图请扫描二维码查看）。

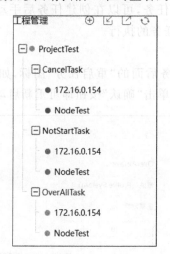

图 7-13　创建后的分析任务

彩图 7-13

2. 修改任务

对于尚未启动的任务，可以修改，但对于已经启动的任务，不支持修改。当修改任务时，单击任务后的修改任务图标，如图 7-14 所示，此时会弹出修改对话框，如图 7-15 所示。

修改参数后，单击"确认"按钮即可保存修改。

3. 删除任务

删除任务时，单击任务后面的删除图标 ，此时会弹出删除确认对话框，确认后即可删除该任务。

图 7-14　修改任务

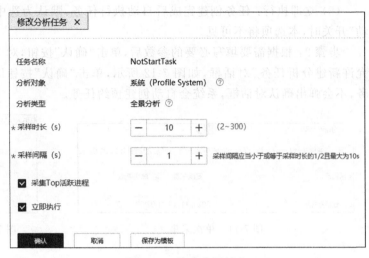

图 7-15　修改分析任务

4. 启动任务

对于在创建任务时没有选择"立即执行"的任务,可以在创建任务后手动启动该任务。单击任务后面的"启动任务"图标 ⊙,可以启动任务的执行。

5. 重启任务

已经启动过的任务,可以重新启动,单击任务后面的"重启任务"图标,如图 7-16 所示,会弹出"重启分析任务"对话框,如图 7-17 所示,单击"确认"按钮即可重新启动分析任务。

图 7-16　重启任务　　　　　　　　　　　　　图 7-17　重启分析任务

6. 任务模板

为了简化对复杂任务的重复配置工作,系统性能分析工具支持任务模板的管理,可以把任务的详细设置存储成任务模板,在新建分析任务时可以从模板导入配置。

（1）保存模板:在新建分析任务或者修改分析任务页面,单击"保存为模板"按钮,如图 7-18 所示,会弹出"保存为模板"对话框,如图 7-19 所示,输入模板名称后,单击"确定"按钮即可保存模板。

（2）删除模板:单击系统性能分析主页面右上角的配置图标 ,会弹出配置下拉菜单,如图 7-20 所示。

图 7-18　保存为模板

图 7-19　输入模板名称

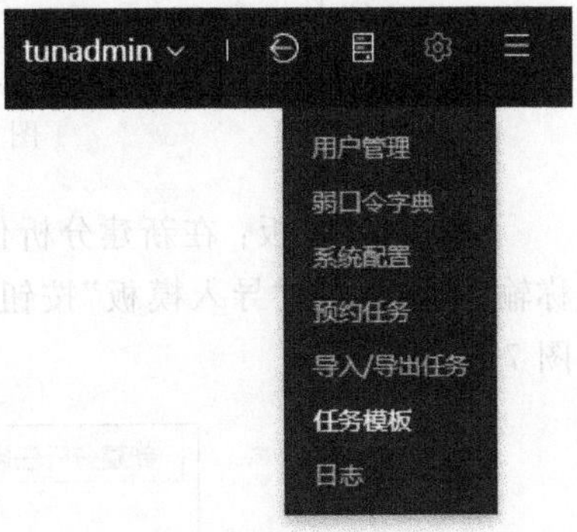

图 7-20　配置下拉菜单

单击"任务模板"菜单项,进入任务模板页面,如图 7-21 所示。

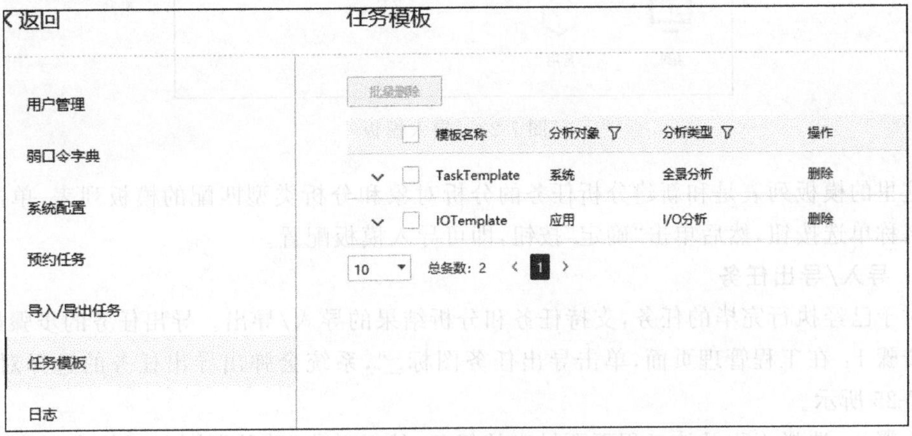

图 7-21　任务模板

任务模板页面里列出了所有的任务模板,单击模板"操作"列的"删除"超链接,会弹出删除任务模板的确认对话框,确认后即可删除模板。要批量删除任务模板,可以单击模板名称复选框,确保选中所有要删除的模板,然后单击"批量删除"按钮,会弹出批量删除的确认对话框,如图 7-22 所示,单击"确认"按钮,即可批量删除模板。

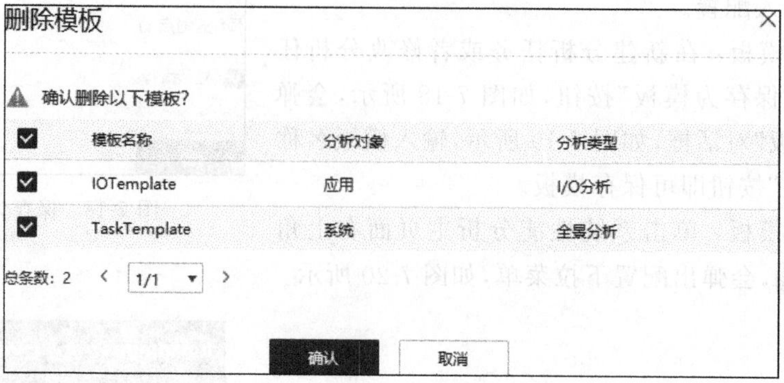

图 7-22　批量删除模板确认对话框

(3) 导入模板:在新建分析任务时,可以选择从任务模板导入任务配置。单击任务名称输入框后面的"导入模板"按钮,如图 7-23 所示,会弹出导入模板的模板选择对话框,如图 7-24 所示。

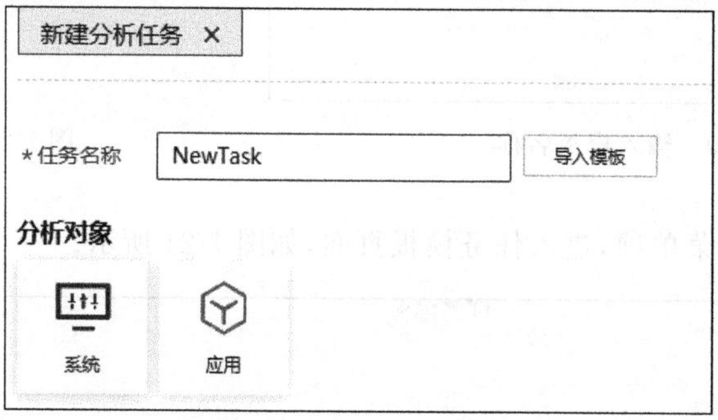

图 7-23　导入模板

这里的模板列表是和新建分析任务的分析对象和分析类型匹配的模板列表,单击选中模板名称单选按钮,然后单击"确定"按钮,即可导入模板配置。

7. 导入/导出任务

对于已经执行完毕的任务,支持任务和分析结果的导入/导出。导出任务的步骤如下。

步骤 1:在工程管理页面,单击导出任务图标 ☐,系统会弹出导出任务的选择对话框,如图 7-25 所示。

步骤 2:选择工程及该工程下要导出的任务,然后单击"确认"按钮,系统会弹出导出确认对话框,确认后,系统便执行导出任务,并弹出导出任务进度窗口,导出完成后的窗口如图 7-26 所示。

可以单击"查看详情"超链接进入"导入/导出任务"页面,查看详细导出任务信息,具体操作可参见"导入/导出任务管理"部分。

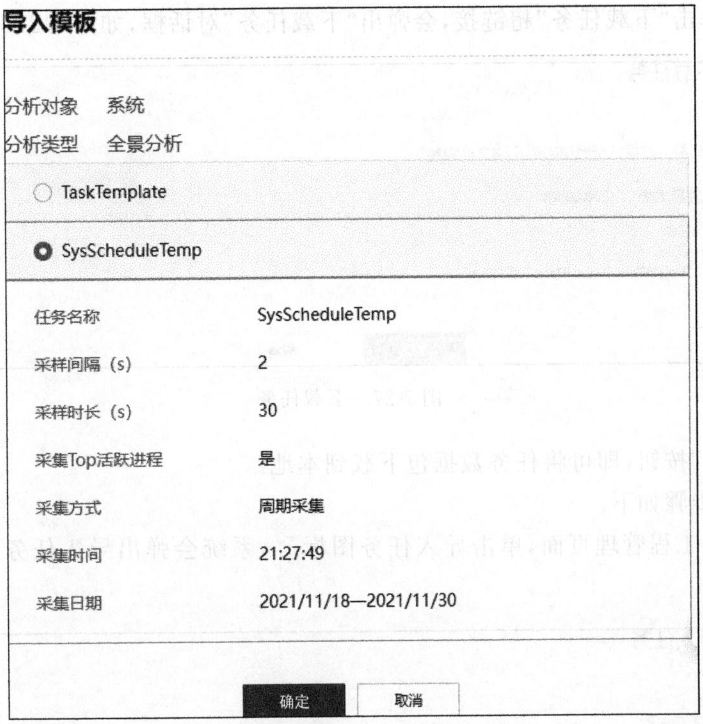

导入模板

分析对象　　系统

分析类型　　全景分析

○ TaskTemplate

◉ SysScheduleTemp

任务名称	SysScheduleTemp
采样间隔（s）	2
采样时长（s）	30
采集Top活跃进程	是
采集方式	周期采集
采集时间	21:27:49
采集日期	2021/11/18—2021/11/30

确定　　取消

图 7-24　选择导入模板

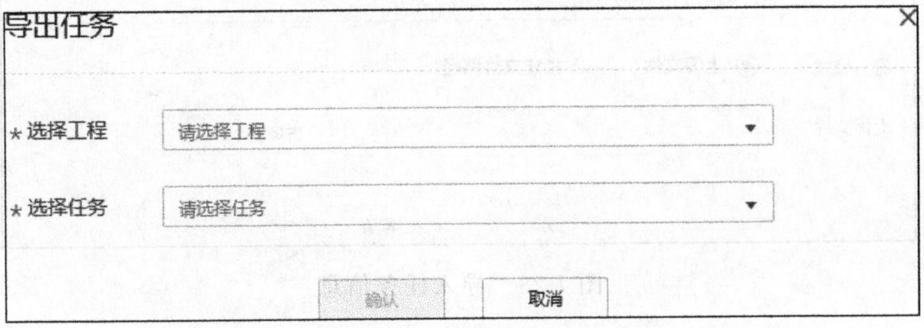

导出任务　　✕

★ 选择工程　　请选择工程　　　　　　　　　　▼

★ 选择任务　　请选择任务　　　　　　　　　　▼

确认　　取消

图 7-25　导出任务选择

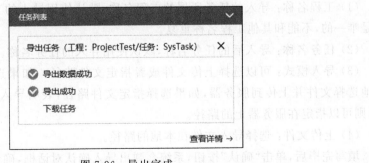

图 7-26　导出完成

步骤 3：单击"下载任务"超链接，会弹出"下载任务"对话框，如图 7-27 所示。

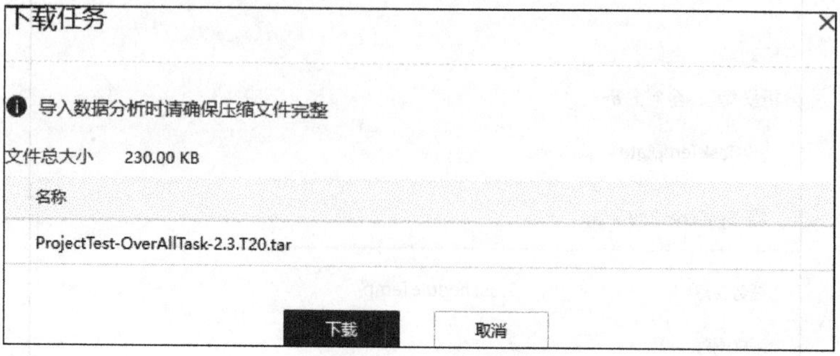

图 7-27　下载任务

单击"下载"按钮，即可将任务数据包下载到本地。

导入任务步骤如下。

步骤 1：在工程管理页面，单击导入任务图标，系统会弹出导入任务信息对话框，如图 7-28 所示。

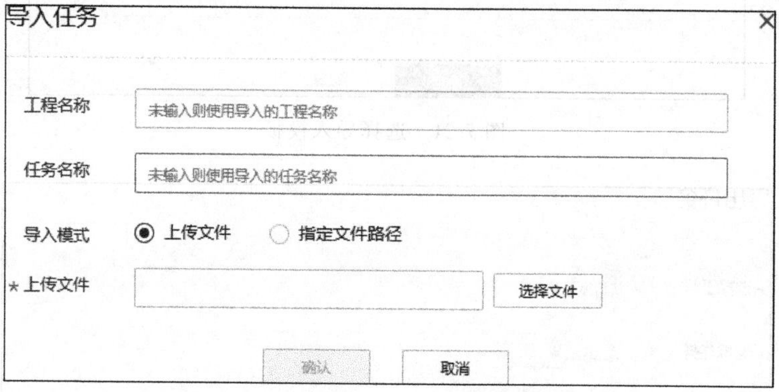

图 7-28　导入任务信息

步骤 2：填写导入任务信息，各个参数说明如下。

（1）工程名称：导入的任务所属的工程名称，默认使用导入的工程名称，要保证工程名称是唯一的，不能和其他工程名称重复。

（2）任务名称：导入后的任务名称，默认使用导入的任务名称。

（3）导入模式：可以选择上传文件或者指定文件路径。如果选择上传文件，则可以从本地选择文件并上传到服务器，如果选择指定文件路径，表明导入文件已经上传到了服务器，则可以指定在服务器上的路径。

（4）上传文件：选择导入文件在本地的路径。

填写完毕后，单击"确认"按钮，系统会弹出导入确认对话框，确认后，系统便开始执行任务导入，并弹出进度窗口，导入完成后的窗口如图 7-29 所示。

图 7-29　导入完成

可以单击"查看详情"超链接进入"导入/导出任务"页面,查看详细导出任务信息。

步骤 3:单击"查看任务"超链接,可以查看导入的任务信息,如图 7-30 所示。

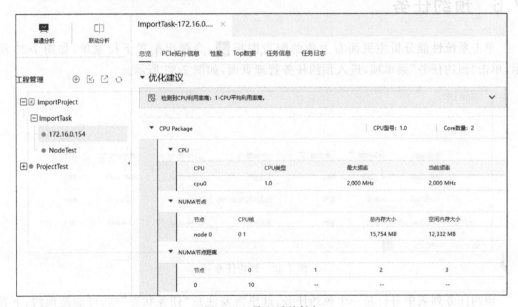

图 7-30　导入后的任务

从图 7-30 可以看出,导入的工程和直接新建的工程是不同的,导入的工程前有一个 图标,表示该工程是导入的工程,导入的工程不允许修改,也不允许新建任务,只能查看或者删除。导入的任务也不允许重新启动,也只能查看或者删除。

单击系统性能分析主页面右上角的配置图标 ,会弹出配置下拉菜单,如图 7-20 所示,单击"导入/导出任务"菜单项,进入导入/导出任务管理页面,如图 7-31 所示。

该页面列出了所有导入/导出的任务信息,对于每个任务,单击"操作"列的"删除"超链接,会弹出删除确认对话框,确认后即可删除该导入/导出任务。对于导入任务类型,单击"操作"列的"查看"超链接,可以转到工程管理页面,进而查看分析任务信息。对于导出任务

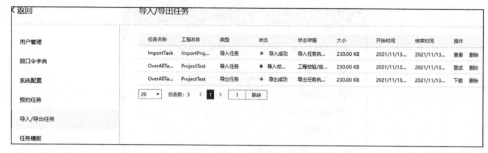

图 7-31　导入/导出任务管理

类型,单击"操作"列的"下载"超链接,可以将数据包下载到本地,详细操作可以参考导出任务部分。

7.6　预约任务

单击系统性能分析主页面右上角的配置图标▨,会弹出配置下拉菜单,如图 7-20 所示,单击"预约任务"菜单项,进入预约任务管理页面,如图 7-32 所示。

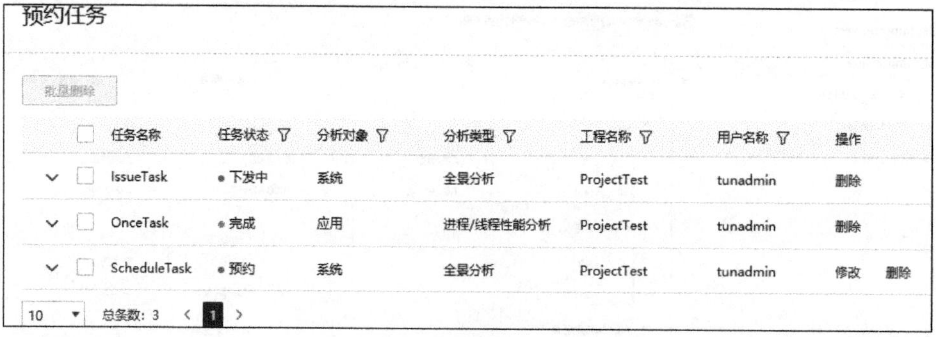

图 7-32　预约任务

预约任务列表中每行是一个预约任务,这里需要注意"任务状态"列,可能是预约、下发中、完成、失败中的一个。预约任务刚创建时默认为预约状态,在将任务下发到各个节点时是下发中状态,任务完成时是完成状态,任务失败时是失败状态,对于周期性任务,如果没有全部完成,则为预约状态。

1．修改预约任务

对于任务状态为"预约"的预约任务,允许修改。单击"操作"列的"修改"超链接,会弹出"修改预约任务"对话框,如图 7-33 所示。

修改参数完毕后,单击"确认"按钮,可以保存对预约任务的修改。

2．删除预约任务

单击"操作"列的"删除"超链接,会弹出删除预约任务的确认对话框,确认后就可以删除

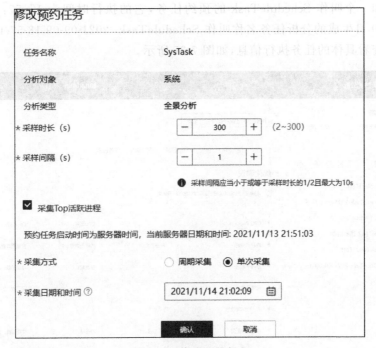

图 7-33　修改预约任务

预约任务了。预约任务支持批量删除,单击"任务名称"复选框,确保选中所有要删除的预约任务,然后单击"批量删除"按钮,系统会弹出删除确认对话框,如图 7-34 所示,单击"确认"按钮,可以批量删除预约任务。

图 7-34　批量删除确认

3. 查看预约执行的任务

对于单次执行的预约任务,系统会在预约的时间生成一条分析任务;对于周期执行的预约任务,系统会在执行周期内,每天生成一条分析任务。自动生成的分析任务名称的格式为"预约任务名称"+"-"+"用短横线分割的当天日期"+"-"+"用短横线分割的时分秒采

集时间",例如一个叫作 ScheduleTask 的预约任务,它的执行时间为 18:57:17,那么它在
2021 年 9 月 9 日生成的分析任务名称叫作 ScheduleTask -2021-09-09-18-57-17。可以在工
程管理页面查看具体的任务执行信息,如图 7-35 所示。

图 7-35　自动生成的分析任务

7.7　系统配置

单击系统性能分析主页面右上角的配置图标 ⚙,会弹出配置下拉菜单,如图 7-20 所
示,单击"系统配置"菜单项,进入系统配置页面,系统配置页面包括公共配置和系统性能分
析配置,在 5.3.4 节"系统配置"里已经讲解过公共配置,这里只讲解系统性能分析配置,如
图 7-36 所示。

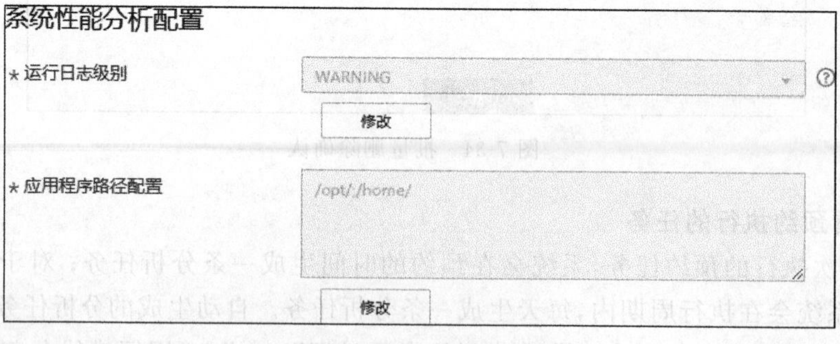

图 7-36　系统性能分析配置

各个配置项的说明如表 7-3 所示。

表 7-3 配置项说明

配 置 项	说 明
运行日志级别	记录日志的级别,日志级别分为 5 个等级,分别如下。 DEBUG:调试级别,记录调试信息,便于开发人员或维护人员定位问题 INFO:信息级别,记录服务正常运行的关键信息 WARNING:警告级别,记录系统和预期的状态不一致的事件,但这些事件不影响整个系统的运行 ERROR:一般错误级别,记录错误事件,但应用可能还能继续运行 CRITICAL:严重错误级别,记录可能会导致系统崩溃的信息 默认记录 WARNING 及以上的日志
应用程序路径配置	在进行分析对象为应用、模式为 Launch Application 的任务分析时,应用路径需要在该配置对应的路径下

对各个配置项的修改方法可参考 5.3.4 节"系统配置"里的配置修改方法。

7.8 联动分析

系统性能分析工具除了可以对单个节点进行分析外,还可以对不同的节点进行对比分析,或者对同一个节点在不同状态下进行对比分析,这个功能就是联动分析。通过联动分析可以快速直观地发现不同分析结果之间的差别,定位性能指标的变化,从而快速识别不同优化手段之间的效果差异。在系统性能分析主页,单击"联动分析"图标,可以进入联动分析页面,如图 7-37 所示。

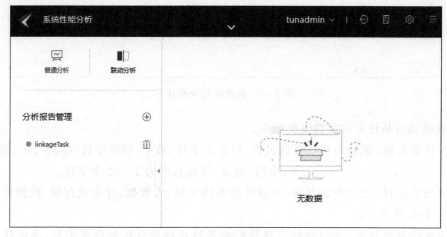

图 7-37 联动分析

7.8.1 创建联动分析任务

步骤 1：单击分析报告管理后的"创建任务"图标⊕，会弹出"新建联动分析任务"对话框，如图 7-38 所示。

图 7-38 新建联动分析任务

新建联动分析任务的参数说明如下。

（1）任务名称：联动分析任务的名称，只能由字母、数字、特殊字符(@、#、$、%、^、&、*、(、)、[、]、<、>、.、.、_、-、!、~、+、空格)组成，并且长度为 1～32 个字符。

（2）场景选择：要分析的场景，可以选择通用场景、大数据、分布式存储、数据库 4 个场景中的一个或者多个。

（3）选择对比对象：可以选择全景分析或者热点函数分析的任务类型，确定任务类型后可以选择横向分析或者纵向分析。横向分析是指从同一工程同一任务下的多个节点间对比分析的结果，如图 7-39 所示，当选择某一个任务的一个节点后，别的任务下的节点都是不可选择状态,只能选择同一任务下的其他节点。纵向分析是指从不同任务下的多个节点间对比分析的结果,如图 7-40 所示,当选择某一个任务的一个节点后,该任务下的其他节点都是不可选择状态,只能选择其他任务下的节点。

图 7-39 横向分析

图 7-40 纵向分析

步骤 2:填写任务名称并选择对比对象后,单击"确定"按钮,即可完成任务的创建。

7.8.2 查看联动分析报告

在联动分析页面,单击分析报告管理下的任务名称,即可查看该分析任务对应的分析报告,按照任务类型的不同,分析报告也分为两种:一种是针对全景分析的联动分析报告;另一种是针对热点函数的联动分析报告。

1. 全景分析联动分析报告

全景分析的联动分析报告如图 7-41 所示,分析报告分为配置数据、性能数据、任务信息3 个部分,下面分别进行说明。

1) 配置数据

配置数据页签详细列出了节点之间的对比结果,对于一致的参数使用 ⊘ 图标标出,对

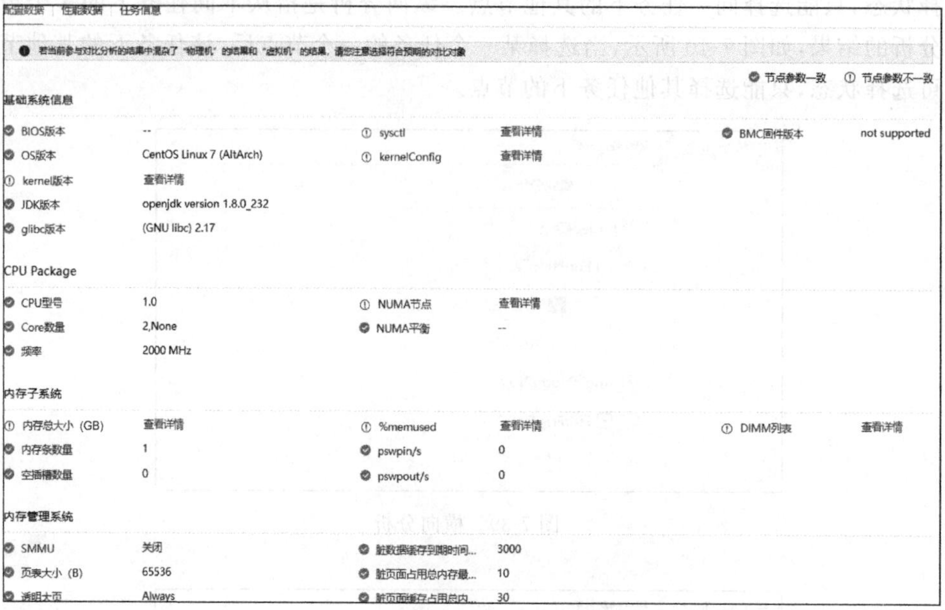

图 7-41　全景分析联动分析报告

于不一致的参数使用①图标标出。对于不一致的参数,可以单击参数项后面的"查看详情"超链接,会弹出详情页,以内存总大小为例,弹出的详情页如图 7-42 所示。

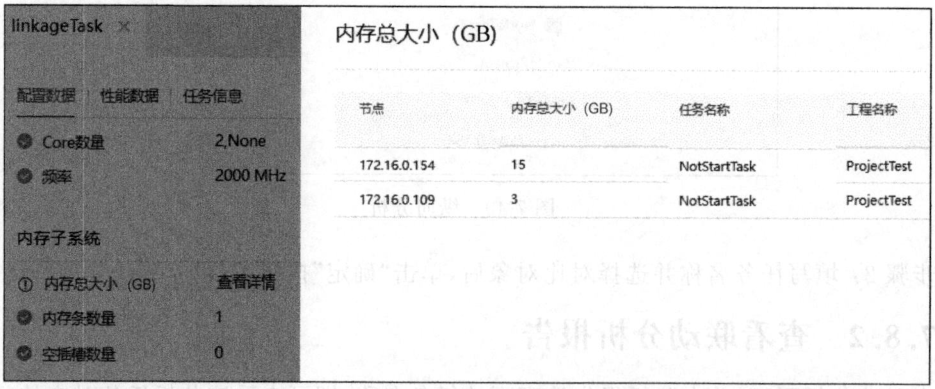

图 7-42　查看详情

2) 性能数据

在性能数据页签可以查看详细的性能数据,如图 7-43 所示,CPU 平均利用率、CPU 平均负载、内存使用情况可以直接查看对比数据,存储 I/O 和网络 I/O 默认无数据显示,可以单击后面的漏斗图标 选择对比项目,以存储 I/O 为例,弹出的"筛选对比对象"对话框如图 7-44 所示,选择对比的设备名称后,单击"确认"按钮,在存储 I/O 这里可以看到对比结果,如图 7-45 所示。网络 I/O 和存储 I/O 的查看方法类似,此处就不详细说明了。

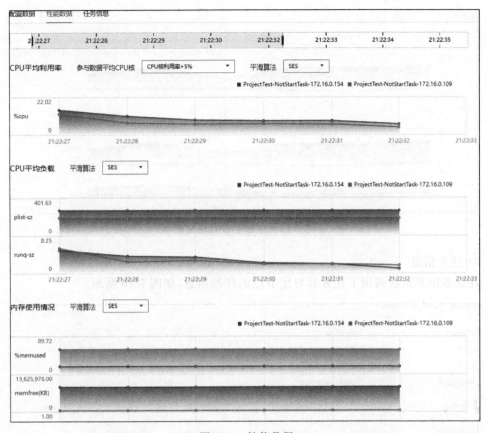

图 7-43　性能数据

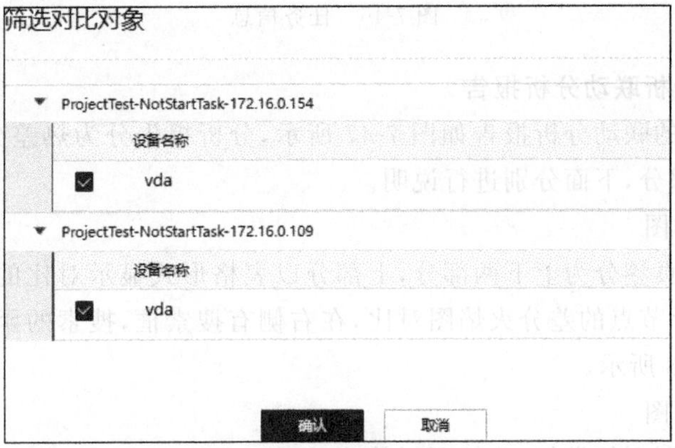

图 7-44　筛选对比对象

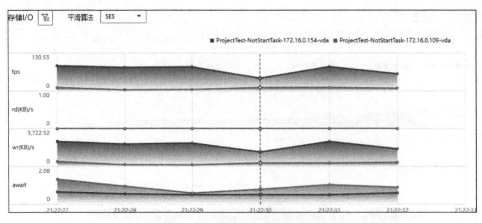

图 7-45　存储 I/O 对比结果

3）任务信息

在任务信息页签列出了任务和对比节点的详细信息，如图 7-46 所示。

任务名称	linkageTask
任务类型	全景分析
任务状态	● 已完成
任务创建时间	2021/11/14 09:23:37

节点名称	节点IP	任务开始时间	任务结束时间	所属任务	所属工程
172.16.0.154	172.16.0.154	2021/11/13 21:22:25	2021/11/13 21:22:40	NotStartTask	ProjectTest
NodeTest	172.16.0.109	2021/11/13 21:22:25	2021/11/13 21:22:40	NotStartTask	ProjectTest

图 7-46　任务信息

2. 热点函数分析联动分析报告

热点函数分析的联动分析报告如图 7-47 所示，分析报告分为热差分火焰图、冷差分火焰图、任务信息 3 部分，下面分别进行说明。

1）热差分火焰图

热差分火焰图页签分为上下两部分，上部分以表格形式显示对比的节点信息及采样的信息，下部分是两个节点的差分火焰图对比，在右侧有搜索框，搜索的函数会在火焰图中以紫色显示，如图 7-48 所示。

2）冷差分火焰图

与热差分火焰图页签类似，此处不再赘述。

3）任务信息

与全景分析联动分析报告的任务信息类似，此处不再赘述。

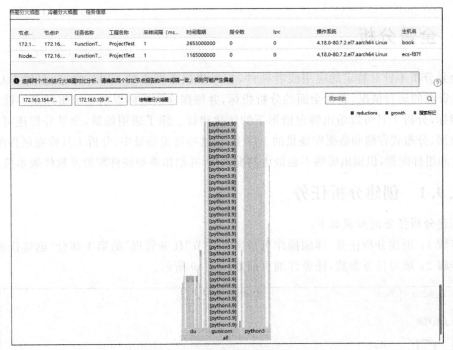

图 7-47　热点函数分析的联动分析报告

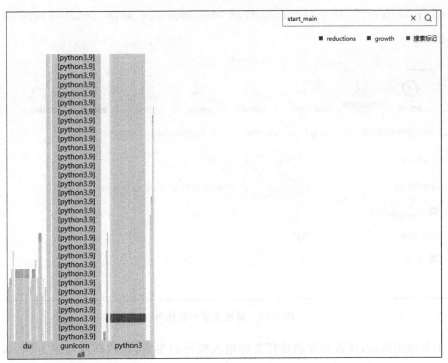

图 7-48　搜索函数

7.9　全景分析

全景分析不针对特定的应用或者硬件,它采集服务器上的 CPU、内存、存储 I/O、网络 I/O 等资源的运行情况,获得全面的分析指标,并根据这些指标识别系统瓶颈点。针对部分性能指标,分析工具可以给出特定情形下的优化建议。除了通用场景,全景分析还可以应用在大数据、分布式存储和数据库场景的工程上,在这些特定场景中,分析工具检查硬件配置、系统配置和组件配置,识别出哪些不是最优的配置项,并给出典型硬件配置及软件版本信息。

7.9.1　创建分析任务

创建分析任务的步骤如下。

步骤 1:创建分析任务,详细操作可参考 6.5 节"任务管理"的第 1 部分"创建任务"。

步骤 2:填写任务参数,任务详细页面如图 7-49 所示。

图 7-49　新建全景分析任务

对于非通用场景,还需要在新建任务时输入额外的参数,以数据库场景为例,新建分析任务的额外参数设置页面如图 7-50 所示。

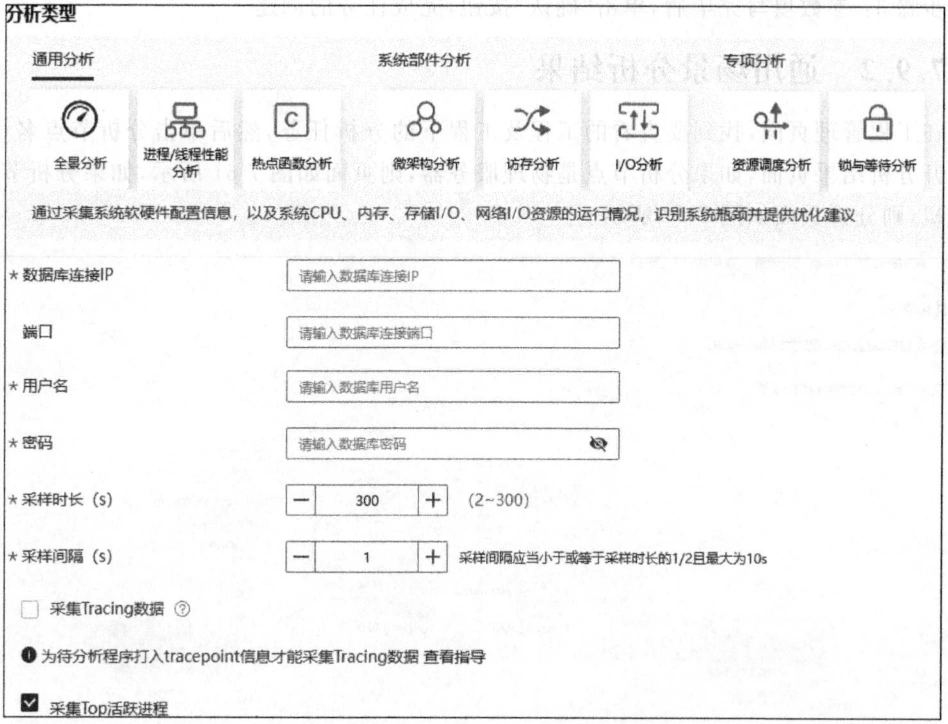

图 7-50 新建数据库场景全景分析任务的额外参数

分析任务的通用参数已在 6.5 节"任务管理"中进行了说明,全景分析和后续其他分析将不再介绍这些参数,其他关键参数说明如表 7-4 所示。

表 7-4 全景分析任务参数

场景	参 数	说 明
通用	分析对象	系统
	分析类型	全景分析
	采集 Top 活跃进程	采集当前 Top 下活跃进程,默认勾选
数据库	数据库连接 IP	连接数据库的 IP 地址
	端口	数据库端口
	用户名	数据库用户名
	密码	数据库密码
	采集 Tracing 数据	当选中该选项时,将基于 LTTng-UST 框架,采集应用程序的 Tracing 信息。LTTng(Linux Trace Toolkit Next Generation)是用于跟踪 Linux 内核、应用程序及库的系统软件包
	采集事件格式	当选中"采集 Tracing 数据"时,需要配置事件的数据格式
大数据	大数据测试工具路径	大数据场景下对大数据进行测试的工具路径
分布式	分布式存储组件配置文件路径	分布式场景下分布式存储组件配置文件的路径

步骤 3：参数填写完毕后，单击"确认"按钮，完成任务的创建。

7.9.2 通用场景分析结果

在工程管理页面，找到要查看的工程及工程下的分析任务，然后单击分析节点名称，可以打开分析结果页面，如果分析节点是物理服务器，则页面如图 7-51 所示，如果分析节点是虚拟机，则分析页面如图 7-52 所示。

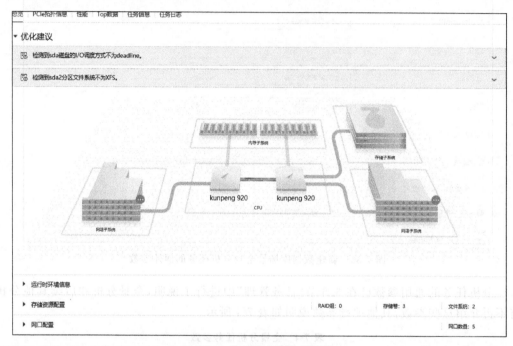

图 7-51　物理服务器分析结果

通用场景下，分析结果一般包括 6 个页签，分别是总览、PCIe 拓扑信息、性能、Top 数据、任务信息、任务日志，下面分别介绍这些页签。

1. 总览

总览页签用于显示主要硬件及配置项的信息，在分析到可以优化的指标后，还会给出优化建议，总体来讲，可以分为 8 部分，下面分别进行说明。

1）优化建议

鲲鹏系统分析工具能对特定的分析指标给出优化建议，从而方便系统优化人员有针对性地进行优化，在总览页签，最上面的一项就是优化建议。默认情况下，优化建议项是收起的，在此建议项标题上单击，或者单击 图标，都可以切换建议项的展开状态。在优化建议的详情里，给出了具体的优化建议及修改方法，按照优化建议操作，一般即可完成系统的优化。

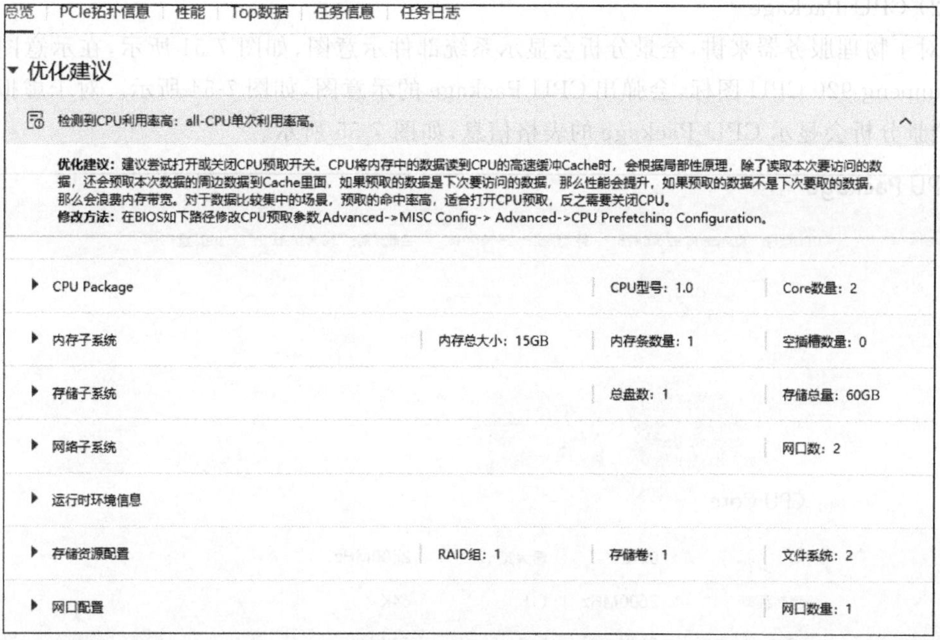

| 总览 | PCIe拓扑信息 | 性能 | Top数据 | 任务信息 | 任务日志 |

▼ 优化建议

⊡ 检测到CPU利用率高: all-CPU单次利用率高。

优化建议: 建议尝试打开或关闭CPU预取开关。CPU将内存中的数据读到CPU的高速缓冲Cache时，会根据局部性原理，除了读取本次要访问的数据外，还会预取本次数据的周边数据到Cache里面，如果预取的数据是下次要访问的数据，那么性能会提升，如果预取的数据不是下次要取的数据，那么会浪费内存带宽。对于数据比较集中的场景，预取的命中率高，适合打开CPU预取，反之需要关闭CPU。
修改方法: 在BIOS如下路径修改CPU预取参数,Advanced->MISC Config-> Advanced->CPU Prefetching Configuration。

▶ CPU Package		CPU型号: 1.0	Core数量: 2
▶ 内存子系统	内存总大小: 15GB	内存条数量: 1	空插槽数量: 0
▶ 存储子系统		总盘数: 1	存储总量: 60GB
▶ 网络子系统			网口数: 2
▶ 运行时环境信息			
▶ 存储资源配置	RAID组: 1	存储卷: 1	文件系统: 2
▶ 网口配置			网口数量: 1

图 7-52　虚拟机分析结果

除了在优化建议区域,在总览页签的其他参数上,有时候也会有⊚图标,表示该参数有优化建议,把鼠标放在该参数上,会显示详细的参数描述和优化建议,如图 7-53 所示。

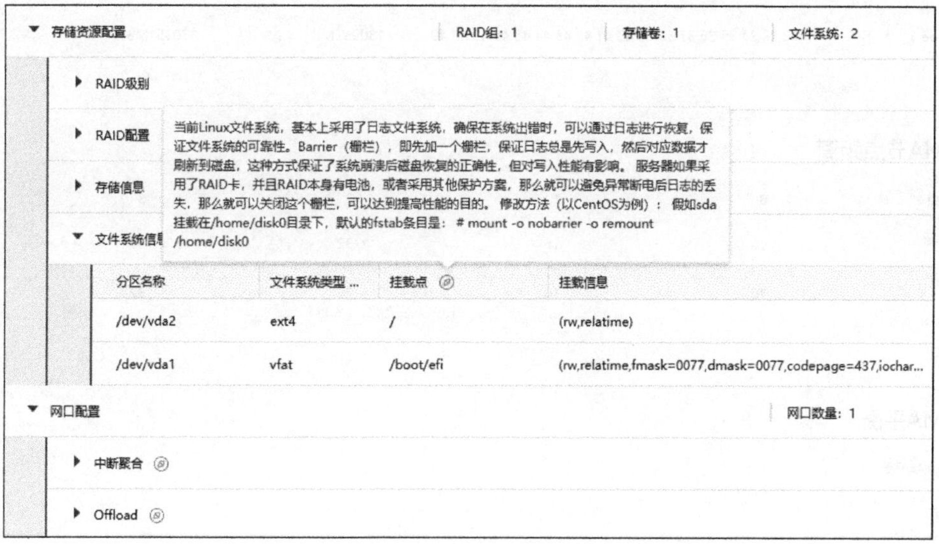

▼ 存储资源配置		RAID组: 1	存储卷: 1	文件系统: 2
▶ RAID级别				
▶ RAID配置	当前Linux文件系统,基本上采用了日志文件系统,确保在系统出错时,可以通过日志进行恢复,保证文件系统的可靠性。Barrier (栅栏), 即先加一个栅栏,保证日志总是先写入,然后对应数据才刷新到磁盘,这种方式保证了系统崩溃后磁盘恢复的正确性,但对写入性能有影响。服务器如果采用了RAID卡,并且RAID本身有电池,或者采用其他保护方案,那么就可以避免异常断电后日志的丢失,那么就可以关闭这个栅栏,可以达到提高性能的目的。修改方法 (以CentOS为例): 假如sda挂载在/home/disk0目录下,默认的fstab条目是: # mount -o nobarrier -o remount /home/disk0			
▶ 存储信息				
▼ 文件系统信息				

分区名称	文件系统类型 ...	挂载点 ⊚	挂载信息
/dev/vda2	ext4	/	(rw,relatime)
/dev/vda1	vfat	/boot/efi	(rw,relatime,fmask=0077,dmask=0077,codepage=437,iochar...

▼ 网口配置		网口数量: 1
▶ 中断聚合 ⊚		
▶ Offload ⊚		

图 7-53　优化建议

2) CPU Package

对于物理服务器来讲,全景分析会显示系统部件示意图,如图 7-51 所示,在示意图上单击 Kunpeng 920 CPU 图标,会弹出 CPU Package 的示意图,如图 7-54 所示。对于虚拟机来讲,全景分析会显示 CPU Package 的表格信息,如图 7-55 所示。

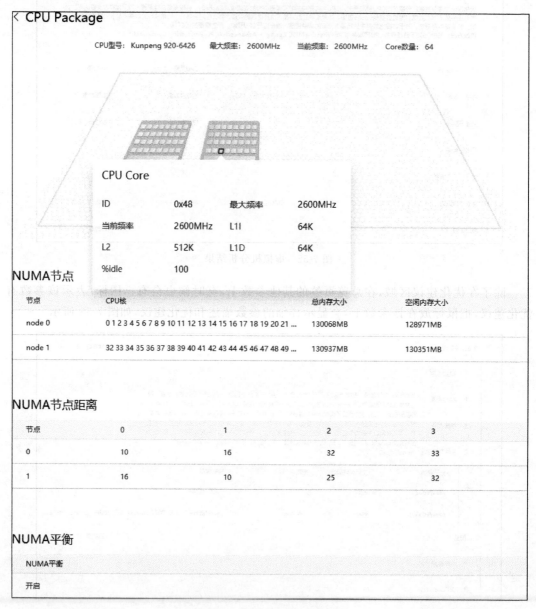

图 7-54 CPU Package 示意图

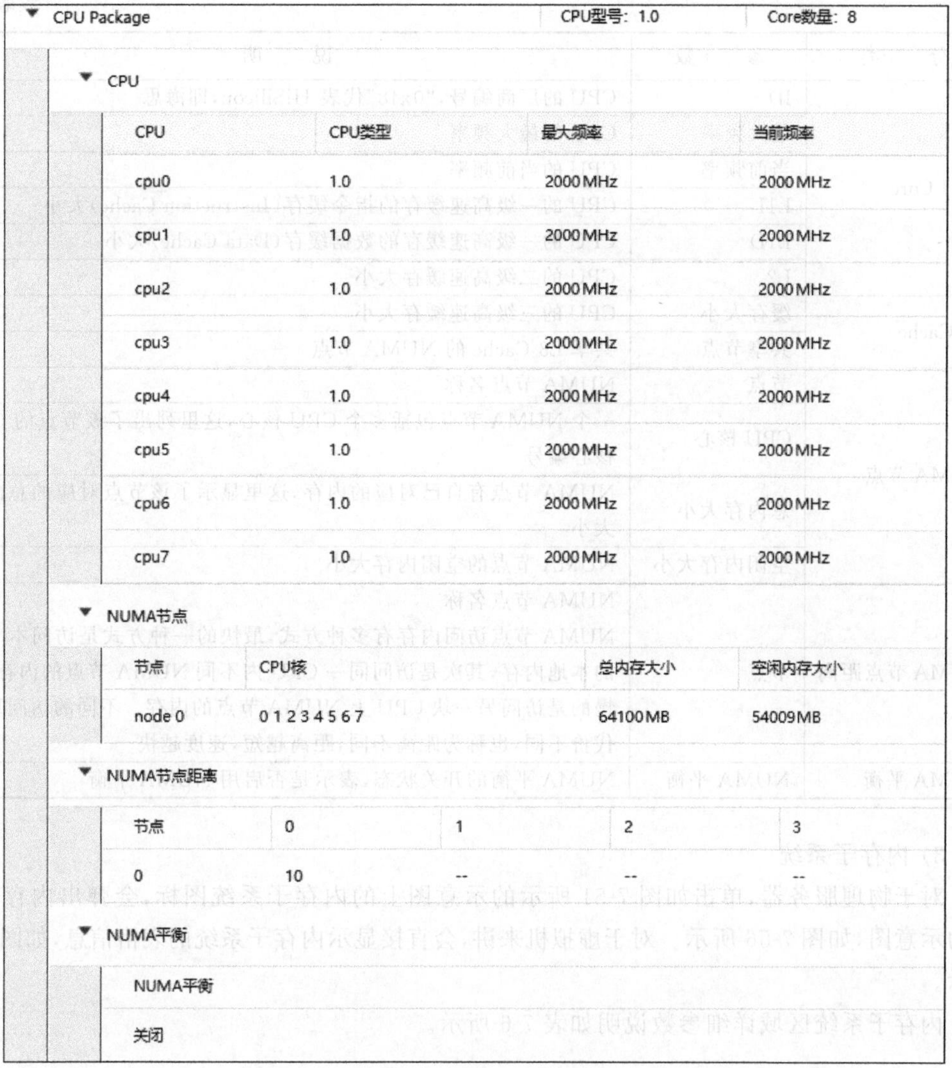

▼ CPU Package		CPU型号: 1.0	Core数量: 8

▼ CPU			
CPU	CPU类型	最大频率	当前频率
cpu0	1.0	2000 MHz	2000 MHz
cpu1	1.0	2000 MHz	2000 MHz
cpu2	1.0	2000 MHz	2000 MHz
cpu3	1.0	2000 MHz	2000 MHz
cpu4	1.0	2000 MHz	2000 MHz
cpu5	1.0	2000 MHz	2000 MHz
cpu6	1.0	2000 MHz	2000 MHz
cpu7	1.0	2000 MHz	2000 MHz

▼ NUMA节点			
节点	CPU核	总内存大小	空闲内存大小
node 0	0 1 2 3 4 5 6 7	64100 MB	54009 MB

▼ NUMA节点距离			
节点	0	1	2	3
0	10	--	--	--

▼ NUMA平衡
NUMA平衡
关闭

图 7-55　CPU Package 表格

CPU Package 区域详细参数说明见表 7-5。

表 7-5　CPU Package 参数

分　类	参　数	说　明
汇总	CPU 的型号	CPU 的具体型号
	核数量	CPU 的核心数量,对于物理机,这个数量是 CPU 的实际核心数量,对 ECS 等虚拟服务器,核心数量是分配的 CPU 的核心数量
	最大频率	CPU 的最大频率
	当前频率	CPU 的当前频率

分　类	参　数	说　明
CPU Core	ID	CPU 的厂商编号,"0x48"代表 HiSilicon,即海思
	最大频率	CPU 的最大频率
	当前频率	CPU 的当前频率
	L1I	CPU 的一级高速缓存的指令缓存(Instruction Cache)大小
	L1D	CPU 的一级高速缓存的数据缓存(Data Cache)大小
	L2	CPU 的二级高速缓存大小
L3 Cache	缓存大小	CPU 的三级高速缓存大小
	共享节点	共享 L3 Cache 的 NUMA 节点
NUMA 节点	节点	NUMA 节点名称
	CPU 核心	一个 NUMA 节点包括多个 CPU 核心,这里列出了该节点的 CPU 核心编号
	总内存大小	NUMA 节点有自己对应的内存,这里显示了该节点对应的总内存大小
	空闲内存大小	NUMA 节点的空闲内存大小
NUMA 节点距离	节点	NUMA 节点名称 NUMA 节点访问内存有多种方式,最快的一种方式是访问本节点的本地内存,其次是访问同一 CPU 内不同 NUMA 节点的内存,最慢的是访问另一块 CPU 上 NUMA 节点的内存。不同的访问形式代价不同,也称为距离不同,距离越短,速度越快
NUMA 平衡	NUMA 平衡	NUMA 平衡的开关状态,表示是否启用 NUMA 平衡

3）内存子系统

对于物理服务器,单击如图 7-51 所示的示意图上的内存子系统图标,会弹出内存子系统的示意图,如图 7-56 所示。对于虚拟机来讲,会直接显示内存子系统的表格信息,如图 7-57 所示。

内存子系统区域详细参数说明如表 7-6 所示。

表 7-6　内存子系统参数

分　类	参　数	说　明
汇总	内存总大小	系统总内存容量。对 ECS 等虚拟服务器,内存总大小是分配的内存容量
	内存条数量	内存条数量
	空插槽数量	空内存插槽数量
DIMM 列表	插槽位置	内存插槽位置
	容量	当前插槽位置安装的内存容量大小,对 ECS 等虚拟服务器,该容量不超过分配的内存容量
	最大速率	内存的最大速率
	配置速率	配置的内存速率
	类型	内存条类型

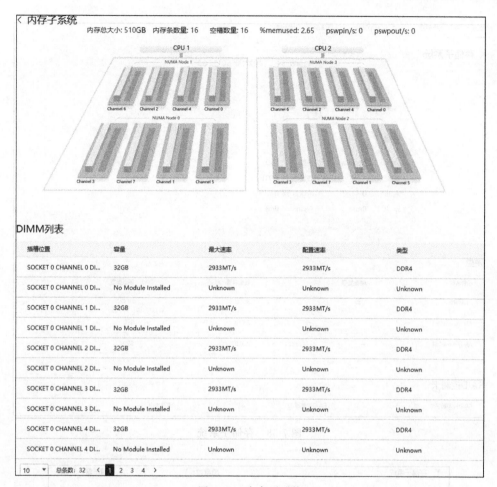

图 7-56 内存子系统

插槽位置	容量	最大速率	配置速率	类型
SOCKET 0 CHANNEL 0 DI...	32GB	2933MT/s	2933MT/s	DDR4
SOCKET 0 CHANNEL 0 DI...	No Module Installed	Unknown	Unknown	Unknown
SOCKET 0 CHANNEL 1 DI...	32GB	2933MT/s	2933MT/s	DDR4
SOCKET 0 CHANNEL 1 DI...	No Module Installed	Unknown	Unknown	Unknown
SOCKET 0 CHANNEL 2 DI...	32GB	2933MT/s	2933MT/s	DDR4
SOCKET 0 CHANNEL 2 DI...	No Module Installed	Unknown	Unknown	Unknown
SOCKET 0 CHANNEL 3 DI...	32GB	2933MT/s	2933MT/s	DDR4
SOCKET 0 CHANNEL 3 DI...	No Module Installed	Unknown	Unknown	Unknown
SOCKET 0 CHANNEL 4 DI...	32GB	2933MT/s	2933MT/s	DDR4
SOCKET 0 CHANNEL 4 DI...	No Module Installed	Unknown	Unknown	Unknown

▼ 内存子系统	内存总大小：15GB	内存条数量：1	空插槽数量：0

▼ DIMM列表

插槽位置	容量	最大速率	配置速率	类型
Not Specified	16384MB	Unknown	Unknown	RAM

图 7-57 内存子系统表格

4）存储子系统

对于物理服务器，单击如图 7-51 所示的示意图上的存储子系统图标，会弹出存储子系统的示意图，如图 7-58 所示。对于虚拟机来讲，会直接显示存储子系统的表格信息，如图 7-59所示。

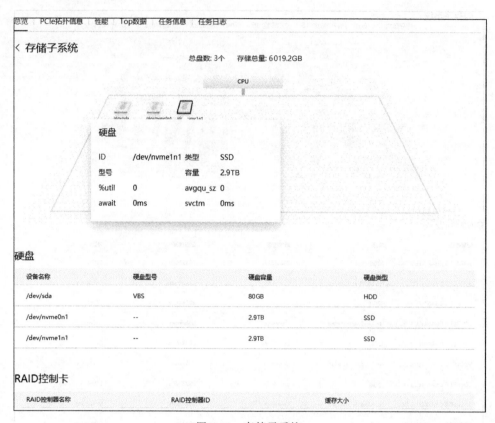

图 7-58　存储子系统

图 7-59　存储子系统表格

存储子系统区域详细参数说明如表 7-7 所示。

表 7-7　存储子系统参数

分　　类	参　　数	说　　明
汇总	总盘数	硬盘总数。对于 ECS 等虚拟服务器,硬盘数量是挂载的云硬盘数量
	存储总量	存储总容量大小
硬盘	设备名称	设备名称
	硬盘型号	硬盘型号
	硬盘容量	硬盘容量,对于 ECS 等虚拟服务器,硬盘容量是给挂载的硬盘分配的容量
	硬盘类型	硬盘类型
RAID 控制卡	RAID 控制器名称	RAID 卡型号
	RAID 控制器 ID	RAID 控制器芯片型号
	缓存大小	缓存大小

5）网络子系统

对于物理服务器,单击如图 7-51 所示的示意图上的网络子系统图标,会弹出网络子系统的示意图,如图 7-60 所示。对于虚拟机来讲,会直接显示网络子系统的表格信息,如图 7-61 所示。

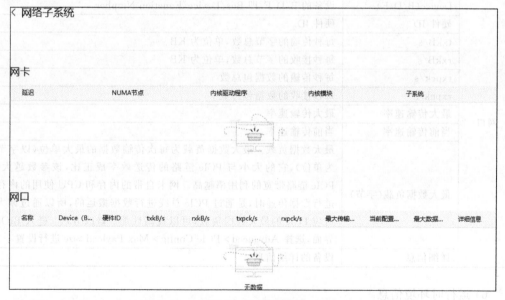

图 7-60　网络子系统

图 7-61　网络子系统表格

网络子系统区域详细参数说明如表 7-8 所示。

表 7-8　网络子系统参数

分类	参　　数	说　　明
汇总	网口数	网口数量
网卡	延迟	延迟时间
	NUMA 节点	网卡绑定到的 NUMA 节点
	内核驱动程序	内核驱动程序
	内核模块	内核模块
	子系统	子系统
网口	名称	网口名称
	Device(B/D/F)	设备的 B/D/F,即 Bus/Device/Function Number
	硬件 ID	硬件 ID
	txkB/s	每秒传输的字节总数,单位为 KB
	rxkB/s	每秒接收的字节总数,单位为 KB
	txpck/s	每秒传输的数据包总数
	rxpck/s	每秒接收的数据包总数
	最大传输速率	最大传输速率
	当前传输速率	当前传输速率
	最大数据负载(字节)	最大数据负载。最大数据负载为每次传输数据的最大单位(以字节为单位),它的大小与 PCIe 链路的传送效率成正比,该参数越大,PCIe 链路带宽的利用率越高。网卡自带的内存和 CPU 使用的内存进行数据传递时,是通过 PCIe 总线进行数据搬运的,所以通过调大对应 PCIe 的最大数据负载,可以提高性能。修改方法:进入 BIOS 界面,选择 Advanced > PCIe Config > Max Payload Size 进行设置
	详细信息	设备的详细信息

6) 运行时环境信息

运行时环境信息记录了详细的环境参数,如图 7-62 所示。运行时环境信息参数说明如表 7-9 所示。

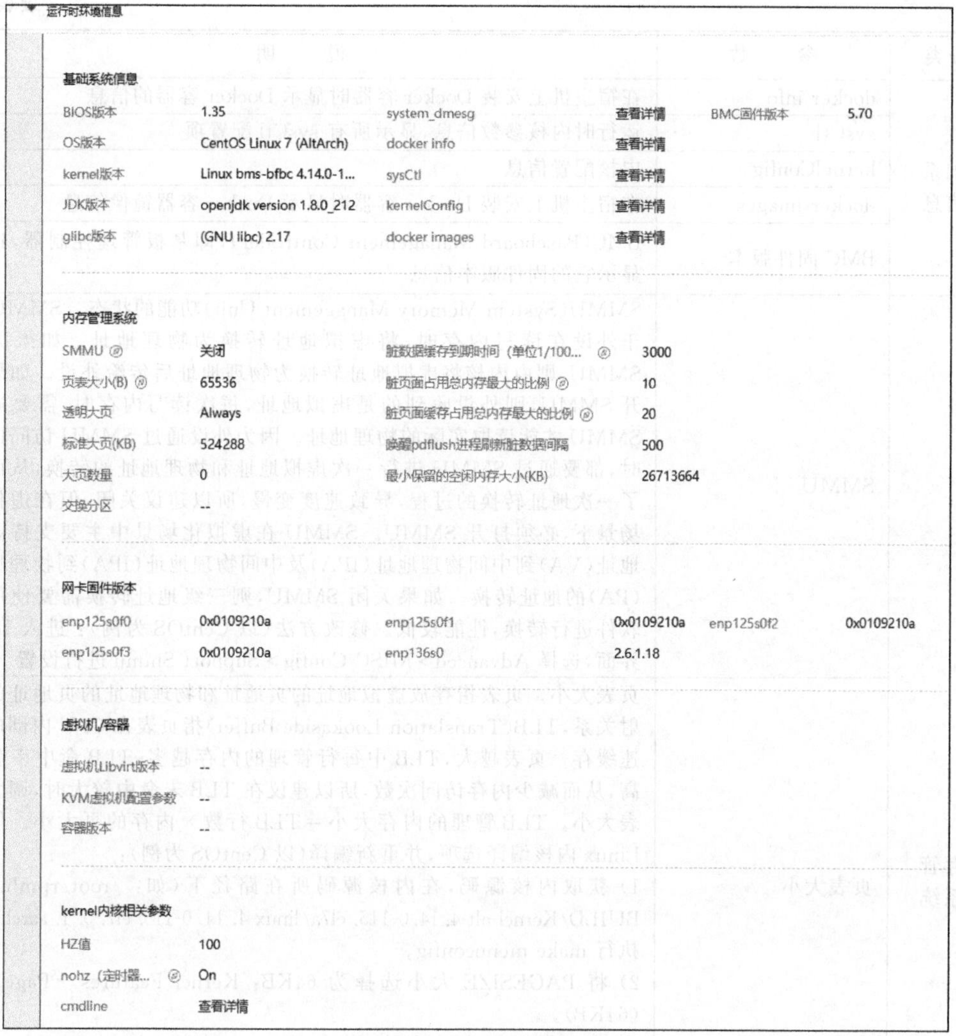

图 7-62 运行时环境信息

表 7-9 运行时环境信息参数

分类	参 数	说 明
基础系统信息	BIOS 版本	BIOS 版本信息
	OS 版本	操作系统版本信息
	kernel 版本	操作系统内核版本
	JDK 版本	当前的 JDK 版本
	glibc 版本	GNU C Library 版本,glibc 是按照 GPL 许可协议发布的 Linux 系统中最底层的 API,绝大部分其他运行库会依赖于它
	system_dmesg	当前系统 dmesg 信息,dmesg 用来处理与开机、启动相关的信息

续表

分类	参　数	说　　明
基础系统信息	docker info	在宿主机上安装 Docker 容器时显示 Docker 容器的信息
	sysCtl	运行时内核参数信息,显示所有 sysCtl 配置项
	kernelConfig	内核配置信息
	docker images	在宿主机上安装 Docker 容器时显示 Docker 容器镜像信息
	BMC 固件版本	BMC(Baseboard Management Controller),即基板管理控制器,这里显示它的固件版本信息
内存管理系统	SMMU	SMMU(System Memory Management Unit)功能的状态。SMMU 用于外设在读写内存时,将虚拟地址转换为物理地址。如果关闭 SMMU,则由内核将虚拟地址转换为物理地址后传给外设。如果打开 SMMU,则外设收到的是虚拟地址,每次读写内存时,需要通过 SMMU 才能读取实际的物理地址。因为外设通过 SMMU 访问内存时,都要通过 SMMU 进行一次虚拟地址和物理地址的转换,从而多了一次地址转换的过程,导致速度变慢,所以建议关闭,但在虚拟化场景下,必须打开 SMMU。SMMU 在虚拟化场景中主要支持虚拟地址(VA)到中间物理地址(IPA)及中间物理地址(IPA)到物理地址(PA)的地址转换。如果关闭 SMMU,则三级地址转换需要使用纯软件进行转换,性能较低。修改方法(以 CentOS 为例):进入 BIOS 界面,选择 Advanced > MISC Config > Support Smmu 进行设置
	页表大小	页表大小。页表指存放虚拟地址的页地址和物理地址的页地址的映射关系,TLB(Translation Lookaside Buffer)指页表在 CPU 内部的高速缓存。页表越大,TLB 中每行管理的内存越多,TLB 命中率就越高,从而减少内存访问次数,所以建议在 TLB 未命中较大时,调大页表大小。TLB 管理的内存大小＝TLB 行数×内存的页大小。修改 Linux 内核编译选项,并重新编译(以 CentOS 为例): 1) 获取内核源码,在内核源码所在路径下(如:/root/rpmbuild/BUILD/Kernel-alt-4.14.0-115.el7a/linux-4.14.0-115.el7.0.1.aarch64),执行 make menuconfig。 2) 将 PAGESIZE 大小选择为 64KB:Kernel Features → Page size (64KB)。 3) 重新编译和安装内核,可参考 https://bbs.huaweicloud.com/forum/thread-24362-1-1.html
	透明大页	透明大页功能的状态
	标准大页	标准大页大小
	大页数量	标准大页数量。"0"表示没有配置
	交换分区	当前交换分区配置
	脏数据缓存到期时间(单位 1/100s)	脏数据缓存到期时间,内存中数据标识脏一定时间后,下次回刷进程工作时就必须回刷,默认为 3000。该参数用于标识脏数据在缓存中允许保留的时长,即时间到后需要被写入磁盘中。如果业务的数据是连续性的写,则可以适当调小此参数,这样可以有效避免 I/O 集中,导致突发的 I/O 等待。 修改方法(以 CentOS 为例): # echo 2000 >/proc/sys/vm/dirty_expire_centisecs

续表

分类	参 数	说 明
内存管理系统	脏页面占用总内存最大的比例	脏页面占用总内存最大的比例(以 memfree＋Cached-Mapped 为基准),超过这个值,pdflush 线程会将脏页面刷新到磁盘。增加这个值,系统会分配更多的内存用于写缓存,因而可以提升写磁盘性能,但对于磁盘写入操作为主的业务,可以调小这个值,避免数据积压太多最后成为瓶颈,可以结合业务并通过观察 await 的时间波动范围来识别。 修改方法(以 CentOS 为例): echo 8 >/proc/sys/vm/dirty_background_ratio
	脏页面缓存占用总内存最大的比例	脏页面占用总内存最大的比例,超过这个值,系统不会新增加脏页面,文件读写也变为同步模式。文件读写变为同步模式后,应用程序的文件读写操作的阻塞时间变长,会导致系统性能变慢。对于写入为主的业务,可以增加此参数,避免磁盘过早地进入同步写状态。 修改方法(以 CentOS 为例): echo 40 >/proc/sys/vm/dirty_ratio
	唤醒 pdflush 进程刷新脏数据间隔	唤醒 pdflush 进程刷新脏数据间隔,单位为 1/100s
	最小保留的空闲内存大小(KB)	最小保留的空闲内存大小,单位为 KB
网卡固件版本		网卡端口和网卡固件版本
虚拟机/容器	虚拟机 Libvirt 版本	虚拟机 Libvirt 版本。Libvirt 是用于管理虚拟化平台的开源的 API、后台程序和管理工具。它可以用于管理 KVM、Xen、VMware ESX、QEMU 和其他虚拟化技术
	KVM 虚拟机配置参数	KVM(Kernel-Based Virtual Machine)是一个开源的系统虚拟化模块,自 Linux 2.6.20 之后集成在 Linux 的各个主要发行版本中。它使用 Linux 自身的调度器进行管理,相对于 Xen,其核心源码很少。这里显示 KVM 的虚拟机配置参数
	容器版本	容器的版本信息
kernel 内核相关参数	HZ 值	Linux 核心每秒产生的时钟中断次数
	nohz(定时器机制)	nohz(定时器机制)的状态,当 nohz＝On 时,如果 CPU 处于空闲状态,系统则将关掉周期性的时钟中断。在 Linux 内核 2.6.17 版本之前,Linux 内核为每个 CPU 设置一个周期性的时钟中断,Linux 内核利用这个中断处理一些定时任务,如线程调度等。这样导致在 CPU 不需要定时器的时候,也会有很多时钟中断,导致资源的浪费。Linux 内核 2.6.17 版本引入了 nohz 机制,实际就是让时钟中断的时间可编程,减少不必要的时钟中断,所以建议打开。 修改方法(以 CentOS 为例): (1) 在/boot 目录下通过命令 find -name grub.cfg 找到启动参数的配置文件。 (2) 在配置文件中将 nohz＝Off 去掉。 (3) 重启服务器
	cmdline	整个 kernel 启动脚本

7）存储资源配置

存储资源配置信息参数说明见表 7-10。

表 7-10　存储资源配置参数

分类	参数	说明
汇总	RAID 组	RAID 组数量
	存储卷	存储卷数量
	文件系统	文件系统分区数量
RAID 级别	逻辑盘名称	逻辑盘名称
	逻辑盘 ID	逻辑盘 ID
	RAID 控制器 ID	RAID 控制器 ID
	RAID 级别	RAID 级别，可以细分为 12 个或者更多的级别，详细信息见本表后的 RAID 级别说明部分
	逻辑盘条带大小	条带大小指的是写在每块磁盘上的条带数据块的大小，减小条带大小可以把文件分成更多个更小的数据块。这些数据块会被分散到更多的存储上存储，因此提高了传输的性能，但是由于要多次寻找不同的数据块，磁盘定位的性能就下降了。增加条带大小与减小条带大小相反，会降低传输性能，但会提高定位性能
	逻辑盘当前读策略	逻辑盘当前读策略，一般分为两种策略，预读取方式和非预读取方式。使用预读取方式策略后，从虚拟磁盘中读取所需数据时，会把后续数据同时读出并放在 Cache 中，用户随后访问这些数据时可以直接在 Cache 中命中，将减少磁盘寻道操作，节省响应时间，提高了数据的读取速度。 使用非预读取方式策略后，RAID 卡在接收到数据读取命令时，才从虚拟磁盘读取数据，不会做预读取的操作
	逻辑盘当前写策略	逻辑盘当前写策略，一般分为两种策略，分别是回写与写通。 回写：使用此策略后，当需要向虚拟磁盘写数据时，会直接写入 Cache 中，当写入的数据积累到一定程度时，RAID 卡才将数据刷新到虚拟磁盘，这样不但实现了批量写入，而且提升了数据写入的速度。当控制器 Cache 收到所有的传输数据后，将给主机返回数据传输完成信号。 写通：使用此策略后，RAID 卡向虚拟磁盘直接写入数据，不经过 Cache。当磁盘子系统接收到所有传输数据后，控制器将给主机返回数据传输完成信号。这种方式写入速度较低
	逻辑盘缓存策略	是否启用逻辑盘缓存，一般禁用，防止机房停电时磁盘自带缓存中的数据丢失，磁盘可不带电池
	CacheCadence 标识	CacheCadence 标识
RAID 配置	RAID 配置	RAID 配置

续表

分　类	参　　数	说　　明
	设备名称	设备名称
	硬盘文件预读大小（字节）	硬盘文件预读大小。文件预取的原理，就是根据局部性原理，在读取数据时，会多读一定量的相邻数据并缓存到内存。如果预读的数据是后续会使用的数据，则系统性能会提升，如果后续不使用，就浪费了磁盘带宽。在磁盘顺序读的场景下，调大预取值效果会尤其明显。 修改方法（以 CentOS 为例）： (1) 文件预取参数由文件 read_ahead_kb 指定，CentOS 中为"/sys/block/ \$ DEVICE-NAME/queue/read_ahead_kb"，如果不确定，则可通过以下命令来查找：# find / -name read_ahead_kb。 (2) 此参数的默认值为 128KB，可使用 echo 来调整，将预取值调整为 4096KB。# echo 4096 >/sys/block/ \$ DEVICE-NAME /queue/read_ahead_kb 其中，\$ DEVICE-NAME 为磁盘名称
存储信息	存储 I/O 调度机制	存储 I/O 调度机制。文件系统在通过驱动读写磁盘时，不会立即将读写请求发送给驱动，而是延迟执行，这样 Linux 内核的 I/O 调度器可以将多个读写请求合并为一个请求或者排序（减少机械磁盘的寻址）发送给驱动，提升性能。建议在不同的应用场景选择不同的调度机制，参考如下。 (1) CFQ: 完全公平队列调度。早期 Linux 内核的默认调度算法，它给每个进程分配一个调度队列，默认以时间片和请求数限定的方式分配 I/O 资源，以此保证每个进程的 I/O 资源占用是公平的。这个算法在 I/O 压力大，并且 I/O 主要集中在某几个进程的时候，性能不太友好。 (2) DeadLine: 最终期限调度。这个调度算法维护了 4 个队列，读队列、写队列、超时读队列和超时写队列。当内核收到一个新请求时，如果能合并，就合并，如果不能合并，就会尝试排序。如果既不能合并，也没有合适的位置插入，就放到读或写队列的最后。一定时间后，I/O 调度器会将读或写队列的请求分别放到超时读队列或者超时写队列。这个算法并不限制每个进程的 I/O 资源，适合 I/O 压力大且 I/O 集中在某几个进程的场景，例如大数据、数据库使用 HDD 磁盘的场景。 (3) NOOP: 也叫作 NONE，是一种简单的 FIFO 调度策略，因为固态硬盘支持随机读写，所以固态硬盘可以选择这种最简单的调度策略，性能最好
	磁盘请求亲和设置	磁盘请求亲和设置。"1"表示确保 I/O 完成的动作会由发起该 I/O 请求的 CPU 处理
	磁盘请求队列长度设置	采样间隔时间内，队列中对指定磁盘的读写请求的平均数量
	磁盘队列深度	磁盘队列深度，即当主机发起 I/O 请求时，设备能够支持同时处理的 I/O 数量

续表

分类	参 数	说 明
存储信息	I/O 合并	I/O 合并的设置值。 0：表示启用所有类型的合并尝试。 1：表示复杂合并检查被禁用，但简单的合并检查与上一个 I/O 请求合并后继续生效。 2：表示禁用所有类型的合并尝试
文件系统信息	分区名称	分区名称
	文件系统类型	当前分区的文件系统类型
	挂载点	当前分区的挂载点
	挂载信息	当前分区的挂载信息

RAID 各个级别的说明如表 7-11 所示。

表 7-11 RAID 级别说明

RAID 级别	说 明
RAID 0	RAID 0 也称为带区集。它将两个以上的磁盘并联起来，成为一个大容量的磁盘。在存放数据时，分段后分散存储在这些磁盘中，因为读写时都可以并行处理，所以在所有的级别中，RAID 0 的速度是最快的，但是 RAID 0 既没有冗余功能，也不具备容错能力，如果一个磁盘(物理)损坏，则所有数据都会丢失
RAID 1	两组以上的 N 个磁盘相互作镜像，在一些多线程操作系统中能有很好的读取速度，理论上读取速度等于硬盘数量的倍数，与 RAID 0 相同。另外写入速度有微小的降低。只要一个磁盘正常即可维持运作，可靠性最高。其原理为在主硬盘上存放数据的同时也在镜像硬盘上写一样的数据。当主硬盘(物理)损坏时，镜像硬盘则代替主硬盘的工作。因为有镜像硬盘做数据备份，所以 RAID 1 的数据安全性在所有的 RAID 级别上来讲是最好的，但无论用多少磁盘做 RAID 1，仅算一个磁盘的容量，是所有 RAID 中磁盘利用率最低的一个级别
RAID 2	这是 RAID 0 的改良版，以汉明码(Hamming Code)的方式将数据进行编码后分割为独立的比特，并将数据分别写入硬盘中。因为在数据中加入错误修正码(ECC, Error Correction Code)，所以数据整体的容量会比原始数据大一些。RAID 2 最少要三台磁盘驱动器方能运作
RAID 3	采用 Bit-interleaving(数据交错存储)技术，它需要通过编码再将数据比特分割后分别存在硬盘中，而将同比特检查后单独存在一个硬盘中，但由于数据内的比特分散在不同的硬盘上，因此就算要读取一小段数据资料都可能需要所有的硬盘进行工作，所以这种规格比较适于读取大量数据时使用
RAID 4	它与 RAID 3 不同的是它在分割时是以区块为单位分别存在硬盘中，但每次的数据访问都必须从同比特检查的那个硬盘中取出对应的同比特数据进行核对，由于过于频繁地使用，所以对硬盘的损耗可能会提高(块交织技术，Block Interleaving)

RAID 级别	说　　　明
RAID 5	RAID 5 是一种储存性能、数据安全和存储成本兼顾的存储解决方案。它使用的是 Disk Striping(硬盘分割)技术。 RAID 5 至少需要 3 个硬盘,RAID 5 不是对存储的数据进行备份,而是把数据和相对应的奇偶校验信息存储到组成 RAID 5 的各个磁盘上,并且奇偶校验信息和相对应的数据分别存储于不同的磁盘上。当 RAID 5 的一个磁盘数据发生损坏后,可以利用剩下的数据和相应的奇偶校检信息去恢复被损坏的数据。RAID 5 可以理解为是 RAID 0 和 RAID 1 的折中方案。RAID 5 可以为系统提供数据安全保障,但保障程度要比镜像低而磁盘空间利用率要比镜像高。RAID 5 具有和 RAID 0 相近似的数据读取速度,只是因为多了一个奇偶校验信息,写入数据的速度相对单独写入一块硬盘的速度略慢,若使用"回写缓存",则可以让性能改善不少。同时由于多个数据对应一个奇偶校验信息,RAID 5 的磁盘空间利用率要比 RAID 1 高,存储成本相对较便宜
RAID 6	与 RAID 5 相比,RAID 6 增加了第 2 个独立的奇偶校验信息块。两个独立的奇偶系统使用不同的算法,数据的可靠性非常高,任意两块磁盘同时失效时不会影响数据的完整性。RAID 6 需要分配给奇偶校验信息更大的磁盘空间和额外的校验计算,相对于 RAID 5 有更大的 I/O 操作量和计算量,其"写性能"强烈取决于具体的实现方案,因此 RAID 6 通常不会通过软件方式实现,而更可能通过硬件方式实现。 同一数组中最多允许两个磁盘损坏。更换新磁盘后,资料将会重新算出并写入新的磁盘中。依照设计理论,RAID 6 必须具备 4 个以上的磁盘才能生效。 RAID 6 在硬件磁盘阵列卡的功能中,也是最常见的磁盘阵列等级
RAID 7	RAID 7 并非公开的 RAID 标准,而是 Storage Computer Corporation 的专利硬件产品名称,RAID 7 是以 RAID 3 及 RAID 4 为基础发展而来,但是经过强化以解决原来的一些限制。另外,在实现中使用大量的缓冲存储器及用以实现异步数组管理的专用即时处理器,使 RAID 7 可以同时处理大量的 I/O 要求,所以性能甚至超越了许多其他 RAID 标准的产品,但也因为如此,在价格方面非常高昂
RAID 10/01	RAID 10 是先分割资料再镜像,再将所有硬盘分为两组,以 RAID 1 作为最低组合,然后将每组 RAID 1 视为一个"硬盘"组合并视为 RAID 0 运作。 RAID 01 则跟 RAID 10 的程序相反,是先镜像再将资料分割到两组硬盘。它将所有的硬盘分为两组,每组各自构成 RAID 0 作为最低组合,而将两组硬盘组合为 RAID 1 运作。 当 RAID 10 有一个硬盘受损时,其余硬盘会继续运作。RAID 01 只要有一个硬盘受损,同组 RAID 0 的所有硬盘都会停止运作,只剩下其他组的硬盘运作,可靠性较低。如果以 6 个硬盘建 RAID 01,镜像再用 3 个建 RAID 0,则坏一个硬盘便会有 3 个硬盘离线,因此,RAID 10 远较 RAID 01 常用,零售主板绝大部分支持 RAID 0/1/5/10,但不支持 RAID 01

续表

RAID 级别	说　　明
RAID 50	RAID 5 与 RAID 0 的组合,先作 RAID 5,再作 RAID 0,也就是对多组 RAID 5 彼此构成 Stripe 访问。由于 RAID 50 是以 RAID 5 为基础的,而 RAID 5 至少需要 3 个硬盘,因此要以多组 RAID 5 构成 RAID 50,至少需要 6 个硬盘。以 RAID 50 最小的 6 个硬盘配置为例,先把 6 个硬盘分为两组,每组 3 个构成 RAID 5,如此就得到两组 RAID 5,然后把两组 RAID 5 构成 RAID 0。 RAID 50 在底层的任一组或多组 RAID 5 中出现 1 个硬盘损坏时,仍能维持运作,不过如果任一组 RAID 5 中出现两个或两个以上硬盘损毁,整组 RAID 50 就会失效。RAID 50 由于在上层把多组 RAID 5 构成 Stripe,所以性能比单纯的 RAID 5 高,容量利用率比 RAID 5 要低
RAID 60	RAID 6 与 RAID 0 的组合:先作 RAID 6,再作 RAID 0。换句话说,就是对两组以上的 RAID 6 作 Stripe 访问。RAID 6 至少需具备 4 个硬盘,所以 RAID 60 的最小需求是 8 个硬盘。由于底层是由 RAID 6 组成的,所以 RAID 60 可以允许任一组 RAID 6 中损毁最多两个硬盘,而系统仍能维持运作;不过只要底层任一组 RAID 6 中损毁 3 个硬盘,整组 RAID 60 就会失效,当然这种情况发生的概率相当低。 比起单纯的 RAID 6,RAID 60 的上层通过结合多组 RAID 6 构成 Stripe 访问,因此性能较高。不过使用门槛高,而且容量利用率低是较大的问题

注意:RAID 说明部分的内容参考并引用了维基百科,地址为 https://zh. wikipedia. org/,依据"CC BY-SA 3.0"许可证进行授权。要查看该许可证,可访问 https://creativecommons. org/licenses/by-sa/3.0/。

8) 网口配置

网口配置分为以下 5 个类别。

(1) 中断聚合:中断聚合特性允许网卡收到报文之后不立即产生中断,而是等待一小段时间有更多的报文到达之后再产生中断,这样就能让 CPU 一次中断处理多个报文,减少开销,所以建议根据应用的时延要求,设置这些参数的值。

修改方法(以 CentOS 为例):ethtool -C ethX adaptive-rx off adaptive-tx off rx-usecs N rx-frames N tx-usecs N tx-frames N 这 4 个参数设置 N 的数值越大,中断越少,时延越大。其中,ethX 为网卡名。

(2) Offload:在网卡硬件支持的情况下,建议开启 TSO、UFO 等功能。

修改方法(以 CentOS 为例):ethtool -K ethX tso on,其中,ethX 为网卡名。

(3) 队列:建议将网卡队列个数设置为 CPU 的核数。

修改方法(以 CentOS 为例):ethtool -L ethX combined 48,其中,ethX 为网卡名。

(4) 中断 NUMA 绑核:当网卡收到大量请求时,会产生大量的中断,通知内核有新的数据包,然后内核调用中断处理程序响应,把数据包从网卡复制到内存。当网卡只存在一个队列时,同一时间数据包的复制只能由某一个 CPU 核心处理,无法发挥多核优势,因此引入了网卡多队列机制,这样同一时间不同 CPU 核心可以分别从不同网卡队列中取数据包。

当网卡开启多队列时,操作系统通过 Irqbalance 服务来确定网卡队列中的网络数据包交由哪个 CPU 核心来处理,但是当处理中断的 CPU 核心和网卡不在一个 NUMA 节点时,会触发跨 NUMA 访问内存,因此,可以将处理网卡中断的 CPU 核心设置在网卡所在的 NUMA 节点上,从而减少跨 NUMA 的内存访问所带来的额外开销,提升网络处理性能。建议网卡中断绑核。

修改方法(以 CentOS 为例):

- 检查网卡是否支持设置多队列(独立网卡支持),ethX 为网口名。执行如下命令检查 Pre-set maximums 下的 Combined 的值,该值为支持设置的最大队列数。#ethtool -l ethX。

- 停止 irqbalance,命令如下:

systemctl stop irqbalance.service # systemctl disable irqbalance.service。

- 查找网卡对应的 NUMA 节点,命令如下:

cat /sys/class/net/ethX/device/numa_node。

- 设置网卡队列个数为网卡所在 NUMA 节点上的 CPU 核心数(需根据网卡支持的最大队列数进行调整),命令如下:

ethtool - L ethx combined 24。

- 查询中断号 $irq,命令如下:

cat /proc/interrupts | grep $eth | awk - F ': ' '{print $1}'。

- 根据中断号,将每个中断分别绑定在网卡所在 NUMA 节点的一个核上,命令如下:

echo $cpuMask > /proc/irq/ $irq/smp_affinity_list。

其中 $cpuMask 是核的编号(可使用 numactl -H | grep cpus 查看 NUMA 节点上的核编号)。

(5) 环形缓冲区:收发环形缓冲区是用来存放 SKB 缓冲区的地址及大小(收发描述符),其配置的合理与否可以从网口的统计信息指标 rxdrop/s|txdrop/s、rxfifo/s|txfifo/s 中体现,其中,

- rxdrop/s|txdrop/s:表示数据包已进入环形缓冲区,但由于内存不够等系统原因,导致最终被丢弃;

- rxfifo/s|txfifo/s:表示由于环形缓冲区传输的 I/O 数据量大于内核能够处理的 I/O 数据量,导致网卡物理层将未进入环形缓冲区的数据包丢弃,其中 CPU 无法及时处理中断是造成环形缓冲区空间不足的原因之一。

网口配置各个参数说明见表 7-12。

表 7-12　网口配置参数

分　类	参　　数	说　　明
汇总	网口数量	网口数量
中断聚合	网口名称	网口名称
	adaptive-rx	接收队列的动态聚合执行功能开关状态
	adaptive-tx	发送队列的动态聚合执行功能开关状态
	rx-usecs	产生一个中断之前至少有一个数据包被接收之后的微秒数
	tx-usecs	产生一个中断之前至少有一个数据包被发送之后的微秒数
	rx-frames	产生中断之前接收的数据包数量
	tx-frames	产生中断之前发送的数据包数量
Offload	网口名称	网口名称
	rx-checksumming	接收包校验和开关状态
	tx-checksumming	发送包校验和开关状态
	scatter-gather	分散/聚集功能开关状态
	TSO	TCP-Segmentation-Offload 开关状态。当一个系统需要通过网络发送一大段数据时,计算机需要将这段数据拆分为多个长度较短的数据,以便这些数据能够通过网络中所有的网络设备,这个过程被称作分段。TCP 分段卸载将 TCP 的分片运算交给网卡处理,无须协议栈参与,从而降低 CPU 的计算量和中断频率,减轻 CPU 负荷,有时也被叫作 LSO（Large Segment Offload）。如果网卡开启 TSO 功能,则同时需要开启 TCP 校验计算和分散/聚集功能
	UFO	UDP-Fragmentation-Offload 开关状态。是一种利用网卡对 UDP 数据包分片,减轻 CPU 负荷的一种技术。在网卡硬件支持的情况下,建议开启
	LRO	Large-Receive-Offload 开关状态。通过将接收的多个 TCP 数据聚合成一个大的数据包,然后传递给网络协议栈处理,以减少上层协议栈处理开销,提高系统接收 TCP 数据包的能力
	GSO	Generic-Segmentation-Offload 开关状态。尽可能地推迟数据分片直至发送到网卡驱动之前,此时会检查网卡是否支持分片功能(如 TSO、UFO),如果支持,则直接发送到网卡,如果不支持,就进行分片后再发往网卡。这样大数据包只需走一次协议栈,而不是被分割成几个数据包分别走,从而提高了效率
	GRO	Generic-receive-Offload 开关状态。基本思想跟 LRO 类似,克服了 LRO 的一些缺点,更通用。后续的驱动都使用 GRO 的接口,而不是 LRO
队列	网口名称	网口名称
	队列数	网卡队列数

续表

分　类	参　数	说　　明
中断 NUMA 绑核	网口名称	网口名称
	中断号	中断号
	中断 NUMA 绑核信息	中断 NUMA 绑核信息
	xps/rps	发送/接收队列绑核信息
环形缓冲区	网口名称	网口名称
	TX(Byte)	发送的环形缓冲区大小,单位为字节
	RX(Byte)	接收的环形缓冲区大小,单位为字节

2. PCIe 拓扑信息

PCIe 拓扑信息页签用于显示 PCIe 设备的详细分析,分析结果如图 7-63 所示。

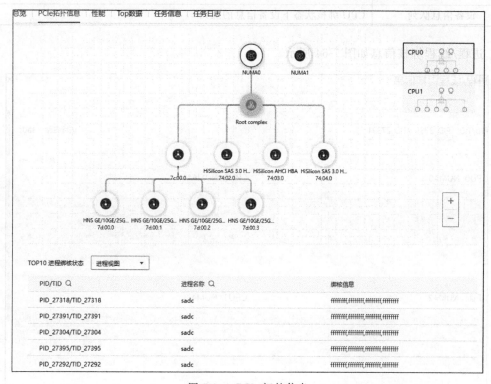

图 7-63　PCIe 拓扑信息

页签的最上方是 PCIe 设备的拓扑示意图,显示了特定 CPU 下的设备关系,单击拓扑图右侧的"+"或者"−"按钮,可以放大或者缩小拓扑图。拓扑图下方是进程绑核、中断绑核等状态列表,各个字段的说明见表 7-13。

表 7-13　PCIe 绑核配置参数

参　　数	说　　明
PID/TID	进程标识符/线程标识符
进程名称	进程名称
绑核信息	进程的绑核信息,在绑核信息的超链接上单击,会弹出详细的"进程/线程绑核信息"对话框,如图 7-64 所示
中断事件	产生中断的事件
CPU core	CPU 核心的编号
中断编号	CPU 核心中断时的编号
设备信息	CPU 绑核状态下的设备信息
中断次数	产生中断的次数
设备信息队列	CPU 绑核状态下设备信息的队列

进程/线程绑核信息如图 7-64 所示。

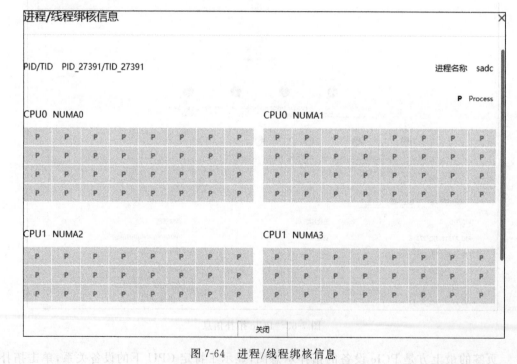

图 7-64　进程/线程绑核信息

在 PCIe 拓扑示意图上单击特定的 PCIe 设备,系统会显示该设备的 PCIe 详细信息,如图 7-65 所示。

PCIe 设备详细信息参数说明见表 7-14。

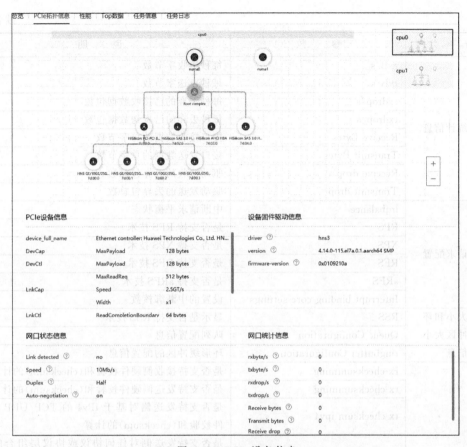

图 7-65 PCIe 设备信息

表 7-14 PCIe 设备详细信息参数

分　类	参　数	说　明
PCIe 设备信息	device_full_name	设备全称
	DevCap	设备能力
	DevCtl	设备调度
	LnkCap	链路能力
	LnkCtl	链路调度
设备固件驱动信息	driver	驱动名称
	version	驱动版本信息
	firmware-version	驱动固件信息
网口状态信息	Link detected	网卡的链路监测状态
	Speed	网卡的当前速率
	Duplex	网卡的工作模式,Half 为半双工,Full 为全双工
	Auto-negotiation	网卡是否开启自动协商

续表

分　　类	参　　数	说　　明
网口统计信息	rxB/s	每秒接收字节数
	txB/s	每秒发送字节数
	rxdrop/s	每秒丢弃的已接收数据包数
	txdrop/s	每秒丢弃的已发送数据包数
	Receive Bytes	接口接收数据的总字节数
	Transmit Bytes	接口发送数据的总字节数
	Receive drop	驱动接收的丢弃包总数
	Transmit drop	驱动发送的丢弃包总数
中断请求配置	irqbalance	中断请求平衡状态
	RPS	是否支持 RPS 技术
	XPS	是否支持 XPS 技术
	RFS	是否支持 RFS 技术
	aRFS	是否支持 aRFS 技术
	Interrupt binding core settings	设置的中断绑核数
队列大小和环形缓冲区大小配置信息	RSS	显示是否支持 RSS 技术
	Queue Configuration	队列配置信息
	ringbuffer Configuration	环形缓冲区的配置信息
网卡卸载功能配置信息	rx-checksumming	是否支持接收侧硬件校验和(checksum)的计算
	tx-checksumming	是否支持发送侧硬件校验和(checksum)的计算
	tx-checksum-ipv4	是否支持发送侧对基于 IPv4 的 TCP/UDP 的硬件校验和(checksum)的计算
	tx-checksum-ip-generic	是否支持发送侧对任何协议或协议层组合的 IP 校验和(checksum)的计算
	tx-checksum-ipv6	是否支持发送侧对基于 IPv6 的 TCP/UDP 的硬件校验和(checksum)的计算
	tx-checksum-fcoe-crc	是否支持 FCoE CRC32 的硬件校验和(checksum)的计算
	tx-checksum-sctp	发送侧是否支持 SCTP 的硬件校验和(checksum)的计算
	scatter gather	是否开启分散/聚集(Scatter Gather)功能
	tx-scatter-gather	是否开启分散/聚集(Scatter Gather)功能，ndo_start_xmit 支持处理页式碎片化 skbs(skb_shinfo()->frags)
	tx-scatter-gather-fraglist	是否开启分散/聚集（Scatter Gather）功能，ndo_start_xmit 支持处理链式碎片化 skbs(skb-> next/prev list)
	tcp-segmentation-offload	是否开启 TSO 功能
	tx-tcp-segmentation	TCPv4 分片功能的状态

续表

分　类	参　数	说　明
网卡卸载功能配置信息	tx-tcp-ecn-segmentation	是否开启硬件正确拆分带有 CWR 位的数据包，不论是 TCPv4（需要开启 tx-tcp-segmentation）还是 TCPv6（需要开启 tx-tcp6-segmentation）
	tx-tcp-mangleid-segmentation	是否支持忽略 IP ID（IP ID 可以基于驱动的偏好设置，既可以随分片增长也可以使其保持不变）
	tx-tcp6-segmentation	TCPv6 分片功能的状态
	generic-segmentation-offload	是否开启分片卸载
	generic-receive-offload	是否开启 GRO 功能
	large-receive-offload	是否开启 LRO 功能
	rx-vlan-offload	是否支持接收侧 VLAN CTAG 硬件加速
	tx-vlan-offload	是否支持发送侧 VLAN CTAG 硬件加速
	receive-hashing	是否开启接收侧哈希卸载
	rx-vlan-filter	是否开启接收侧 VLAN CTAGs 过滤
	tx-fcoe-segmentation	是否开启 FCoE 分片
	tx-gre-segmentation	是否开启 GRE 包头的发送分片卸载
	tx-gre-csum-segmentation	是否支持 GRE 包头带有校验和（checksum）计算的发送分片卸载
	tx-ipxip4-segmentation	是否支持 IPv4 或 IPv6 通过 IPv4 包头的发送分片卸载
	tx-ipxip6-segmentation	是否支持 IPv4 或 IPv6 通过 IPv6 包头的发送分片卸载
	tx-udp_tnl-segmentation	是否支持 UDP 隧道包头的发送分片卸载
	tx-udp_tnl-csum-segmentation	是否支持 UDP 隧道包头带有校验和（checksum）计算的发送分片卸载
	tx-gso-partial	是否支持部分通用分段卸载功能
	tx-sctp-segmentation	是否开启 SCTP 包发送分片
	tx-esp-segmentation	是否开启 ESP 包发送分片
	tx-udp-segmentation	是否开启 UDP 包发送分片
	tx-vlan-stag-hw-insert	是否开启 VLAN S-Tag 发送硬件加速
	rx-vlan-stag-hw-parse	是否开启 VLAN S-Tag 接收硬件加速
	rx-vlan-stag-filter	是否开启 VLAN S-Tag 接收过滤
	l2-fwd-offload	是否允许二层数据包在硬件中转发
	hw-tc-offload	是否开启流分类（TC）的硬件卸载功能
	esp-hw-offload	是否开启 ESP 包发送侧硬件卸载功能
	esp-tx-csum-hw-offload	是否开启 ESP 包发送校验和（checksum）卸载
	rx-udp_tunnel-port-offload	是否开启接收侧 UDP 隧道卸载
	tls-hw-tx-offload	是否开启接收侧 NIC 逐包处理加密
	tls-hw-rx-offload	是否开启发送侧 NIC 逐包处理加密
	rx-gro-hw	是否开启硬件 GRO

续表

分　　类	参　　数	说　　明
网卡卸载功能 配置信息	tls-hw-record	是否支持使用 NIC 驱动程序和固件的 TCP 处理 取代内核网络堆栈的处理,该功能在使用 Linux 网络堆栈的场景下不可用,例如防火墙功能、 QoS、数据包调度
其他网络配置 信息	MTU	Maximum Transmission Unit,能通过的最大数据 包大小

3. 性能

性能页签用于显示性能指标的分析结果,页面如图 7-66 所示。

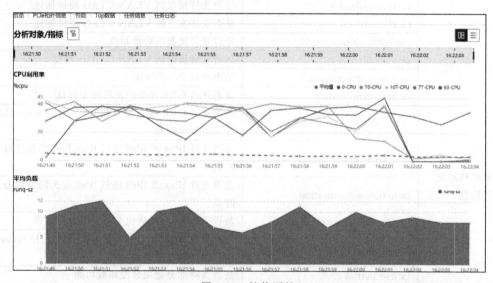

图 7-66　性能页签

性能页面有图形和列表两种显示方式,单击右上角的 图标可以切换这两种显示方式。因为表格具有容纳大量数据的优点,所以在列表模式下,显示了所有指标信息,如图 7-67 所示。列表模式下的指标数据为采集时间段内的平均值,如果该平均值超过了其基准值,则会用 图标标识出来,并提示优化建议和修改方法。在某些参数的右侧有 图标,单击该图标会弹出阈值设置对话框,通过设置阈值范围可以快速筛选数据。

图形模式可以直观地对指标进行对比分析,但是只适合每次显示有限的分析指标。单击图形模式下的漏斗图标 ,会弹出分析对象/指标的选择对话框,如图 7-68 所示。

选择完要分析的指标后,单击"确认"按钮,即可在图形模式下查看具体的指标分析折线图。性能分析的分析对象有 5 个类别,分别是 CPU、内存、存储 I/O、网络 I/O、能耗,其参数说明分别见表 7-15～表 7-19。

分析对象/指标 ⓘ

▼ CPU

　　▼ CPU利用率

CPU ⓘ	%user ⓘ	%nice ⓘ	%sys ⓘ	%iowait ⓘ	...	%irq ⓘ	%soft ⓘ	%idle ⓘ	%cpu ⓘ	...	max_use ⓘ	...
0	0.06	0	30.66	0		0	0	69.28	30.72		39.00_16:21:52	
1	0.13	0	9.60	0		0	0	90.27	9.73		36.00_16:22:00	
2	0	0	4.76	0		0	0	95.24	4.76		34.00_16:22:04	
3	0	0	5.63	0		0	0	94.38	5.62		34.00_16:22:04	
4	0	0	6.77	0		0	0	93.23	6.77		37.00_16:22:02	
5	0	0	0	0		0	0	100.00	0		0.00_16:21:49	
6	0	0	0	0		0	0	100.00	0		0.00_16:21:49	
7	0	0	0	0		0	0	100.00	0		0.00_16:21:49	
8	0	0	0	0		0	0	100.00	0		0.00_16:21:49	

16 ▼　总条数: 129　< 1 2 3 4 5 — 9 >

　　▶ 平均负载

▶ 内存

▶ 存储I/O

▶ 网络I/O

▶ 系统

图 7-67　列表模式性能指标

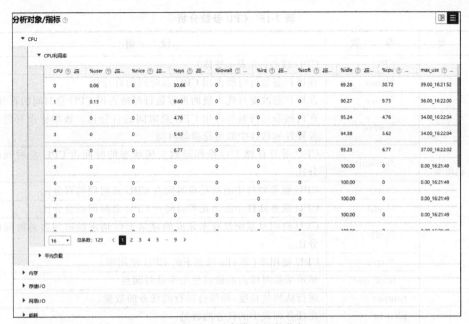

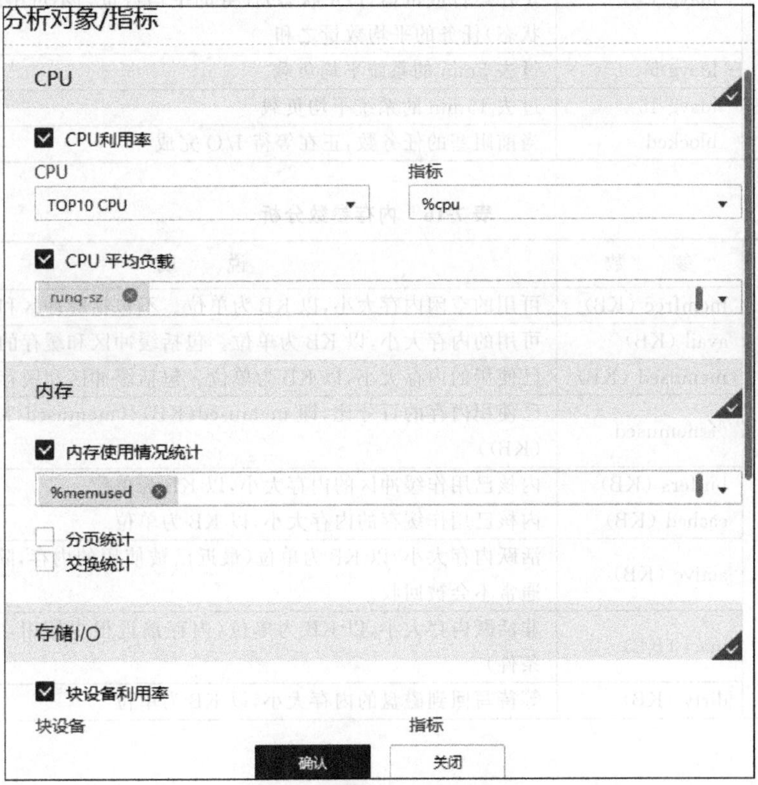

图 7-68　选择分析的性能指标

表 7-15 CPU 参数分析

分　类	参　数	说　明
CPU 利用率	CPU	CPU 核心(all 表示整体)
	%user	在用户态运行时所占用 CPU 总时间的百分比
	%nice	在用户态改变过优先级的进程运行时所占用 CPU 总时间的百分比
	%sys	在内核态运行时所占用 CPU 总时间的百分比。该指标没有包含服务硬件和软件中断所花费的时间
	%iowait	CPU 等待存储 I/O 操作导致空闲状态的时间占 CPU 总时间的百分比
	%irq	CPU 服务硬件中断所花费时间占 CPU 总时间的百分比
	%soft	CPU 服务软件中断所花费时间占 CPU 总时间的百分比
	%idle	CPU 空闲且系统没有未完成的存储 I/O 请求的时间占总时间的百分比
	%cpu	CPU 使用率(非 idle 状态下的 CPU 使用率)
	max_use	显示采集时段内的最高使用率及时间点
平均负载	runq-sz	运行队列的长度,即等待运行的任务的数量
	plist-sz	在任务列表中的任务的数量
	ldavg-1	最后 1min 的系统平均负载。平均负载的计算是在指定时间间隔内,正在运行或可运行(R 状态)任务的平均数量与不可中断睡眠状态(D 状态)任务的平均数量之和
	ldavg-5	过去 5min 的系统平均负载
	ldavg-15	过去 15min 的系统平均负载
	blocked	当前阻塞的任务数,正在等待 I/O 完成

表 7-16 内存参数分析

分　类	参　数	说　明
内存使用情况统计	memfree (KB)	可用的空闲内存大小,以 KB 为单位。不包括缓冲区和缓存的空间
	avail (KB)	可用的内存大小,以 KB 为单位。包括缓冲区和缓存的空间
	memused (KB)	已使用的内存大小,以 KB 为单位。包括缓冲区和缓存的空间
	%memused	已使用内存的百分比,即 memused(KB)/(memused(KB) + memfree(KB))
	buffers (KB)	内核已用作缓冲区的内存大小,以 KB 为单位
	cached (KB)	内核已用作缓存的内存大小,以 KB 为单位
	active (KB)	活跃内存大小,以 KB 为单位(最近已被使用的内存,除非绝对必要,通常不会被回收)
	inact (KB)	非活跃内存大小,以 KB 为单位(内存最近很少使用,它更符合回收条件)
	dirty (KB)	等待写回到磁盘的内存大小,以 KB 为单位

续表

分 类	参 数	说 明
分页统计	pgpgin/s	每秒从磁盘或 SWAP 置换到内存的字节数(KB)
	pgpgout/s	每秒从内存置换到磁盘或 SWAP 的字节数(KB)
	fault/s	每秒系统产生的缺页数,即主缺页与次缺页之和(major+minor),不是生成 I/O 的页面错误的计数,因为一些页面错误可以在没有 I/O 的情况下解决
	majflt/s	每秒产生的主缺页数,需要从磁盘加载一个内存分页
	pgscank/s	每秒被 kswapd 守护进程扫描的分页数量
	pgscand/s	每秒直接被扫描的分页数量
	%vmeff	分页回收效率的度量指标。如果接近 100%,则表示几乎每个分页可以在非活动列表的底部获取。如果它变得太低(例如,小于 30%),则表示虚拟内存有一些问题。如果在时间间隔内没有分页被扫描,则此字段为 0
交换统计	pswpin/s	系统每秒换入的交换分区页面总数
	pswpout/s	系统每秒换出的交换分区页面总数
NUMA 内存统计	名称	NUMA 节点名称
	interleave_hit	按 interleave 策略成功分配到该 node 上的内存页个数
	local_node	运行在该节点的进程成功在这个节点上分配到的内存页个数
	numa_foreign	进程优选是从当前节点分配内存页,但实际上却是从其他节点分配到的内存页个数。与 numa_miss 相对应
	numa_miss	进程优选是从其他节点分配内存页,但是实际上却是从当前节点分配到的内存页个数。与 numa_foreign 相对应
	numa_hit	进程优选是从当前节点分配并成功分配到的内存页个数
	other_node	运行在其他节点的进程优选从当前节点分配并成功分配到的内存页个数

表 7-17 存储 I/O 参数分析

分 类	参 数	说 明
块设备利用率	DEV	块设备名称
	tps	每秒 I/O 的传输总数。一个传输就是到物理设备的一个 I/O 请求。发送到设备的多个逻辑请求可以合并成单个 I/O 请求,传输大小是不确定的
	rd (KB)/s	每秒从设备读取的带宽
	wr (KB)/s	每秒写入设备的带宽
	avgrq-sz	平均每次存储 I/O 操作的数据大小(以扇区为单位)
	avgqu-sz	磁盘请求队列的平均长度
	await	从请求磁盘操作到系统完成处理,每次请求的平均消耗时间,包括请求队列的等待时间,单位是毫秒,等于寻道时间+队列时间+服务时间

续表

分　类	参　数	说　明
块设备利用率	svctm	系统处理每次请求的平均时间(以毫秒为单位),不包括在请求队列中消耗的时间
	%util	在 I/O 请求发送到设备期间所消耗的 CPU 时间百分比(设备的带宽使用率)。当该值接近 100% 时说明磁盘读写将近饱和
	max_tps	每秒 I/O 传输总数的最大值
	max_util	显示消耗 CPU 的最大百分比

表 7-18　网络 I/O 参数分析

分　类	参　数	说　明
网络设备统计	IFACE	网络接口名称
	rxpck/s	每秒接收的数据包总数
	txpck/s	每秒传输的数据包总数
	rxkB/s	每秒接收的字节总数,单位为 KB
	txkB/s	每秒传输的字节总数,单位为 KB
	eth_ge	网口标准速率,如 100GE、50GE、40GE、10GE 等
网络设备故障统计	IFACE	网络接口名称
	rxerr/s	每秒接收的损坏的数据包数量
	txerr/s	当发送数据包时,每秒发生错误的总数
	coll/s	当发送数据包时,每秒发生冲突的数量
	rxdrop/s	当 Linux 缓冲区满时,网卡设备接收端每秒丢弃的数据包的数量
	txdrop/s	当 Linux 缓冲区满时,网络设备发送端每秒丢弃的网络包的数量
	txcarr/s	当发送数据包时,每秒发生载波错误的次数
	rxfram/s	当接收数据包时,每秒发生帧同步错误的次数
	rxfifo/s	在接收数据包时,每秒发生 FIFO 溢出错误的次数
	txfifo/s	当发送数据包时,每秒发生 FIFO 溢出错误的次数

表 7-19　能耗参数分析

参　数	说　明
平均功率(W)	系统功率的平均值
最大功率(W)	系统功率的最大值
最小功率(W)	系统功率的最小值

4. Top 数据

Top 数据页签用于显示在不同时刻各个进程的状态信息,页面如图 7-69 所示。

执行分析任务时,工具每秒记录一次进程状态信息,从页面上可以看出,Top 数据分为左右两部分,左面部分是记录 Top 数据的时刻列表,右面部分是选中时刻的详细进程信息。进程信息各字段说明如表 7-20 所示。

| 总览 | PCIe拓扑信息 | 性能 | Top数据 | 任务信息 | 任务日志 |

	PID	USER	PR	NI	VIRT	RES	SHR	S	%CPU	%MEM	TIME+	COMMAND
20211114185020												
	1	27292	malluma	20	0	110848	2688	1856	R	94.7	0.0	0:00.21	sadc
20211114185021												
	2	27297	malluma	20	0	115328	4224	1728	S	94.7	0.0	0:00.20	pidstat
20211114185022												
	3	27304	malluma	20	0	110848	2688	1856	R	94.7	0.0	0:00.21	sadc
20211114185023												
	4	27318	malluma	20	0	110848	2688	1856	R	94.7	0.0	0:00.20	sadc
20211114185024												
	5	27327	malluma	20	0	110848	2688	1856	R	94.7	0.0	0:00.20	sadc
20211114185025												
	6	27335	malluma	20	0	110848	2688	1856	R	94.7	0.0	0:00.20	sadc
	7	27314	root	20	0	4608	3840	1472	S	89.5	0.0	0:00.18	config_ip+
20211114185026												
	8	27391	malluma	20	0	110848	2688	1856	R	89.5	0.0	0:00.17	sadc
20211114185027												
	9	27395	malluma	20	0	110848	2752	1856	R	89.5	0.0	0:00.17	sadc
	10	27296	malluma	20	0	110784	2688	1856	S	78.9	0.0	0:00.18	sadc
20211114185028												
	11	27445	malluma	20	0	112512	2432	1728	R	63.2	0.0	0:00.12	pidstat
20211114185030												
	12	27474	malluma	20	0	116352	6848	3328	R	47.4	0.0	0:00.09	sysctl
	13	27254	malluma	20	0	323072	49600	7104	S	31.6	0.0	0:00.09	python3
	14	27247	malluma	20	0	173888	45440	4544	S	26.3	0.0	0:00.07	python3

图 7-69　Top 数据页签

表 7-20　Top 进程信息各字段说明

字　　段	说　　明
PID	进程号
USER	用户名
PR	优先级
NI	Nice 值,负值表示高优先级,正值表示低优先级
VIRT	进程使用的虚拟内存总量
RES	进程使用的、未被换出的物理内存大小,单位为 KB
SHR	共享内存大小,单位为 KB
S	进程状态,可能是下面的状态之一。 D:不可中断的睡眠状态 I:可中断的睡眠状态 R:运行 S:睡眠 T:跟踪/停止 Z:僵尸进程
%CPU	CPU 使用率
%MEM	进程使用的物理内存百分比
TIME+	进程使用的 CPU 时间总计,单位为 1/100s
COMMAND	执行的命令

5. 任务信息

任务信息页签用于显示采集任务的配置信息及采集信息,页面如图7-70所示。

总览	PCIe拓扑信息	性能	Top数据	任务信息	任务日志

任务名称	OverAllTask
节点别名	192.168.1.43
任务状态	●已完成
分析类型	全景分析
分析对象	系统
采集Top活跃进程	是
采样间隔(s)	1
采样时长(s)	10
采集开始时间	2021/11/14 18:50:20
采集结束时间	2021/11/14 18:51:00
采集数据大小(MiB)	10.345

图 7-70　任务信息

6. 任务日志

任务日志页签用于显示任务的采集过程及数据分析的日志信息,包括起始时间等,页面如图7-71所示。

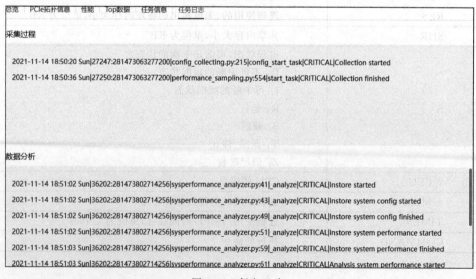

总览	PCIe拓扑信息	性能	Top数据	任务信息	任务日志

采集过程

2021-11-14 18:50:20 Sun|27247:281473063277200|config_collecting.py:215|config_start_task|CRITICAL|Collection started

2021-11-14 18:50:36 Sun|27250:281473063277200|performance_sampling.py:554|start_task|CRITICAL|Collection finished

数据分析

2021-11-14 18:51:02 Sun|36202:281473802714256|sysperformance_analyzer.py:41|_analyze|CRITICAL|Instore started

2021-11-14 18:51:02 Sun|36202:281473802714256|sysperformance_analyzer.py:43|_analyze|CRITICAL|Instore system config started

2021-11-14 18:51:02 Sun|36202:281473802714256|sysperformance_analyzer.py:49|_analyze|CRITICAL|Instore system config finished

2021-11-14 18:51:02 Sun|36202:281473802714256|sysperformance_analyzer.py:51|_analyze|CRITICAL|Instore system performance started

2021-11-14 18:51:03 Sun|36202:281473802714256|sysperformance_analyzer.py:59|_analyze|CRITICAL|Instore system performance finished

2021-11-14 18:51:03 Sun|36202:281473802714256|sysperformance_analyzer.py:61|_analyze|CRITICAL|Analysis system performance started

图 7-71　任务日志

7.9.3 专用场景分析结果

在全景分析中,如果是大数据、分布式、数据库场景,则分析结果除了通用分析结果外,还有针对这些场景的专用分析结果。

1. 典型配置

对于大数据、分布式、数据库场景,在分析结果页面会出现典型配置页签,以数据库为例,页面如图 7-72 所示。

图 7-72 典型配置

单击硬件及软件配置后的 ▣ 图标,可以查看详细配置信息,如图 7-73 所示;将鼠标悬停在 ✈ 图标上,可以查看指标优化建议,如图 7-74 所示;在组件栏,可以搜索并查看特定的组件。

2. Tracing 数据

对于数据库场景,如果在新建任务时勾选了采集 Tracing 数据选项,如图 7-50 所示,并在环境中对需要分析的程序加入了 tracepoint 信息,则在分析结果中会出现 Tracing 数据页签,如图 7-75 所示。

图 7-73   全量建议

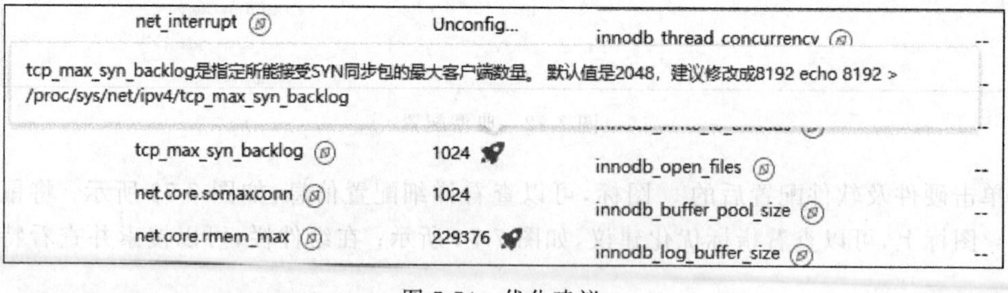

图 7-74   优化建议

为了更详细地分析 Tracing 数据,可以单击右上角的"下载 Tracing 数据文件"按钮,将 Tracing 数据文件下载到本地,然后使用浏览器打开即可进行具体的分析。

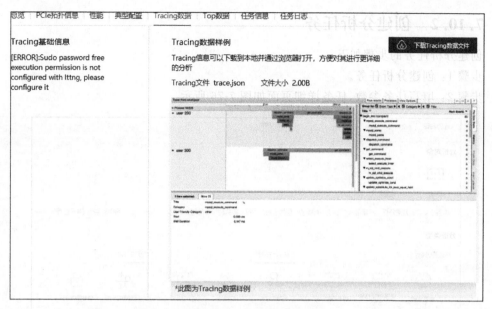

图 7-75　Tracing 数据

7.10　微架构分析

7.10.1　PMU 简介

在介绍微架构分析以前，先简单了解一下什么是 PMU。PMU 是 Performance Monitor Unit 的缩写，即性能监视器，在运行时可以收集关于处理器和内存等部件的统计信息，为软件调试、性能调优提供数据支持。鲲鹏 920 处理器实现了 ARM v8 架构中对性能监视器的支持（PMUv3），可以以非侵入的方式实现对处理单元运行信息的获取。在实际的实现上，鲲鹏 920 的 PMU 包括处理器内核内置 PMU 及非处理器内核 PMU，具体分类如下：

（1）Incore PMU（处理器内核内置 PMU）。

（2）L3C PMU（L3 Cache PMU）。

（3）HHA PMU（Hydra 根代理 PMU）。

（4）DDRC PMU（DDR 控制器 PMU）。

PMU 提供了时钟周期计数器和事件计数器，可以对特定的事件发生次数进行计数，微架构分析基于这些 PMU 事件，获得处理器流水线上的运行情况，帮助使用者定位处理器上的性能瓶颈，解决性能问题。

因为微架构分析需要 PMU 的支持，而虚拟机一般不能直接获取 PMU 事件信息，所以，微架构分析只支持在物理机上运行。

7.10.2　创建分析任务

创建分析任务的步骤如下。

步骤 1：创建分析任务。

步骤 2：填写任务参数，任务详细页面如图 7-76 所示。

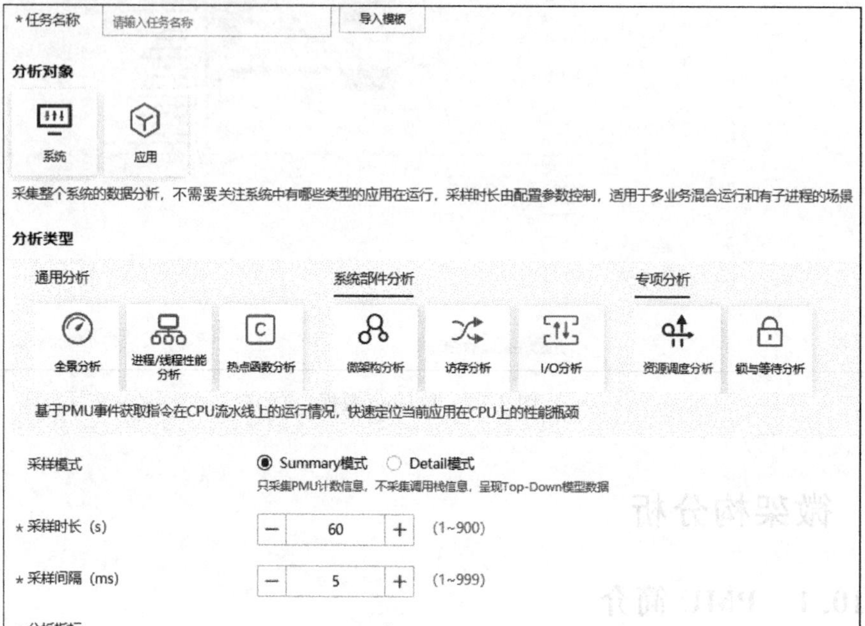

图 7-76　新建微架构分析

微架构分析的非通用参数说明如表 7-21 所示。

表 7-21 微架构分析任务参数

参 数	说 明
分析对象	系统或应用
分析类型	微架构分析
采样模式	采样模式有两种选择,分别如下。 Summary 模式:只采集 PMU 计数信息,不采集调用栈信息,呈现 Top-Down 性能分析模型数据。 Detail 模式:同时采集 PMU 计数信息和调用栈信息,呈现详细的分析数据
采样时长(s)	设置采样的时间 Summary 模式:默认为 60s,取值范围为 1~900s Detail 模式:默认为 10s,取值范围为 1~30s
采样间隔(ms)	设置采样间隔。取值范围为 1~999ms Summary 模式:默认为 5ms Detail 模式:默认为 2ms
分析指标	按照 Top-Down 性能分析模型进行性能分析,可选择指标如下。 Bad Speculation:分支预测错误,该指标能够反映出由于错误的指令预测操作导致的流水线资源浪费情况。 Front-End Bound:前端依赖,该指标代表了处理器处理机制的前置部分,在该部分,指令获取单元负责指令的获取并转化为微指令提供给后置部分的流水线执行。该指标能够反映出处理器前置部分没有被充分利用的比例情况。 Back-End Bound→Resource Bound:后端依赖中的资源依赖,Back-End 是处理器处理机制的后置部分,它负责微指令的乱序分发和执行,并返回最终结果。Resource Bound 是 Back-End 的子类,该指标能够反映出由于缺乏资源把微指令分发给乱序执行调度器,从而导致流水线阻塞情况,当前华为鲲鹏 916 处理器不支持该分析指标。 Back-End Bound→Core Bound:后端依赖中的核心依赖,Back-End 是处理器处理机制的后置部分,它负责微指令的乱序分发和执行,并返回最终结果。Core Bound 是 Back-End Bound 的子类,该指标能够反映出由于处理器执行单元资源不足导致性能瓶颈的比例情况。 Back-End Bound→Memory Bound:后端依赖中的存储依赖,Back-End 是处理器处理机制的后置部分,它负责微指令的乱序分发和执行,并返回最终结果。Memory Bound 是 Back-End Bound 的子类,该指标能够反映出由于等待数据读/写导致的流水线阻塞
待采样 CPU 核心	分析对象选择"系统"时出现该参数。 默认采集所有的 CPU 核心,如果要采集特定的核心,则可以在此输入。例如 32 核心的 CPU,核心编号是 0~31,如果采集第 5、6、7、8、12、13、20 核心,则可以这样输入:4、5、6、7、11、12、19,或者使用核心编号范围这样输入:4-7,11-12,19

续表

参　　数	说　　明
采样范围	采样范围,可选择: 所有:采集应用层和 OS 内核的性能数据 用户态:采集应用层的性能数据 内核态:采集 OS 内核的性能数据 默认采集"所有"
延迟采样时长(s)	设置延迟采样时长。默认为 0,取值范围为 0～900s。 采样将在启动给定时间后再开始采集,因为采集程序或者被采集程序在刚启动时受环境影响较大,稳定运行后再采集更能反映程序的实际执行情况
C/C++源文件路径	(可选)输入 C/C++源文件在服务器上的绝对路径。 当开发者需要观察源代码和汇编指令映射后的性能数据时,该参数用来导入对应应用程序的源代码
内核函数关联汇编代码	是否开启内核函数关联汇编指令的功能,默认为关闭
采集文件大小(MB)	设置采集文件大小。默认为 1024MB,取值范围为 1～1024MB。 通过设置采集文件大小,防止由于文件过大导致分析时间过长

步骤 3:参数填写完毕后,单击"确认"按钮,完成任务的创建。

7.10.3　查看分析结果

在工程管理页面,找到要查看的工程及工程下的分析任务,然后单击分析节点名称,可以打开分析结果页面,如图 7-77 所示。

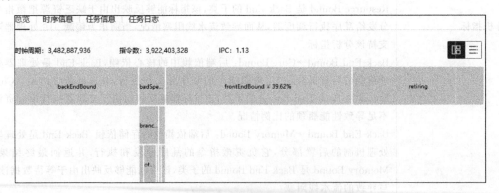

图 7-77　微架构分析报告

分析结果包含 4 个页签,分别是总览、时序信息、任务信息和任务日志,如果采样模式为"Detail 模式",则在"时序信息"页签后面会出现一个"详细信息"页签,下面对这些页签分别说明。

1. 总览

根据对 Top-Down 性能分析模型指标数据的分析，在总览页给出统计数据和优化建议，将鼠标悬停在指标上方，会出现指标解释、异常描述、可能原因和解决方案等信息，如图 7-78 所示。总览默认以图形形式展示，在总览页签右上角有切换总览视图的图标，单击 ☰ 图标会显示列表形式的总览信息，如图 7-79 所示。

时钟周期：3482887936
指令数：3922403328
IPC：1.13
backEndBound
badSpe...
frontEndBound 39.62%
retiring
branc...
ot...
事件名称: frontEndBound
事件比例: 39.62
异常描述：CPU前端指令供应不足
可能原因：热点代码分布不集中，导致
ITLB/ICache Miss等
解决方案：查看Front-End Bound细分指标

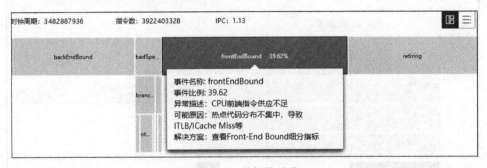

图 7-78　微架构总览

时钟周期：3482887936
指令数：3922403328
IPC：1.13
事件名称
事件比例
Pipeline Slots
100 %
backEndBound
26.43 %
badSpeculation
5.8 %
branchMispredict
4.31 %
machineClear
1.49 %
frontEndBound
39.62 %
retiring
28.15 %

图 7-79　列表微架构总览

总览页签的主要参数如表 7-22 所示。

表 7-22　总览参数说明

参　　数	说　　明
时钟周期	采集过程的时钟周期数
指令数	采集过程的指令个数
IPC	每个时钟周期执行的单个汇编程序指令的平均数量，IPC＝指令数/时钟周期
事件名称	事件名称
事件比例	当前事件所占的比率

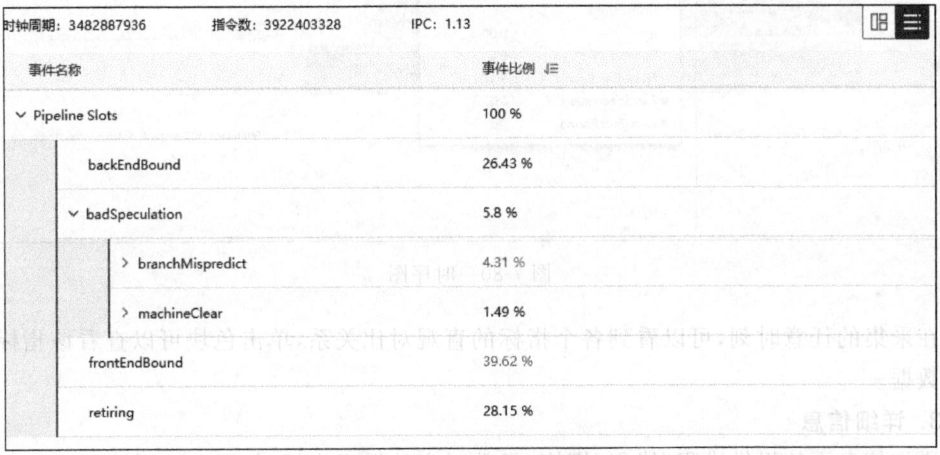

2. 时序信息

时序信息页面可以提供基于时间轴的 Top-Down 关联指标描述，这些指标按照 CPU、进程、线程、模块 4 个不同维度来展示，如图 7-80 所示。

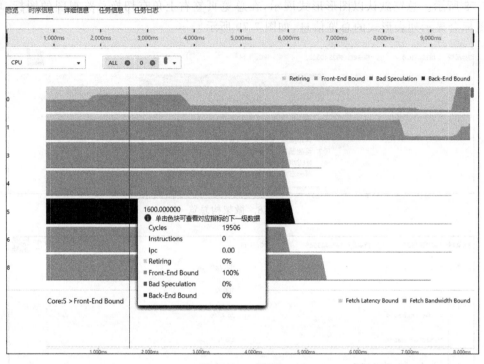

图 7-80　时序图

在采集的任意时刻，可以看到各个指标的直观对比关系，单击色块可以查看该指标的下一级数据。

3. 详细信息

详细信息页签提供进程/线程/模块/函数对应的微观指标，如图 7-81 所示。

下拉列表里可以选择分析的维度，分别如下。

（1）函数/调用栈：直接显示函数信息，unknown 指没有关联到函数名的地址。

（2）模块/函数/调用栈：以"模块"维度显示函数信息。

（3）线程/函数/调用栈：以"线程"维度显示函数信息。

（4）核/线程/函数/调用栈：以"核"维度显示函数信息。

（5）进程/函数/线程/调用栈：以"进程"维度显示函数信息。

（6）进程/线程/模块/函数/调用栈：以"进程"维度显示函数信息。

（7）进程/模块/线程/函数/调用栈：以"进程"维度显示函数信息。

（8）进程/模块/函数/线程/调用栈：以"进程"维度显示函数信息。

（9）函数/线程/核/调用栈：以"函数"维度显示函数信息。

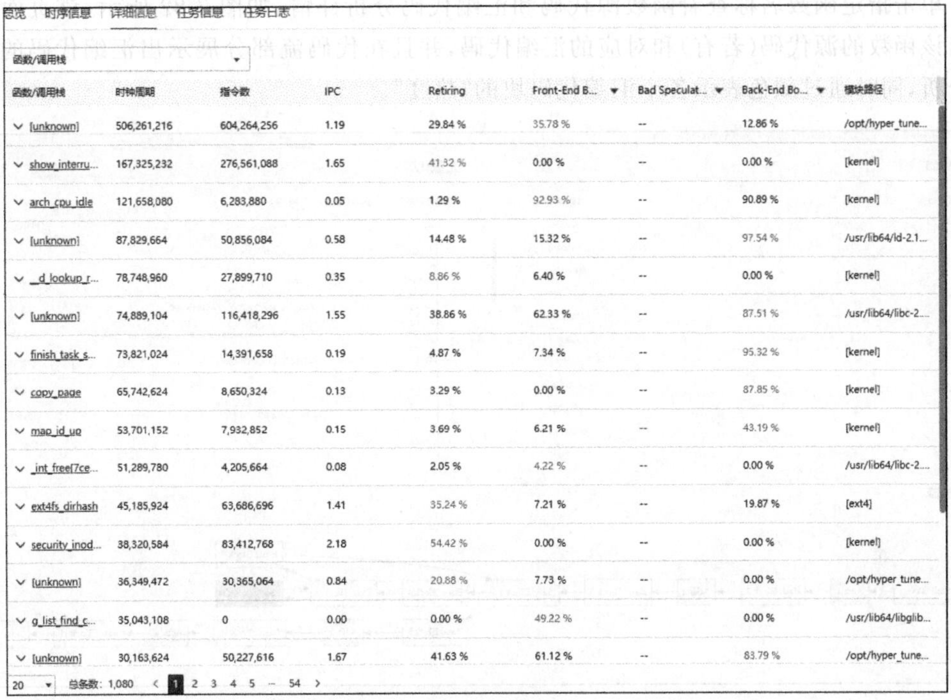

函数/调用栈	时钟周期	指令数	IPC	Retiring	Front-End B...	Bad Speculat...	Back-End Bo...	模块路径
[unknown]	506,261,216	604,264,256	1.19	29.84 %	35.78 %	--	12.86 %	/opt/hyper_tune...
show_interru...	167,325,232	276,561,088	1.65	41.32 %	0.00 %	--	0.00 %	[kernel]
arch_cpu_idle	121,658,080	6,283,880	0.05	1.29 %	92.93 %	--	90.89 %	[kernel]
[unknown]	87,829,664	50,856,084	0.58	14.48 %	15.32 %	--	97.54 %	/usr/lib64/ld-2.1...
__d_lookup_r...	78,748,960	27,899,710	0.35	8.86 %	6.40 %	--	0.00 %	[kernel]
[unknown]	74,889,104	116,418,296	1.55	38.86 %	62.33 %	--	87.51 %	/usr/lib64/libc-2....
finish_task_s...	73,821,024	14,391,658	0.19	4.87 %	7.34 %	--	95.32 %	[kernel]
copy_page	65,742,624	8,650,324	0.13	3.29 %	0.00 %	--	87.85 %	[kernel]
map_id_up	53,701,152	7,932,852	0.15	3.69 %	6.21 %	--	43.19 %	[kernel]
_int_free(7ce...	51,289,780	4,205,664	0.08	2.05 %	4.22 %	--	0.00 %	/usr/lib64/libc-2....
ext4fs_dirhash	45,185,924	63,686,696	1.41	35.24 %	7.21 %	--	19.87 %	[ext4]
security_inod...	38,320,584	83,412,768	2.18	54.42 %	0.00 %	--	0.00 %	[kernel]
[unknown]	36,349,472	30,365,064	0.84	20.88 %	7.73 %	--	0.00 %	/opt/hyper_tune...
g_list_find_c...	35,043,108	0	0.00	0.00 %	49.22 %	--	0.00 %	/usr/lib64/libglib...
[unknown]	30,163,624	50,227,616	1.67	41.63 %	61.12 %	--	83.79 %	/opt/hyper_tune...

图 7-81　详细信息

分析表格各列信息说明如表 7-23 所示。

表 7-23　详细信息参数说明

参　　数	说　　明
时钟周期	函数执行的时钟周期数。 时钟周期是由 CPU 时钟定义的定长时间间隔，是 CPU 工作的最小时间单位，也称节拍脉冲或 T 周期
指令数	函数执行的指令个数
IPC	IPC(Instructions Per Clock)是每个时钟周期执行的单个汇编程序指令的平均数量，IPC＝指令数/时钟周期
PID	进程 ID
TID	线程 ID
Retiring	拆卸，等待指令切换，模块重新初始化的开销
Front-End Bound	前端依赖，通过 CPU 预加载、乱序执行技术获得的额外性能
Bad Speculation	分支预测错误，由于 CPU 乱序执行预测错误导致额外的系统开销
Back-End Bound	后端依赖，CPU 负责处理事务的能力
模块路径	模块的绝对路径
时钟周期百分比	当前调用栈占用的时钟周期百分比
指令数百分比	当前调用栈占用的指令数百分比

　　单击指定函数名称查看函数源代码和汇编代码分析详情,如图 7-82 所示,该页面会展示出该函数的源代码(若有)和对应的汇编代码,并且在代码流部分展示出汇编代码的控制流分析,同时通过颜色表示各个汇编代码块的"热度"。

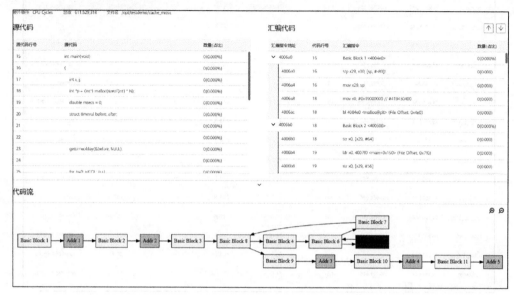

图 7-82　函数详情

　　函数详情页面的参数说明如表 7-24 所示。

表 7-24　函数详情参数说明

分　类	参　数	说　明
汇总	硬件事件	硬件事件类型(目前只有 CPU Cycles)
	总数	硬件事件总数
	文件名	当前函数所在目录及文件名称
源代码	源代码行号	源代码行号
	源代码	源代码
	数量(占比)	数量:该行源代码对应的硬件事件计数值 占比:硬件事件计数值占该事件总数的百分比
汇编代码	汇编指令地址	汇编指令地址
	代码行号	汇编指令对应的源码的行号
	汇编指令	执行的汇编指令
	数量(占比)	数量:该行汇编指令对应的硬件事件计数值 占比:硬件事件计数值占该事件总数的百分比

4. 任务信息

　　参考 7.9.2 节"通用场景分析结果"第 5 部分"任务信息"。

5. 任务日志

参考 7.9.2 节"通用场景分析结果"第 6 部分"任务日志"。

7.11 进程/线程性能分析

7.11.1 USE 分析方法

USE 方法是一种对系统性能进行分析的方法论,USE 是 Utilization、Saturation、Error 这 3 个词的缩写,分别解释如下。

(1) Utilization:使用率,在规定的时间间隔内,资源用于服务工作的时间百分比。

(2) Saturation:饱和度,资源不能提供更多额外服务的程度,通常有等待队列。

(3) Error:错误,错误事件的个数。

USE 方法用来识别系统瓶颈,它检查所有资源的使用率、饱和度及错误,对获取的指标进行分析,从而识别出成为瓶颈的资源。对于进程/线程性能分析来讲,这个资源主要指服务器物理部件,例如 CPU、内存、存储 I/O 等,除此之外,上下文切换也被当作一种资源。

进程/线程性能分析借鉴 USE 方法,采集进程/线程对 CPU、内存、存储 I/O 等资源的消耗情况,获得对应的使用率、饱和度、错误次数等指标,以此识别性能瓶颈。针对部分指标项,根据当前已有的基准值和优化经验提供优化建议,支持分析单个进程的系统调用情况。

7.11.2 创建分析任务

创建分析任务的步骤如下。

步骤 1:创建分析任务。

步骤 2:填写任务参数,任务详细页面如图 7-83 所示。

任务的非通用参数说明如表 7-25 所示。

表 7-25 进程/线程性能分析任务参数

参　数	说　明
分析对象	系统或应用
分析类型	进程/线程性能分析
采样类型	选择需要采集的类型。可以选择以下类型中的一种或多种: ■ CPU ■ 内存 ■ 存储 I/O ■ 上下文切换
采集线程信息	是否采集线程信息。默认为打开
跟踪系统调用	分析对象是"应用"时显示此参数,默认为关闭。 是否采集应用程序在 Linux 系统下系统函数调用的信息。 对于某些系统调用频繁的应用程序,开启跟踪系统调用会导致系统性能大幅度下降,不建议在生产环境中使用

图 7-83　新建进程/线程分析任务

步骤 3：参数填写完毕后，单击"确认"按钮，完成任务的创建。

7.11.3　查看分析结果

在工程管理页面，找到要查看的工程及工程下的分析任务，然后单击分析节点名称，可以打开分析结果页面，如图 7-84 所示。

图7-84　进程/线程分析结果

分析结果包括7个页签,重点关注的是总览、CPU、内存、存储I/O、上下文切换,下面分别进行说明。

1. 总览

总览页签最上面是优化建议区域,如果检测到可优化指标,则会显示详细的优化建议和修改方法。如果有针对部分配置项的优化建议,则会在该配置项显示🚀图标,鼠标在图标上悬停会显示详细信息。优化建议区域的下面是CPU、内存、存储I/O、上下文切换4个区域,如果在新建任务时选择了"跟踪系统调用"复选框,则在总览页签里可能会出现系统调用的区域,如图7-85所示。

总览页签除了优化建议外各个区域都是以表格形式显示的,表格的列说明如表7-26所示。

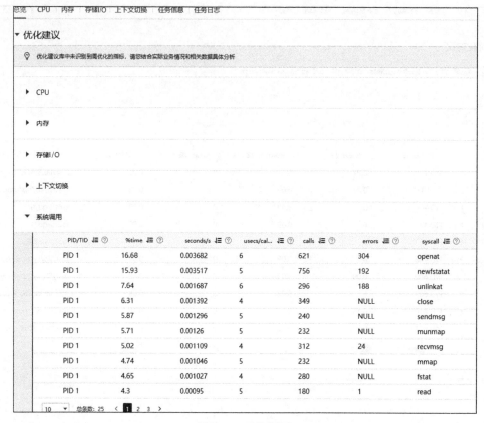

图 7-85　系统调用

表 7-26　总览表格列说明

区域	列　名	说　　明
CPU	PID/TID	进程 ID/线程 ID
	%user	任务在用户空间占用 CPU 的百分比
	%system	任务在内核空间占用 CPU 的百分比
	%wait	任务在 I/O 等待占用 CPU 的百分比。如果该值较高,则可能表示外部设备有问题
	%CPU	任务占用 CPU 的百分比
	Command	当前任务对应的命令名称
内存	PID/TID	进程 ID/线程 ID
	Minflt/s	每秒次缺页错误次数,即虚拟内存地址映射成物理内存地址产生的缺页次数,不需要从硬盘中加载页
	Majflt/s	每秒主缺页错误次数,当虚拟内存地址映射成物理内存地址时,相应的页在交换内存中,这样的缺页为主缺页(Major Page Faults),一般在内存使用紧张时产生,需要从硬盘中加载页

续表

区域	列名	说明
内存	VSZ	任务使用的虚拟内存大小(以 KB 为单位)
	RSS	常驻内存集(Resident Set Size),表示该任务使用的物理内存大小(以 KB 为单位)
	%MEM	任务占用内存的百分比
	Command	当前任务对应的命令名称
存储 I/O	PID/TID	进程 ID/线程 ID
	kB_rd/s	任务每秒从硬盘读取的数据量(以 KB 为单位)
	kB_wr/s	任务每秒向硬盘写入的数据量(以 KB 为单位)
	iodelay	I/O 的延迟(单位是时钟周期),包括等待同步块 I/O 和换入块 I/O 结束的时间
	Command	当前任务对应的命令名称
上下文切换	PID/TID	进程 ID/线程 ID
	cswch/s	每秒主动任务上下文切换次数,通常指任务无法获取所需资源,导致的上下文切换。例如当 I/O、内存等系统资源不足时,就会发生主动任务上下文切换
	nvcswch/s	每秒被动任务上下文切换次数,通常任务由于时间片已到、被高优先级进程抢占等原因,被系统强制调度,进而发生的上下文切换。例如当大量进程都在争抢 CPU 时,就容易发生被动任务上下文切换
	Command	当前进程对应的命令名称
系统调用	PID/TID	进程 ID/线程 ID
	%time	系统 CPU 时间花在哪里的百分比
	seconds/s	总的系统 CPU 时间(以秒为单位)
	usecs/call(s)	每次调用的平均系统 CPU 时间(以毫秒为单位)
	calls	整个采集过程中的系统调用次数
	errors	整个采集过程中的系统调用失败次数
	syscall	系统调用的名字

2. CPU

CPU 页签以折线图的形式展示整个采集期间进程/线程的 CPU 指标时序数据,如图 7-86 所示。默认情况下,会显示所有进程/线程的折线,如果折线太多,则可以单击漏斗按钮 🔽,在弹出的对话框中选择要查看的进程/线程,如图 7-87 所示,没被选中的进程/线程将不在图形界面显示。将鼠标悬停在进程或者线程上,会显示对应的 cmdline 信息,如图 7-88 所示;将鼠标悬停在某一个时间点上,会自动显示该时间点每个选中线程和进程的 CPU 指标信息,如图 7-89 所示。

CPU 页签表格的列说明见表 7-26。

3. 内存

内存页签以折线图的形式展示整个采集期间进程/线程的内存指标时序数据,如

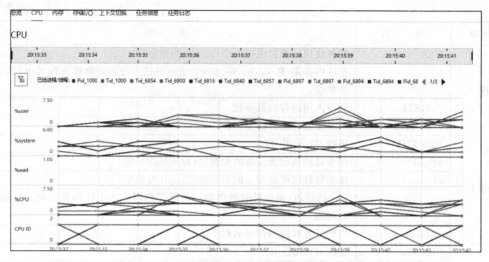

图 7-86 CPU 时序图

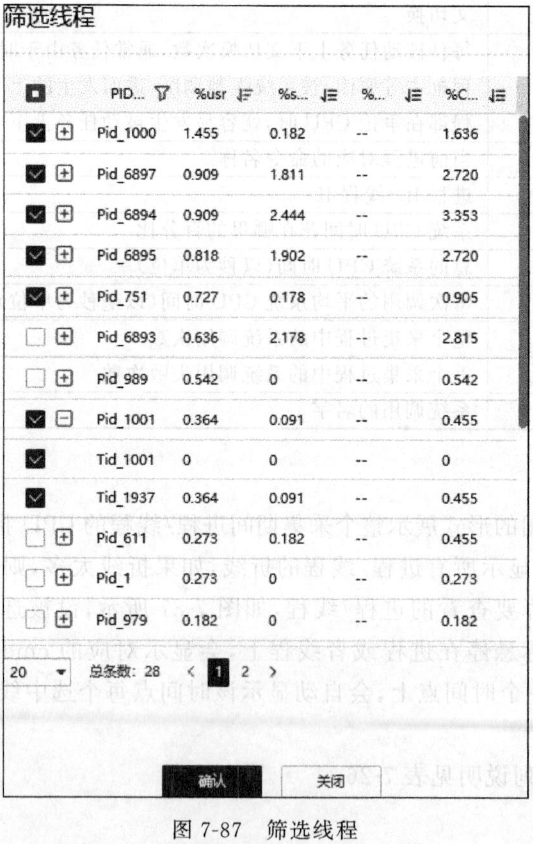

图 7-87 筛选线程

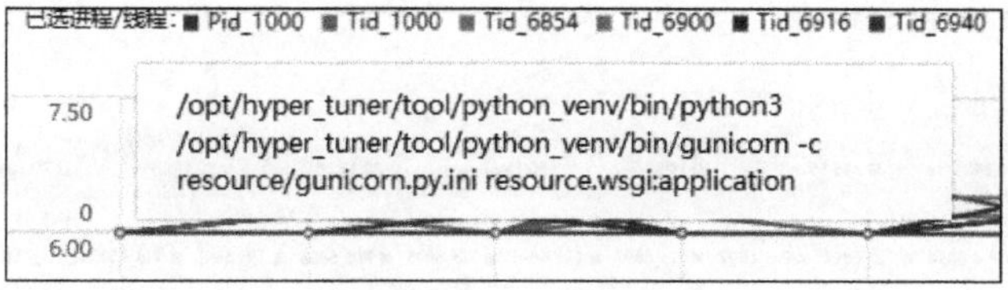

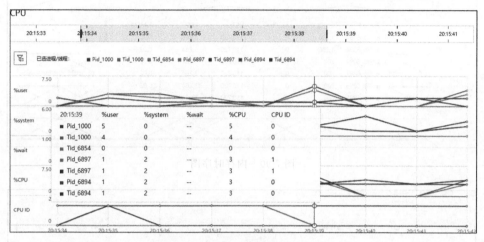

图 7-88　cmdline 信息

图 7-89　特定时间 CPU 指标信息

图 7-90 所示。默认情况下，会显示所有进程/线程的折线，如果折线太多，则可以单击漏斗按钮 🔽，在弹出的窗口中选择要查看的进程/线程，没被选中的进程/线程将不在图形界面显示。将鼠标悬停在进程或者线程上，会显示对应的 cmdline 信息；将鼠标悬停在某一个时间点上，会自动显示该时间点每个选中线程和进程的内存指标信息。

内存页签表格的列说明见表 7-26。

4．存储 I/O

存储 I/O 页签以折线图的形式展示整个采集期间进程/线程的存储 I/O 指标时序数据，如图 7-91 所示。默认情况下，会显示所有进程/线程的折线，如果折线太多，则可以单击漏斗按钮 🔽，在弹出的对话框中选择要查看的进程/线程，没被选中的进程/线程将不在图形界面显示。将鼠标悬停在进程或者线程上，会显示对应的 cmdline 信息；将鼠标悬停在某一个时间点上，会自动显示该时间点每个选中线程和进程的存储 I/O 指标信息。

5．上下文切换

上下文切换页签以折线图的形式展示整个采集期间内进程/线程的上下文切换指标时序数据，如图 7-92 所示。默认情况下，会显示所有进程/线程的折线，如果折线太多，则可以单击漏斗按钮 🔽，在弹出的对话框中选择要查看的进程/线程，没被选中的进程/线程将不在图形界面显示。将鼠标悬停在进程或者线程上，会显示对应的 cmdline 信息；将鼠标悬停在某一个时间点上，会自动显示该时间点每个选中线程和进程的上下文切换指标信息。

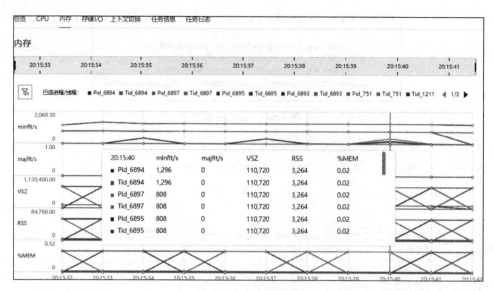

图 7-90　内存时序图

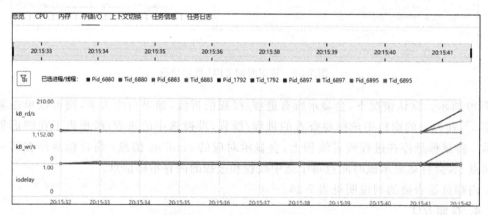

图 7-91　存储 I/O 时序图

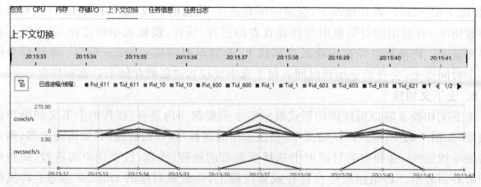

图 7-92　上下文切换时序图

7.12　热点函数分析

7.12.1　火焰图

火焰图（Flame Graph）是性能分析非常重要的工具，可以快速定位性能瓶颈点，使用暖色调的火焰图看起来就像燃烧的火焰一样，这也是此名称的由来，如图 7-93 所示。在执行性能分析时，使用性能分析工具（例如 perf 命令）记录每个抽样时刻CPU 正在运行的函数及调用栈，这样最后会形成一个非常庞大的调用栈记录。性能分析工具把这些调用栈记录都合并起来，统计每个函数出现的百分比，并且通过火焰图 X 轴的宽度表示这个比例，越宽说明被抽中的次数越多，占用的 CPU 时间也越长。Y 轴显示函数的调用关系，每一层都是被它的下一层函数（父函数）调用的，调用栈越深则火焰图越高。如果某

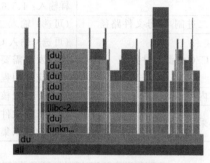

图 7-93　火焰图

个函数占用的宽度较宽，也不代表它耗费资源就一定很高，有可能是被它的上层函数占用的，但是，如果处于顶层的函数比较宽，则一般情况下这个函数是有性能问题的，也就是通过观察火焰图的"小平顶"（plateaus）可以快速定位有性能问题的函数。

7.12.2　创建分析任务

创建分析任务的步骤如下。

步骤 1：创建分析任务。

步骤 2：填写任务参数，任务详细页面如图 7-94 所示。

任务的非通用参数说明见表 7-27。

表 7-27　热点函数分析任务参数

参　　数	说　　明
分析对象	系统或应用
分析类型	热点函数分析
采样时长（s）	设置采集的时间，默认为 30s。取值范围为 1～300s。当分析对象是应用并且模式为 Launch Application 时，采样时长由启动的应用决定，本参数将不可用
采样间隔（ms）	设置采样间隔，默认为"自定义"。可选择的选项如下。 自定义：默认为 1ms，取值范围为 1～1000ms 高精度：710μs
采样范围	采样范围，可选择 所有采集应用层和 OS 内核的性能数据 用户态：采集应用层的性能数据

参　数	说　明
采样范围	内核态：采集 OS 内核的性能数据 默认采集"所有"
待采样 CPU 核心	默认采集所有的 CPU 核心，如果要采集特定的核心，则可以在此输入。例如 32 核心的 CPU，核心编号是 0～31，如果采集第 5、6、7、8、12、13、20 核心，可以这样输入：4、5、6、7、11、12、19，或者使用核心编号范围这样输入：4-7,11-12,19
二进制/符号文件路径	（可选）输入二进制/符号文件在服务器上的绝对路径
C/C++ 源文件路径	（可选）输入 C/C++ 源文件在服务器上的绝对路径 当开发者需要观察源代码和汇编指令映射后的性能数据时，该参数用来导入对应应用程序的源代码
内核函数关联汇编代码	是否开启内核函数关联汇编指令的功能，默认为关闭
采集文件大小（MB）	设置采集文件大小。默认为 100MB，取值范围为 1～100MB 通过设置采集文件大小，防止由于文件过大导致分析时间过长

图 7-94　新建热点函数分析任务

步骤3：参数填写完毕后，单击"确认"按钮，完成任务的创建。

7.12.3 查看分析结果

在工程管理页面，找到要查看的工程及工程下的分析任务，然后单击分析节点名称，可以打开分析结果页面，如图 7-95 所示。

| 总览 | 函数 | 热火焰图 | 冷火焰图 | 任务信息 | 任务日志 |

▼ 优化建议

🔳 检测到CPU利用率偏低。 ⌄

统计 平台信息

		操作系统	4.14.0-115.el7a.0.1.aarch64 Linux
10	**3904835689**	主机名	bms-906
数据采样时长（s）	时钟周期		

4690038107	**1.20**
指令数	IPC

Top 10热点函数

函数	模块	时钟周期	时钟周期百分比	执行时间（s）
unknown	/opt/hyper_tuner/tool/p...	1594552670	40.84%	0.613289
_IO_vfscanf[0x57...	/usr/lib64/libc-2.17.so	301899635	7.73%	0.116115
unknown	/usr/bin/du	230699762	5.91%	0.088731
_IO_fgets[0x6a91...	/usr/lib64/libc-2.17.so	105446171	2.70%	0.040556
unknown	[unknown]	104891629	2.69%	0.040343
memchr[0x87cc8, 🚀	/usr/lib64/libc-2.17.so	81499228	2.09%	0.031346
do_lookup_x[0x8...	/usr/lib64/ld-2.17.so	73259755	1.88%	0.028177
memset[0x88460, 🚀	/usr/lib64/libc-2.17.so	71405177	1.83%	0.027464
_dl_addr[0x11cde...	/usr/lib64/libc-2.17.so	68303516	1.75%	0.026271
_libc_malloc[0x8...	/usr/lib64/libc-2.17.so	64118381	1.64%	0.024661

图 7-95 热点函数分析结果

分析结果包括 6 个页签，重点关注的是总览、函数、热火焰图、冷火焰图，下面分别进行说明。

1. 总览

总览页签的最上面是优化建议区域，如果检测到可优化指标，则会给出详细的优化建议和修改方法，默认为收起状态，单击该区域即可切换显示。优化建议区域的下面是统计、平台信息和 Top 10 热点函数，针对每个参数的说明如表 7-28 所示。

表 7-28　总览参数说明

分　类	参　数	说　明
统计	运行时长(s)	当应用的"模式"选择 Launch Application 时出现该参数,任务采集的运行时长由被采集程序的运行时间决定,该时间为程序运行时间
	数据采样时长(s)	当应用的"模式"选择 Attach to Process 或"分析对象"选择"系统"时显示该参数,该时间等于创建分析任务时设置的"采样时长"
	时钟周期	采集过程的总时钟周期数
	指令数	采集过程的总指令个数
	IPC	每个时钟周期执行的单个汇编程序指令的平均数量,IPC＝指令数/时钟周期
平台信息	操作系统	操作系统版本
	主机名	主机名称
Top 10 热点函数	函数	函数名称
	模块	函数所属模块
	时钟周期	函数执行所需的时钟周期数
	时钟周期百分比	函数执行的时钟周期百分比
	执行时间(s)	函数运行时间

"Top 10 热点函数"区域的热点函数,如果已存在鲲鹏计算平台的优化版本,则在函数名称后面将会出现🚀图标,鼠标在图标上悬停会显示"优化建议"、下载文件的超链接及复制 URL 网址的超链接,如图 7-96 所示。

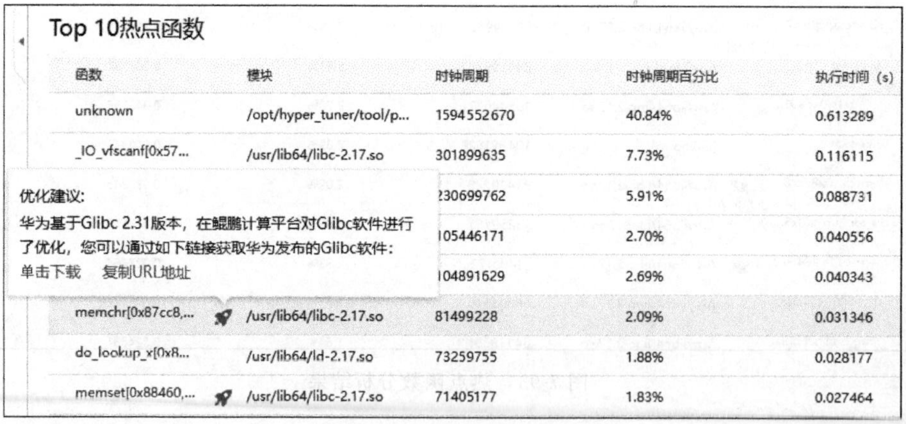

图 7-96　函数优化建议

2. 函数

函数页签显示了不同维度下的函数执行信息及调用栈信息,如图 7-97 所示。

在下拉列表里,可以选择的维度如下：

- 函数/调用栈；
- 模块/函数/调用栈；

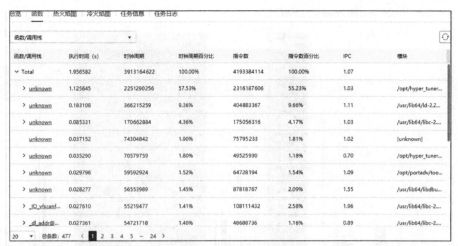

图 7-97 函数页签

- 线程/函数/调用栈；
- 核/函数/调用栈；
- 函数线程/核/调用栈。

其中,核/函数/调用栈在分析对象选择"系统"时显示,可以按照 CPU 核心来查看函数信息。函数页签表格各列的说明如表 7-29 所示。

表 7-29 函数页签参数

列 名	说 明
执行时间(s)	函数运行时间
时钟周期	函数执行所需的时钟周期数
时钟周期百分比	函数执行的时钟周期百分比
指令数	函数执行的指令个数
指令数百分比	函数执行的指令数百分比
IPC	每个时钟周期执行的单个汇编程序指令的平均数量,IPC=指令数/时钟周期
模块	函数所属模块
PID	进程 ID
TID	线程 ID

单击函数名称列的函数名称超链接,可以进入函数详情页面,函数详情页面可以参考 7.10.3 节"查看分析结果"的第 3 部分"详细信息"。

3. 热火焰图

热火焰图页签使用暖色的火焰图显示 CPU 的繁忙程度,如图 7-98 所示。当将鼠标悬停于函数块时,会出现悬浮框,显示函数名称；若出现"查看函数详情"超链接,单击该超链接则将转向函数页签并定位到该函数。

4. 冷火焰图

冷火焰图用于定位 CPU 不能充分使用的情况,一般选择冷色调,如图 7-99 所示。

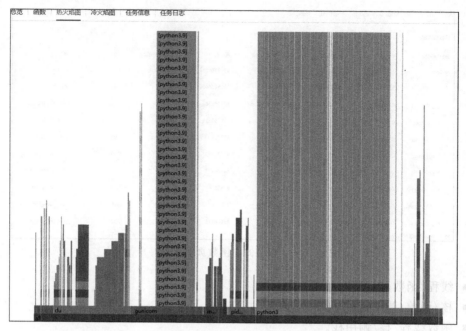

图 7-98 热火焰图

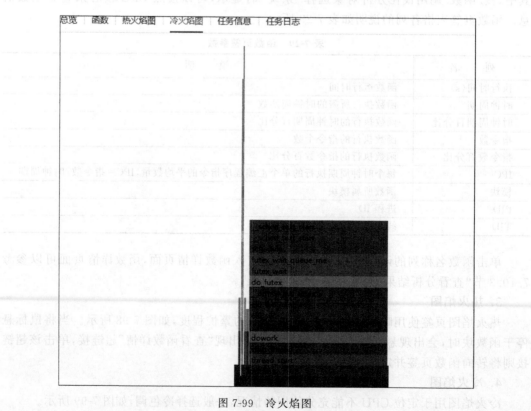

图 7-99 冷火焰图

7.13　访存分析

7.13.1　鲲鹏处理器的缓存

在程序正常运行过程中,CPU 核心需要频繁地从缓存或者主存(一般是内存)中查找、读写数据,鲲鹏 CPU 缓存和主存逻辑结构如图 7-100 所示。从图 7-100 可以看出,鲲鹏 920 CPU 分为 3 级缓存,每个内核有独立的 L1、L2 缓存及共享的 L3 缓存。从速度来讲,访问最快的是片上的 L1 缓存,其次是 L2,然后是 L3,最慢的是片外的主存。虽然从缓存访问数据非常快,但是缓存空间毕竟是有限的,存在不能命中缓存的情况,以 L3 为例,如果访问 L3 缓存发生数据缺失并且数据在主存中,这时就要从主存将数据读取到 CPU,同时把数据写入 L3 缓存。

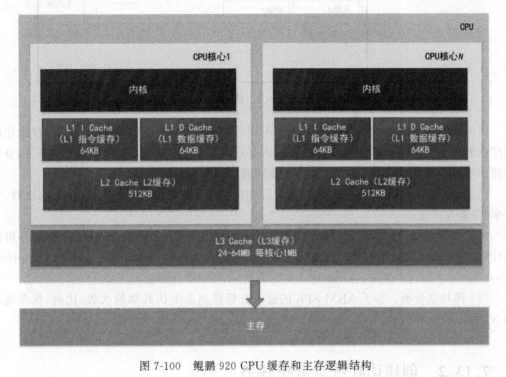

图 7-100　鲲鹏 920 CPU 缓存和主存逻辑结构

缓存空间是以缓存行(Cache line)的形式组成的,在 x86 架构里一般一个 L3 Cache 的缓存行是 64 字节(64B),在鲲鹏 920 架构里,一个缓存行是 128 字节。鲲鹏 920 架构每次更新 L3 缓存时会从主存连续加载 128 字节,如图 7-101 所示,假如要加载变量 a,同时把变量 b 等数据一次性加载到缓存中,这会带来一些性能的提升。缓存数据失效也是以缓存行为单位的,如果内核 1 更改了变量 a,则变量 a 所在的整个缓存行都会是无效状态,也就是说虽然没有更改变量 b,但是这时变量 b 也是无效状态,如果内核 2 这时要求读取变量 b,也会导致从内存重新将变量 b 加载到缓存,也就是说当多个内核修改互相独立的变量时,如果这些变量共享同一个缓存行,就会无意中影响彼此的性能,这就是伪共享。

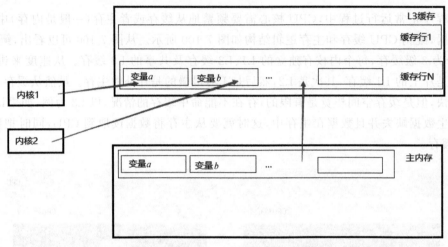

图 7-101   伪共享

因为 x86 和鲲鹏架构下缓存行的大小不同,这也有可能出现在 x86 架构下经过优化的程序在鲲鹏 920 架构下性能降低的情况。访存分析基于 CPU 访问缓存和内存的事件,分析存储中可能的性能瓶颈,给出造成这些性能问题的原因,可以细分为以下 3 种类型。

(1)访存统计分析:基于 CPU 访问缓存和内存的 PMU 事件,分析存储的访问次数、命中率、带宽等情况。

(2)Miss 事件分析:基于 ARM SPE(Statistical Profiling Extension 统计性能分析扩展)的能力对业务进行 LLC(Last Level Cache) Miss、TLB(Translation Lookaside Buffer) Miss、Remote Access、Long Latency Load 等 Miss 类事件分析。

(3)伪共享分析:基于 ARM SPE 的能力分析得到发生伪共享的次数、比例、指令地址和 NUMA 节点等信息。

下面分别创建这 3 种分析类型并查看分析结果。

7.13.2   创建访存统计分析任务

创建分析任务的步骤如下。

步骤 1:创建分析任务。

步骤 2:填写任务参数,任务详细页面如图 7-102 所示。

任务的非通用参数说明如表 7-30 所示。

图 7-102 新建访存分析

表 7-30 访存统计分析任务参数

参　　数	说　　　　明
分析对象	系统
分析类型	访存分析
访存分析类型	访存统计分析
采样类型	需要采样的类型。可选择缓存访问或者 DDR 访问,也可以两项都选

步骤 3:参数填写完毕后,单击"确认"按钮,完成任务的创建。

7.13.3 查看访存统计分析结果

在工程管理页面,找到要查看的工程及工程下的分析任务,然后单击分析节点名称,可以打开分析结果页面,如图 7-103 所示。

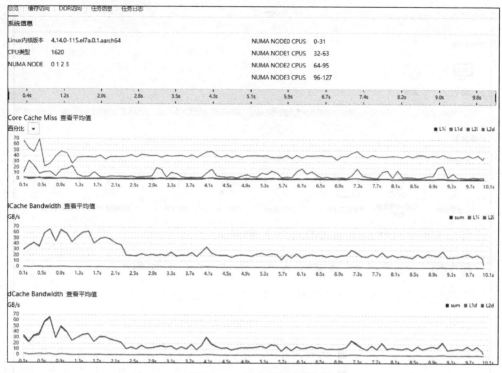

图 7-103　访存分析结果

分析结果包括 5 个页签,重点关注的是总览、缓存访问、DDR 访问,下面分别进行说明。

1. 总览

总览页签用于显示各个分析指标的汇总数据,包括系统信息、Core Cache Miss、iCache Bandwidth、dCache Bandwidth、L3 的命中率和带宽、TLB Miss 和 DDR Bandwidth。

总览系统信息区域的参数说明如表 7-31 所示。

表 7-31　系统信息参数说明

参　　　数	说　　　明
Linux 内核版本	Linux 内核版本
CPU 类型	CPU 类型
NUMA NODE	NUMA 节点
NUMA NODE0 CPUS	NUMA 节点 0 包含的 CPU
NUMA NODE1 CPUS	NUMA 节点 1 包含的 CPU
NUMA NODE2 CPUS	NUMA 节点 2 包含的 CPU
NUMA NODE3 CPUS	NUMA 节点 3 包含的 CPU

单击各个图表上的"查看平均值"超链接,会弹出平均值查看对话框,可以查看详细的指标数据;对于命中率折线图,可以单击 ◉ 图标,在下拉列表里切换百分比和 MPKI 视图显

示,MPKI 是 Miss Per Kilo Instruction 的缩写,表示每千条指令的未命中数。在折线图的右上角,会列出该折线图所有的分析指标名称,单击该指标名称,可以在折线图中显示或去除该指标对应的曲线。

2．缓存访问

缓存访问页签通过折线图的形式直观地展示 L1C、L2C、L3C、TLB 的访问带宽和命中率的时序数据,如图 7-104 所示。

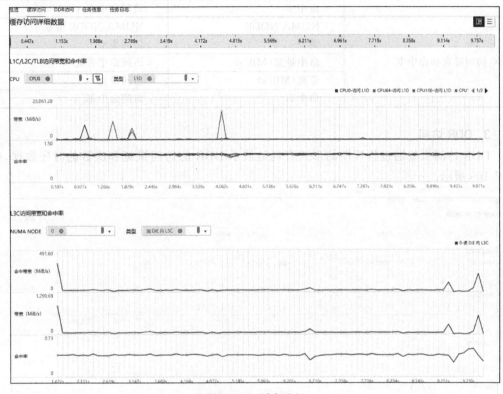

图 7-104　缓存访问

对于 L1C/L2C/TLB 访问带宽和命中率,可以单击 CPU 后面的下拉列表框,从下拉列表里选择要在折线图里显示的 CPU 数据,也可以单击后面的漏斗图标,从弹出的对话框中选择 CPU。数据指标类型方面,可单击类型后面的下拉列表框,从中选择要显示的指标类型。

对于 L3 访问带宽和命中率,可以单击 NUMA NODE 后面的下拉列表框,从下拉列表里选择要在折线图里显示的 NUMA NODE。数据指标类型方面,可单击类型后面的下拉列表框,从中选择要显示的指标类型。

默认缓存页签以折线图的形式显示时序数据,可以通过单击右上角的图标,切换显示折线图和表格视图。

缓存访问页签的参数说明如表 7-32 所示。

表 7-32　缓存访问页签参数说明

分 类	参 数	说 明
L1C/L2C/TLB 访问带宽和命中率	CPU	CPU 编号
	类型	数据类型
	带宽(MB/s)	访问带宽
	命中率	访问命中率
L3C 访问带宽和命中率	NUMA NODE	NUMA NODE 编号
	类型	访问类型
	命中带宽(MB/s)	访问命中带宽
	带宽(MB/s)	访问带宽
	命中率	访问命中率

3. DDR 访问

DDR 访问页签通过折线图的形式直观地展示 DDR 的访问带宽和次数的时序数据,如图 7-105 所示。

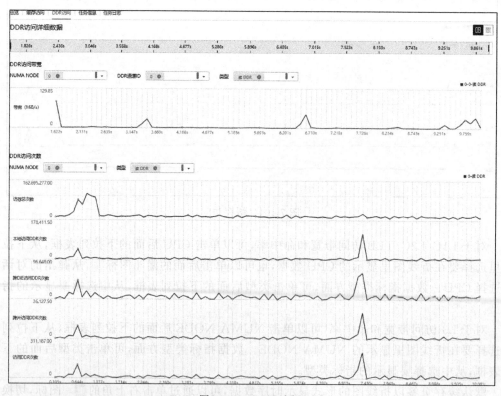

图 7-105　DDR 访问

对于 DDR 访问带宽,可以单击 NUMA NODE 和 DDR 通道 ID 后面的下拉列表框,从下拉列表里选择要在折线图里显示的 NUMA NODE 和 DDR 通道数据。数据指标类型方面,可单击类型后面的下拉列表框,从中选择要显示的指标类型。

对于 DDR 访问次数,可以单击 NUMA NODE 后面的下拉列表框,从下拉列表里选择要在折线图里显示的 NUMA NODE。数据指标类型方面,可单击类型后面的下拉列表框,从中选择要显示的指标类型。

默认 DDR 访问页签以折线图的形式显示时序数据,可以通过单击右上角的 图 图标,切换显示折线图和表格视图。

DDR 访问页签的参数说明如表 7-33 所示。

表 7-33 DDR 访问页签参数说明

分　类	参　数	说　明
DDR 访问带宽	NUMA NODE	NUMA NODE 编号
	DDR 通道 ID	DDR 通道编号
	类型	DDR 访问类型,分为"读 DDR""写 DDR"
	带宽(MB/s)	DDR 访问带宽
DDR 访问次数	NUMA NODE	NUMA NODE 编号
	类型	DDR 访问类型,分为"读 DDR""写 DDR"
	访存总次数	每秒 DDR 访问的总次数
	本地访问 DDR 次数	每秒本地访问 DDR 的次数,以及本地访问 DDR 的次数与访存的总次数的百分比
	跨 DIE 访问 DDR 次数	每秒跨 DIE 访问 DDR 的次数,以及跨 DIE 访问 DDR 的次数与访存的总次数的百分比
	跨片访问 DDR 次数	每秒跨芯片访问 DDR 的次数,以及跨芯片访问 DDR 的次数与访存的总次数的百分比
	访问 DDR 次数	每秒本地访问 DDR 的次数、跨 DIE 访问 DDR 的次数与跨片访问 DDR 的次数的总和,以及访问 DDR 的次数与访问的总次数的百分比

7.13.4　创建 Miss 事件分析任务

Miss 事件分析任务需要在物理服务器上运行,不支持虚拟机,创建分析任务的步骤如下。

步骤 1:创建分析任务。

步骤 2:填写任务参数,任务详细页面如图 7-106 所示。

任务的非通用参数说明如表 7-34 所示。

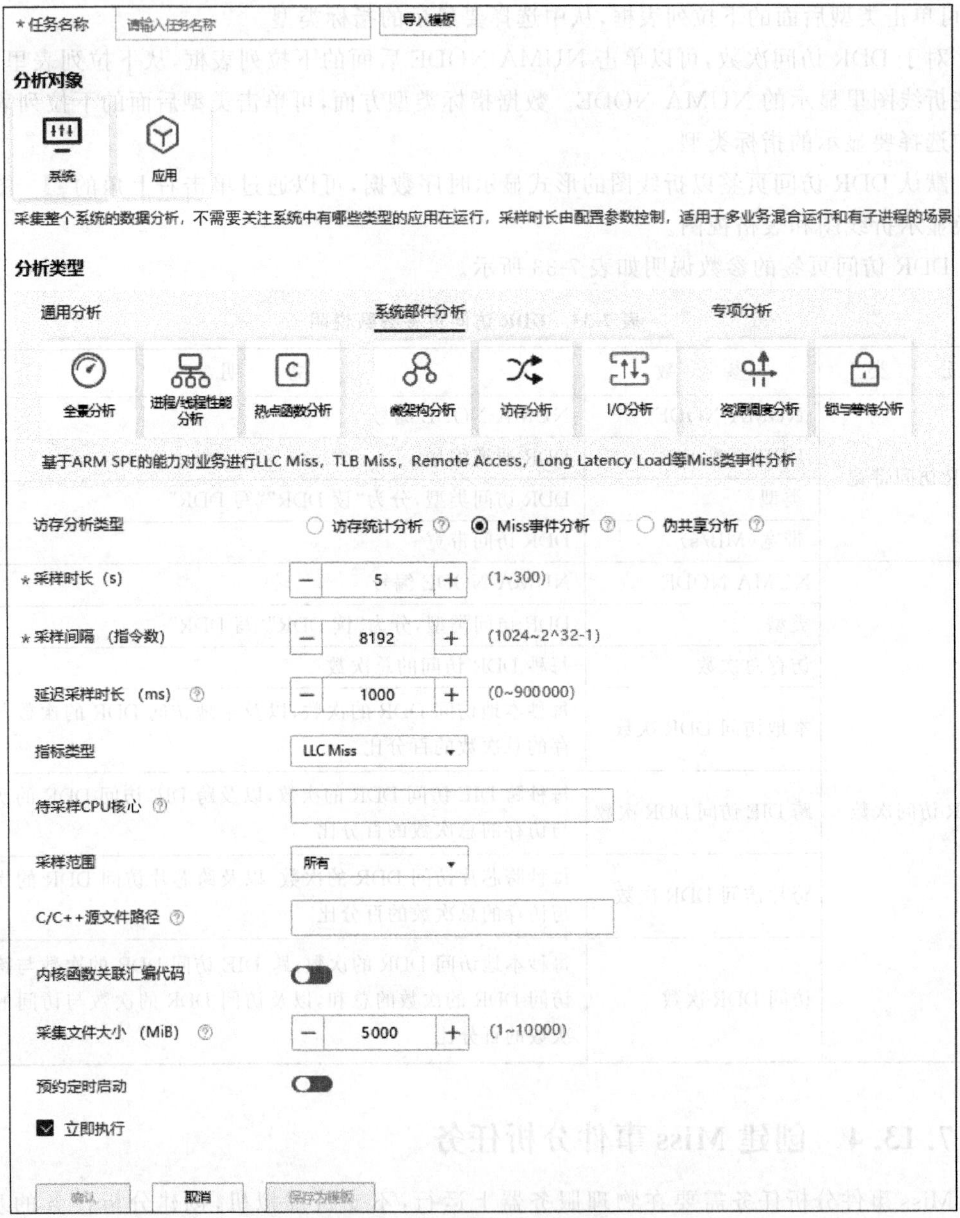

图 7-106　新建 Miss 事件分析

表 7-34　Miss 事件分析任务参数

参　数	说　明
分析对象	系统或应用
分析类型	访存分析
访存分析类型	Miss 事件分析
采样时长(s)	设置采样的时间,默认为 5s,取值范围为 1～300s
采样间隔（指令数）	设置采样间隔。默认为 8192,取值范围为 1024～2^32－1
延迟采样时长(ms)	设置延迟采样时长。默认为 1000,取值范围为 0～900000s。 采样将在启动给定时间后再开始采集,因为采集程序或者被采集程序在刚启动时受环境影响较大,稳定运行后再采集更能反映程序的实际执行情况
指标类型	选择指标类型。可选择下列选项之一。 LLC Miss：即 Last Level Cache Miss,内存请求在最后一级 Cache 中未命中次数的比率。 TLB Miss：即 Translation Lookaside Buffer Miss,CPU 在内存访问或取指过程中,在 TLB 中没有找到虚拟地址到物理地址映射次数的比率。 Remote Access：跨 CPU 访问远程 DRAM 的次数。 Long Latency Load：跨 CPU 访问远程 DRAM,并且访问时延超过设定的最小时延次数的比率
最小延迟（时钟周期）	设置最小延迟。默认为 100,取值范围为 1～4095。当"指标类型"选择 Long Latency Load 时需要设置该参数
待采样 CPU 核心	默认采集所有的 CPU 核心,如果要采集特定的核心,则可以在此输入。例如 32 核心的 CPU,核心编号是 0～31,如果采集第 5、6、7、8、12、13、20 核心,则可以这样输入：4,5,6,7,11,12,19,或者使用核心编号范围这样输入：4-7,11-12,19
采样范围	采样范围,可选项如下。 所有：采集应用层和 OS 内核的性能数据。 用户态：采集应用层的性能数据。 内核态：采集 OS 内核的性能数据。 默认采集"所有"
C/C++源文件路径	（可选）输入 C/C++源文件在服务器上的绝对路径。 当开发者需要观察源代码和汇编指令映射后的性能数据时,该参数用来导入对应应用程序的源代码
内核函数关联汇编代码	是否开启内核函数关联汇编指令的功能,默认为关闭
采集文件大小（MiB）	设置采集文件大小。默认为 5000MB,取值范围为 1～10000MB。 通过设置采集文件大小,防止由于文件过大导致分析时间过长

步骤 3：参数填写完毕后,单击"确认"按钮,完成任务的创建。

7.13.5　查看 Miss 事件分析结果

在工程管理页面,找到要查看的工程及工程下的分析任务,然后单击分析节点名称,可以打开分析结果页面,如图 7-107 所示。

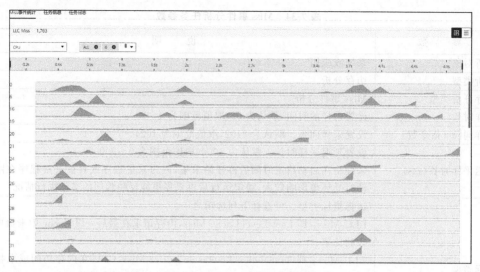

图 7-107　Miss 事件分析结果

Miss 事件分析结果包括时序视图和详细视图,通过右上角的 图标,可切换显示视图。时序视图的查看维度包括 CPU、进程、线程、模块,通过左上角的下拉列表可以选择基于时间轴具体地查看维度。

详细视图里可以查看具体函数的 Miss 次数,如图 7-108 所示,在下拉列表里可以选择具体的查看维度:

- 函数/调用栈;
- 模块/函数/调用栈;
- 线程/函数/调用栈;

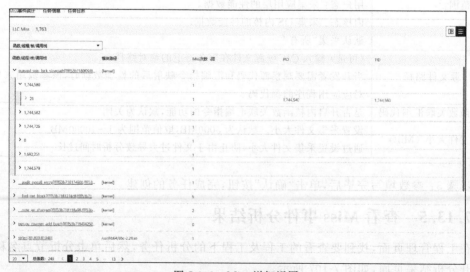

图 7-108　Miss 详细视图

- 核/线程/函数/调用栈；
- 进程/函数/线程/调用栈；
- 进程/线程/模块/函数/调用栈；
- 进程/模块/线程/函数/调用栈；
- 进程/模块/函数/线程/调用栈；
- 函数/线程/核/调用栈。

单击指定函数的名称，便可进入函数详情页面，函数详情页面可以参考 7.10.3 节"查看分析结果"的第 3 部分"详细信息"。

7.13.6 创建伪共享分析任务

伪共享分析任务需要在物理服务器上运行，不支持虚拟机，创建分析任务的步骤如下。

步骤 1：创建分析任务。

步骤 2：填写任务参数，任务详细页面如图 7-109 所示。

任务的非通用参数说明如表 7-35。

表 7-35 伪共享分析任务参数

参 数	说 明
分析对象	系统或应用
分析类型	访存分析
访存分析类型	伪共享分析
采样时长（s）	设置采样的时间，默认为 3s，取值范围为 1～10s
采样间隔（指令数）	设置采样间隔。默认为 1024，取值范围为 1024～2^32−1
延迟采样时长（ms）	设置延迟采样时长。默认为 0，取值范围为 0～900000s。 采样将在启动给定时间后再开始采集，因为采集程序或者被采集程序在刚启动时受环境影响较大，稳定运行后再采集更能反映程序的实际执行情况
待采样 CPU 核心	默认采集所有的 CPU 核心，如果要采集特定的核心，则可以在此输入。例如 32 核心的 CPU，核心编号是 0～31，如果采集第 5、6、7、8、12、13、20 核心，则可以这样输入：4、5、6、7、11、12、19，或者使用核心编号范围这样输入：4-7,11-12,19
采样范围	采样范围，可选择 所有：采集应用层和 OS 内核的性能数据。 用户态：采集应用层的性能数据。 内核态：采集 OS 内核的性能数据。 默认采集"所有"
符号文件路径	二进制/符号文件的绝对路径
C/C++源文件路径	（可选）输入 C/C++源文件在服务器上的绝对路径。 当开发者需要观察源代码和汇编指令映射后的性能数据时，该参数用来导入对应应用程序的源代码
内核函数关联汇编代码	是否开启内核函数关联汇编指令的功能，默认为关闭
采集文件大小（MiB）	设置采集文件大小。默认为 10MB，取值范围为 1～1024MB。 通过设置采集文件大小，防止由于文件过大导致分析时间过长

图 7-109　创建伪共享分析任务

步骤3：参数填写完毕后，单击"确认"按钮，完成任务的创建。

7.13.7 查看伪共享分析结果

在工程管理页面，找到要查看的工程及工程下的分析任务，然后单击分析节点名称，可以打开分析结果页面，如图7-110所示。

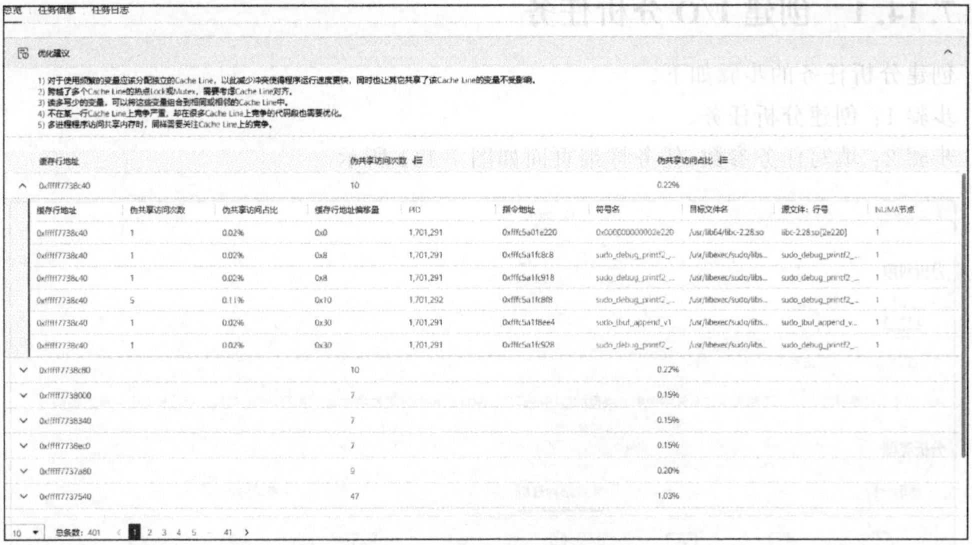

图7-110 伪共享分析结果

分析结果包括总览、任务信息、任务日志3个页签，总览页签的上部用于显示优化建议，下部是缓存行的列表，单击缓存行后，可以看到该缓存行内伪共享数据的表格。表格各个列的说明如表7-36所示。

表7-36 缓存行参数

列 名	说 明
缓存行地址	缓存行地址，每个缓存行占128字节
伪共享访问次数	出现伪共享访问的次数
伪共享访问占比	出现伪共享访问次数的比率
缓存行地址偏移量	访问的内存在当前缓存行地址中的偏移量，相当于高级语言中变量的地址
PID	进程ID
指令地址	访问的指令地址
符号名	发生伪共享的函数名
目标文件名	发生伪共享的目标文件名
源文件：行号	发生伪共享的源文件名和代码行数
NUMA节点	访问的NUMA节点

单击"符号名"列指定函数的名称,便可进入函数详情页面,函数详情页面可以参考7.10.3节"查看分析结果"的第3部分"详细信息"。

7.14 I/O分析

7.14.1 创建I/O分析任务

创建分析任务的步骤如下。

步骤1:创建分析任务。

步骤2:填写任务参数,任务详细页面如图7-111所示。

图 7-111 新建 I/O 分析任务

任务的非通用参数说明如表7-37所示。

步骤3:参数填写完毕后,单击"确认"按钮,完成任务的创建。

表 7-37　I/O 分析任务参数

参　　数	说　　明
分析对象	系统或应用
分析类型	访存分析
采样时长（s）	设置采样的时间，默认为 30s，取值范围为 2～300s
统计周期（s）	每隔多长时间进行一次 I/O 操作的统计，默认为 1s，取值范围为 1～5s
采集文件大小（MB）	设置采集文件大小。默认为 100MB，取值范围为 10～500MB。通过设置采集文件大小，防止由于文件过大导致分析时间过长
采集调用栈	是否采集调用栈，默认选项为关闭，不采集调用栈

7.14.2　查看 I/O 分析结果

在工程管理页面，找到要查看的工程及工程下的分析任务，然后单击分析节点名称，可以打开分析结果页面，如图 7-112 所示。

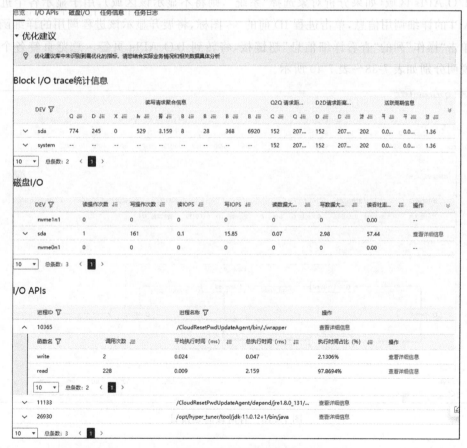

图 7-112　I/O 分析结果

分析结果包括 5 个页签(如果分析对象选择"系统",则将不显示 I/O APIs 页签),重点关注的是总览、I/O APIs 和磁盘 I/O,下面分别进行说明。

1. 总览

总览页签包括 4 部分,上部是优化建议区域,如果检测到可优化指标,则会显示详细的优化建议和修改方法。优化建议区域下面是 Block I/O trace 统计信息区域,单击数据盘前面的 ∨ 图标可以切换展示数据盘各阶段时延数据,如图 7-113 所示,默认以图形形式展示,单击右上角的 图标,可以切换图形和表格的展示形式,表格形式的时延如图 7-114 所示。Block I/O trace 统计信息下面是磁盘 I/O 区域,以表格形式显示块设备的详细操作信息,因为指标项比较多,默认没有全部显示,可以单击表格"操作"列右侧的 ≫ 图标,在弹出的列表里选择要查看的列,如图 7-115 所示。单击"操作"列的"查看详细信息"超链接,将转到"磁盘 I/O"页签;单击块设备名称前的 ∨ 图标,可以展开查看该设备的数据大小分布和 I/O 时延分布柱状图;单击 DEV 列后的 ▽ 图标,可以筛选要查看的块设备。总览页签下部是 I/O APIs 区域(如果分析对象选择"系统",则将不显示该区域),用于显示各个进程对 I/O API 的详细调用信息,单击进程 ID 前的 ∨ 图标,将展开显示该进程调用的详细函数信息。单击"操作"列的"查看详细信息"超链接,将转到 I/O APIs 页签。总览页签各个表格的列说明分别如表 7-38~表 7-40 所示。

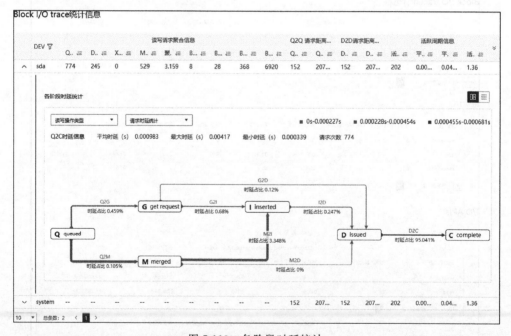

图 7-113　各阶段时延统计

各阶段时延统计

IO操作类型	阶段	请求时延统计信息				数据时延统计信息				时延占比(%)
		请求最小时延(s)	请求最大时延(s)	平均请求时延(s)	请求数	单位KB最小时...	单位KB最大时...	单位KB平均时...	数据量(KB)	
读写操作类型	Q2Q	0.000001	2.032	0.02556	2350	0	0.5081	0.00115	52232	--
	Q2A	0	0	0	0	0	0	0	0	--
	Q2G	0.000001	0.01018	0.000062	1158	0	0.001194	0.000002	47060	3.659
	Q2M	0	0.000006	0.000001	1197	0	0.000002	0	5176	0.049
	S2G	0	0	0	0	0	0	0	0	--
	G2I	0.000001	0.000368	0.000026	999	0	0.000092	0.000001	46424	1.351
	M2I	0.000001	0.000326	0.000017	1197	0	0.000082	0.000004	5176	1.046
	I2D	0.000001	0.000034	0.000008	999	0	0.000008	0	51600	0.409
	G2D	0.000057	0.000417	0.000103	159	0.000014	0.000104	0.000026	636	0.845
	M2D	0	0	0	0	0	0	0	0	0
	D2C	0.000407	0.03302	0.001558	1158	0.000004	0.008254	0.000035	52236	92.641
	Q2C	0.000426	0.03306	0.00134	2355	0.000004	0.008264	0.000006	52236	--
读操作类型	Q2Q	0	0	0	0	0	0	0	0	0
	Q2A	0	0	0	0	0	0	0	0	--
	Q2G	0.000022	0.000022	0.000022	1	0	0	0	68	0.177
	Q2M	0	0	0	0	0	0	0	0	--
	S2G	0	0	0	0	0	0	0	0	--
	G2I	0.000005	0.000005	0.000005	1	0	0	0	68	0.04
	M2I	0	0	0	0	0	0	0	0	0

图 7-114 表格形式时延统计

图 7-115 选择显示的列数据

表 7-38 Block I/O trace 统计信息表格列说明

列 名	说 明
DEV	块设备名称
Q 请求次数	queued 的请求次数，请求进入调度
D 请求次数	issued 的请求次数，发送到设备
X 请求次数	X 的请求次数，请求分析为多个 request
M 请求次数	merged 的请求次数，请求和前一个从后面合并
merge 比例	merge 合入的比例

续表

列　　名	说　　明
BLKmin	存储块的最小数值
BLKavg	存储块的平均数值
BLKmax	存储块的最大数值
BLKtotal	存储块的总数值
Q2Q 寻道次数	Q2Q 寻道次数。Q2Q：从一次请求的 block_bio_queue 到下一次请求的 block_bio_queue。block_bio_queue：bio 通过检查进入请求处理流程
Q2Q 请求平均距离	Q2Q 请求平均距离
D2D 寻道次数	D2D 寻道次数。D2D：请求从 block_rq_issue 到下一次 block_rq_issue。block_rq_issue：请求进入块设备 I/O 流程
D2D 请求平均距离	D2D 请求平均距离
活跃时间段计数	I/O 活动活跃的时间段计数
平均活跃周期	I/O 活动平均活跃周期
平均不活跃周期	平均不活跃周期
活跃时间占比	活跃时间的占比
时延占比（%）	各阶段时延占比
平均时延（s）	各阶段的平均时延
最大时延（s）	各阶段最大时延
最小时延（s）	各阶段最小时延
请求次数	各阶段的请求次数

表 7-39　磁盘 I/O 表格列说明

列　　名	说　　明
DEV	块设备名称
读操作次数	磁盘 I/O 读操作次数
写操作次数	磁盘 I/O 写操作次数
读 IOPS	磁盘 I/O 每秒读次数。IOPS 为 Input/Output operations Per Second 的缩写
写 IOPS	磁盘 I/O 每秒写次数
读数据大小（MiB）	磁盘 I/O 读数据大小
写数据大小（MiB）	磁盘 I/O 写数据大小
读吞吐率（MiB/s）	磁盘 I/O 读吞吐率
写吞吐率（MiB/s）	磁盘 I/O 写吞吐率
I2D 读时延（ms）	请求从 inserted 到 issued 的读时延
I2D 写时延（ms）	请求从 inserted 到 issued 的写时延
D2C 读时延（ms）	请求从 issued 到 complete 的读时延
D2C 写时延（ms）	请求从 issued 到 complete 的写时延
队列深度	磁盘 I/O 队列深度
操作	单击"查看详细信息"超链接可以转到磁盘 I/O 页签查看详细信息

表 7-40　I/O APIs 表格列说明

列　　　名	说　　　明
进程 ID	进程 ID
进程名称	进程名称
函数名	进程调用的函数名
调用次数	该 I/O API 的被调用次数
平均执行时间(ms)	以毫秒计算的 I/O API 的平均执行时间
总执行时间(ms)	以毫秒计算的 I/O API 的总执行时间
执行时间占比(%)	该 API 的总执行时间在进程所有 API 执行时间中所占比例
操作	单击"查看详细信息"超链接,可转到 I/O APIs 页签查看调用的详细信息

2. I/O APIs

I/O APIs 页签以折线图的形式展示每个进程 I/O API 调用的时序数据,如图 7-116 所示,可以通过单击右上角的🔽图标来筛选查看的进程/函数。

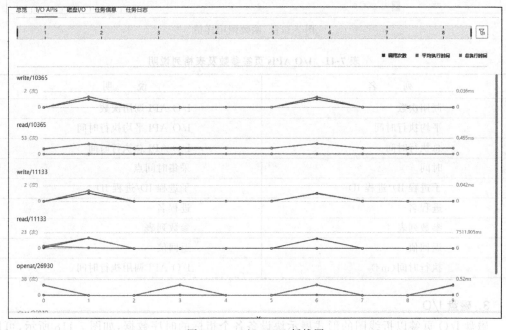

图 7-116　I/O APIs 折线图

把鼠标悬停在某个时间点上,将会显示该时间点的调用统计信息;在折线图上选择某个时间段后,在页面下部将会出现该时间段内的调用详情,如图 7-117 所示。

I/O APIs 页签参数及表格列说明如表 7-41 所示。

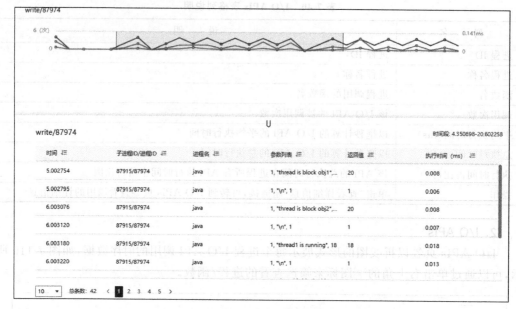

图 7-117　函数调用详情

表 7-41　I/O APIs 页签参数及表格列说明

列　名	说　明
调用次数	I/O API 调用次数
平均执行时间	I/O API 平均执行时间
总执行时间	I/O API 总执行时间
时间	采集时间点
子进程 ID/进程 ID	子进程 ID/进程 ID
进程名	进程名
参数列表	参数列表
返回值	返回值
执行时间（ms）	I/O API 调用执行时间

3. 磁盘 I/O

磁盘 I/O 页签以折线图的形式展示块设备各个指标的时序数据，如图 7-118 所示，可以通过单击右上角的 🔲 图标来筛选查看的设备。

把鼠标悬停在某个时间点上，将会显示该时间点的操作详细信息；在操作指标上选择某个时间段后，在页面下部将会出现该时间段内的 I/O 操作详情，以 IOPS 为例，选择一个时间段后的页面如图 7-119 所示。

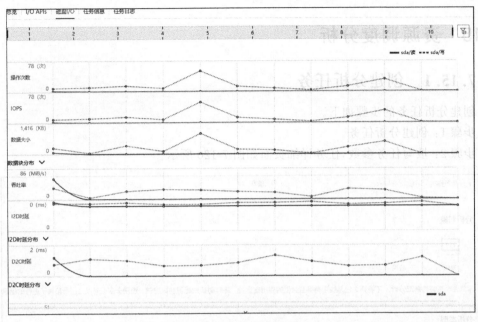

图 7-118 磁盘 I/O 折线图

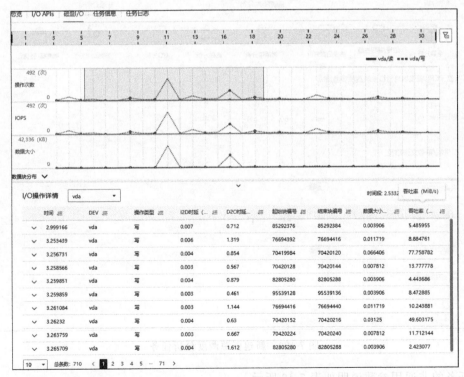

图 7-119 I/O 操作详情

7.15 资源调度分析

7.15.1 创建分析任务

创建分析任务的步骤如下。

步骤1：创建分析任务。

步骤2：填写任务参数,任务详细页面如图7-120所示。

图7-120 新建资源调度分析任务

任务的非通用参数说明如表7-42所示。

步骤3：参数填写完毕后,单击"确认"按钮,完成任务的创建。

表 7-42 资源调度分析任务参数

参　　数	说　　明
分析对象	系统或应用
分析类型	资源调度分析
采样时长（s）	设置采集的时间，默认为 60s。取值范围为 1～300s。当分析对象是应用并且模式为 Launch Application 时，采样时长由启动的应用决定，本参数将不可用
二进制/符号文件路径	（可选）输入二进制/符号文件在服务器上的绝对路径
采集调用栈	是否采集调用栈，默认选项为关闭，不采集调用栈
采集文件大小（MiB）	设置采集文件大小。默认为 256MB，取值范围为 1～512MB。通过设置采集文件大小，防止由于文件过大导致分析时间过长

7.15.2　查看分析结果

在工程管理页面，找到要查看的工程及工程下的分析任务，然后单击分析节点名称，可以打开分析结果页面，如图 7-121 所示。

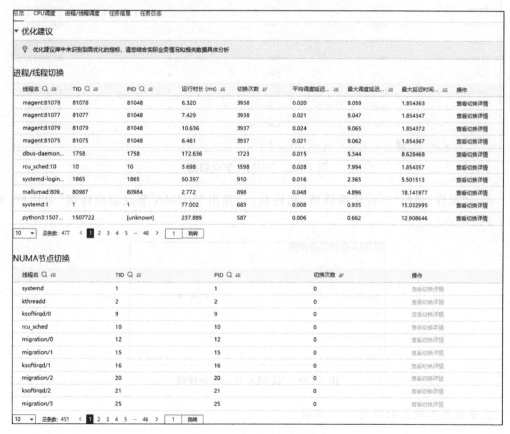

图 7-121　资源调度分析结果

分析结果包括 5 个页签,重点关注的是总览、CPU 调度和进程/线程调度,下面分别进行说明。

1. 总览

总览页签包括 3 部分,上部是优化建议区,如果检测到可优化指标,则会显示详细的优化建议和修改方法。中部是进程/线程切换区域,默认按照切换次数降序显示线程切换的统计信息;单击前 3 列的 🔍 图标,会弹出对应的查询输入框,可以筛选查看特定的线程;单击"操作"列的"查看切换详情"超链接,会转到 CPU 调度页签。下部是 NUMA 节点切换区域,会显示线程在不同 NUMA 节点之间切换的信息,如果运行性能分析工具的服务器是虚拟机,则有可能出现切换次数全都是 0 的情况,对于物理机,可以看到明确的 NUMA 节点之间的切换,如图 7-122 所示。

线程名 🔍 ↓≡	TID 🔍 ↓≡	PID 🔍 ↓≡	切换次数 ↓F	操作
python3	27456	[unknown]	57	查看切换详情
rcu_sched	9	9	23	查看切换详情
magent	23968	23627	12	查看切换详情
gunicorn	26992	26992	11	查看切换详情
python	27016	26718	8	查看切换详情
C2 CompilerThre	25468	25443	4	查看切换详情
perf	27455	27455	4	查看切换详情
kthreadd	2	2	3	查看切换详情
gunicorn	26857	26857	3	查看切换详情
sudo	27491	[unknown]	3	查看切换详情

10 ▾ 总条数: 812 ⟨ **1** 2 3 4 5 … 82 ⟩ 1 跳转

图 7-122 NUMA 节点切换

单击"操作"列的"查看切换详情"超链接,会弹出"NUMA 节点切换详情"对话框,如图 7-123 所示。

NUMA节点切换详情

切换路径 ↓≡	切换次数 ↓≡
NUMA2-->NUMA3	38
NUMA3-->NUMA2	38

总条数: 2 ⟨ 1/1 ▾ ⟩

图 7-123 NUMA 节点切换详情

总览页签参数说明如表 7-43 所示。

表 7-43　总览参数表格列说明

分　　类	字　　段	说　　明
进程/线程切换	线程名	线程名
	TID	线程 ID
	PID	进程 ID
	运行时长(ms)	运行时长
	切换次数	切换次数
	平均调度延迟时间(ms)	平均调度延迟时间
	最大调度延迟时间(ms)	最大调度延迟时间
	最大延迟时间点(s)	在数据采集周期中,从任务采集开始算起,该线程的最大调度延迟时间出现的起始时间点
NUMA 节点切换	切换次数	线程在不同 NUMA 节点之间切换的次数
	操作	单击"查看切换详情"超链接,可以在弹出的对话框里查看 NUMA 节点切换详情

2. CPU 调度

CPU 调度页签用于显示 CPU 核心在各个时间点的运行状态,如图 7-124 所示,默认显示所有 CPU 核心的运行状态,也可以单击选择 CPU 核心后面的下拉列表框,从中筛选要查看的 CPU 核心。将鼠标悬停在特定色块上,会显示该色块代表的任务详细信息,如图 7-125 所示。单击页面右上角的图标可以切换显示方式,🕐图标表示按照线程名显示 CPU 核心状态时序图;％图标表示按百分比显示 CPU 核心状态时长汇总;⊕图标表示按色块显示进程/线程。

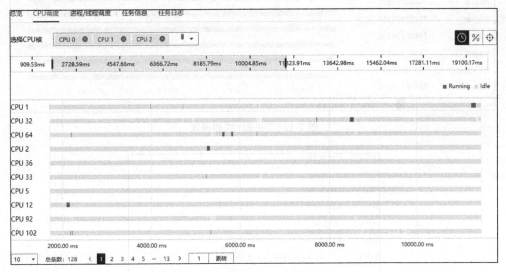

图 7-124　CPU 调度

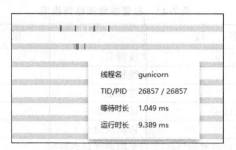

图 7-125　任务详细信息

3. 进程/线程调度

进程/线程调度页签用于显示进程/线程在各个时间点的运行状态,如图 7-126 所示,将鼠标悬停在特定色块上可以显示该色块代表的线程详细运行状态,如图 7-127 所示。

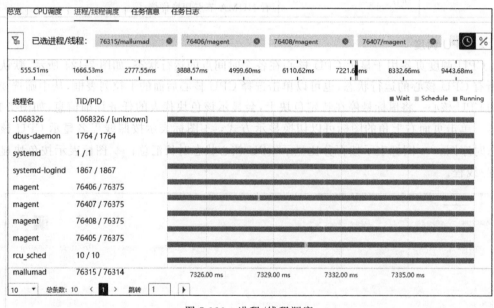

图 7-126　进程/线程调度

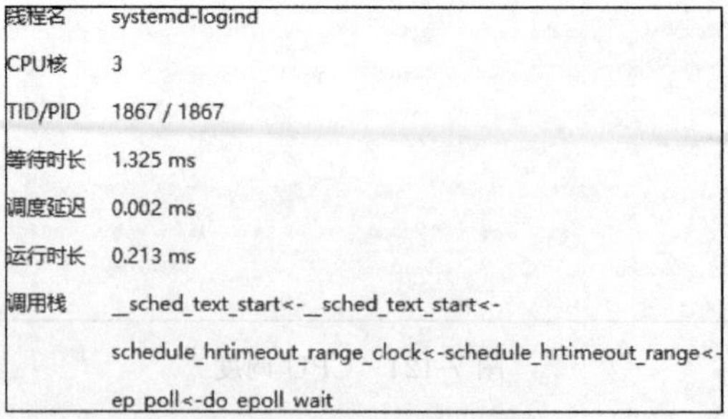

线程名	systemd-logind
CPU核	3
TID/PID	1867 / 1867
等待时长	1.325 ms
调度延迟	0.002 ms
运行时长	0.213 ms
调用栈	__sched_text_start<-__sched_text_start<-schedule_hrtimeout_range_clock<-schedule_hrtimeout_range<-ep_poll<-do_epoll_wait

图 7-127　线程详细运行信息

单击"已选进程/线程"前的⬚图标,可以筛选要查看的进程/线程;单击右上角的◷图标,表示按线程名显示 CPU 核心状态时序图;单击⊕图标,表示按百分比显示 CPU 核心状态时长汇总。本页签的参数说明见表 7-44。

表 7-44　进程/线程页签参数说明

参　　数	说　　明
线程名	线程名
TID	线程 ID
PID	进程 ID
等待时长	线程等待时长
调度延迟	进程/线程的调度延迟时间
运行时长	进程/线程运行状态的时间长度
调用栈	进程/线程切换发生时的函数调用栈信息。默认不显示该参数,在创建分析任务时,打开"采集调用栈",这样在分析结果中才会显示

7.16　锁与等待分析

7.16.1　创建分析任务

创建分析任务的步骤如下。

步骤 1:创建分析任务。

步骤 2:填写任务参数,任务详细页面如图 7-128 所示。

任务的非通用参数说明如表 7-45 所示。

表 7-45　锁与等待分析任务参数

参　　数	说　　明
分析对象	系统或应用
分析类型	锁与等待分析
采样时长（s）	设置采集的时间,默认为 30s。取值范围为 1～300s。当分析对象是应用并且模式为 Launch Application 时,采样时长由启动的应用决定,本参数将不可用
采样间隔（ms）	设置采样间隔,默认为"自定义"。可选择 自定义:默认为 1ms,取值范围为 1～1000ms 高精度:710μs
采样范围	采样范围,可选择 所有:采集应用层和 OS 内核的性能数据 用户态:采集应用层的性能数据 内核态:采集 OS 内核的性能数据 默认采集"所有"

续表

参　数	说　明
标准函数	（可选）选择预置的 glibc 的锁与等待函数名。默认为全选以下函数（All 表示全选）： ■ All ■ pthread_mutex_lock ■ pthread_mutex_trylock ■ pthread_mutex_unlock ■ pthread_cond_wait ■ pthread_cond_timedwait ■ pthread_cond_reltimedwait_np ■ pthread_cond_signal ■ pthread_cond_broadcast ■ pthread_rwlock_rdlock ■ pthread_rwlock_tryrdlock ■ pthread_rwlock_wrlock ■ pthread_rwlock_trywrlock ■ pthread_rwlock_unlock ■ sem_post ■ sem_wait ■ sem_trywait ■ pthread_spin_lock ■ pthread_spin_trylock ■ pthread_spin_unlock ■ usleep ■ sleep
自定义锁与等待函数	（可选）需要进行分析的非标准的锁与等待函数名。支持输入多个函数名，两个函数名之间用英文逗号“,”分隔。支持通配符“＊”（函数名的值不能为“＊”）
符号文件路径	（可选）符号文件在服务器上的绝对路径
C/C++源文件路径	（可选）输入 C/C++源文件在服务器上的绝对路径。 当开发者需要观察源代码和汇编指令映射后的性能数据时，该参数用来导入对应应用程序的源代码
内核函数关联汇编代码	是否开启内核函数关联汇编指令的功能。默认为关闭
采集文件大小（MB）	设置采集文件大小。默认为 1024MB，取值范围为 1～4096MB。 通过设置采集文件大小，防止由于文件过大导致分析时间过长

步骤 3：参数填写完毕后，单击“确认”按钮，完成任务的创建。

图 7-128　新建锁与等待分析任务

7.16.2　查看分析结果

在工程管理页面,找到要查看的工程及工程下的分析任务,然后单击分析节点名称,可以打开分析结果页面,如图 7-129 所示。

分析结果包括 4 个页签,重点关注的是总览和详细调用信息,下面分别进行说明。

总览　详细调用信息　任务信息　任务日志

锁与等待信息 ❓						调用点信息 ❓					
任务名称 ↕	模块名称 ↕	函数名称 ↕	调用次数 ↕	操作		时间戳 ↕	模块名称 ↕	函数名称 ↕	源码文件名 ↕	行号 ↕	操作
locktest(TID:5337)	/usr/lib64/libpthread-...	pthread_mutex_u... 🪁	28	查看		0.055237	/opt/locktest	dowork(0x4008e...	/opt/locktest.c	19	查看
locktest(TID:5335)	/usr/lib64/libpthread-...	pthread_mutex_u... 🪁	27	查看		0.083039	/opt/locktest	dowork(0x4008e...	/opt/locktest.c	19	查看
locktest(TID:5338)	/usr/lib64/libpthread-...	_pthread_mutex_... 🪁	27	查看		0.084038	/opt/locktest	dowork(0x4008e...	/opt/locktest.c	19	查看
locktest(TID:5322)	/usr/lib64/libpthread-...	pthread_mutex_u... 🪁	26	查看		0.085038	/opt/locktest	dowork(0x4008e...	/opt/locktest.c	19	查看
locktest(TID:5325)	/usr/lib64/libpthread-...	pthread_mutex_u... 🪁	26	查看		0.118010	/opt/locktest	dowork(0x4008e...	/opt/locktest.c	19	查看
locktest(TID:5326)	/usr/lib64/libpthread-...	pthread_mutex_u... 🪁	26	查看		0.122010	/opt/locktest	dowork(0x4008e...	/opt/locktest.c	19	查看
locktest(TID:5331)	/usr/lib64/libpthread-...	pthread_mutex_u... 🪁	25	查看		0.220654	/opt/locktest	dowork(0x4008e...	/opt/locktest.c	19	查看
locktest(TID:5323)	/usr/lib64/libpthread-...	pthread_mutex_u... 🪁	24	查看		0.280669	/opt/locktest	dowork(0x4008e...	/opt/locktest.c	19	查看
locktest(TID:5334)	/usr/lib64/libpthread-...	pthread_mutex_u... 🪁	24	查看		0.311414	/opt/locktest	dowork(0x4008e...	/opt/locktest.c	19	查看
locktest(TID:5323)	/usr/lib64/libpthread-...	_pthread_mutex_... 🪁	23	查看		0.400354	/opt/locktest	dowork(0x4008e...	/opt/locktest.c	19	查看

10 ▼　总条数：40　< 1 2 3 4 >　　　　10 ▼　总条数：27　< 1 2 3 >

图 7-129　锁与等待分析结果

1. 总览

总览页签使用表格形式列出了锁与等待信息，单击选中的某条任务，会在右侧调用点信息区域列出该函数的调用点。对于可以优化的锁与等待函数，会在函数名称右侧出现 🪁 图标，将鼠标悬停在该图标上，会显示函数名称和优化建议。单击锁与等待信息或者调用点信息"操作"列的"查看"超链接，会转向查看函数源代码、汇编代码和代码流程图的函数详情页面，如图 7-130 所示，该页面可以参考 7.10.3 节"查看分析结果"的第 3 部分"详细信息"。

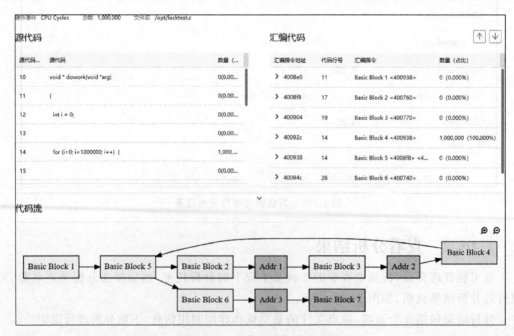

图 7-130　源代码及代码流程图

总览页签的参数说明如表 7-46 所示。

表 7-46   总览参数说明

分　类	参　数	说　明
锁与等待信息	任务名称	任务名称，一般对应一个特定的线程
	模块名称	任务对应的模块名称
	函数名称	任务对应的函数名称
	调用次数	任务对应的调用次数
	操作	单击"查看"超链接查看函数源码、汇编代码和代码流图
调用点信息	时间戳	调用栈调用的时间点
	模块名称	调用点对应的模块名称
	函数名称	调用点对应的函数名称
	源码文件名称	调用点对应的源码文件名称
	行号	调用点对应的源码行号
	操作	单击"查看"超链接查看函数源码、汇编代码和代码流图

2．详细调用信息

详细调用信息页签用于显示选中任务调用锁与等待函数的时序数据，如图 7-131 所示。

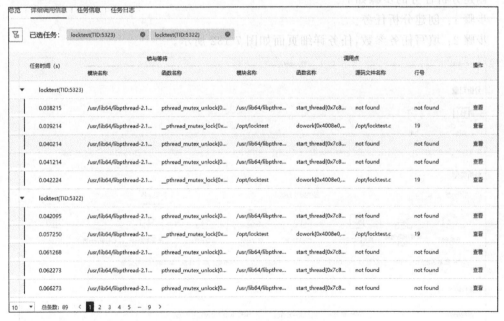

图 7-131　详细调用信息

单击已选任务前的图标，可以在弹出的对话框中选择要查看的任务；单击"操作"列的"查看"超链接，会转到函数详情页面。详细调用信息各列的说明如表 7-47 所示。

表 7-47　详细调用信息参数说明

列　　名	说　　明
任务时间	调用点时间,一个任务里有多行,每行一个函数,按照调用时间顺序排列
模块名称	模块名称
函数名称	函数名称
源码文件名称	调用点源码文件名称,如果没有提供,则显示 not found
行号	调用点行号,如果没有提供源代码,则显示 not found
操作	单击"查看"超链接查看函数源码、汇编代码和代码流图

7.17　HPC 分析

HPC 分析通过采集系统的 PMU 事件,获取面向 OpenMP 和 MPI 应用的关键指标,以及内存带宽、指令分布、微架构指标等信息。HPC 分析需要运行在物理机器上,不支持虚拟机;在创建工程时,场景需要选择 HPC,这样,在创建任务时,分析类型才会出现"HPC 分析"。

7.17.1　创建分析任务

创建分析任务的步骤如下。

步骤 1:创建分析任务。

步骤 2:填写任务参数,任务详细页面如图 7-132 所示。

图 7-132　新建 HPC 分析任务

任务的非通用参数说明如表 7-48 所示。

表 7-48　HPC 分析任务参数

参　　数	说　　明
分析对象	系统或应用
分析类型	HPC 分析
采样时长	分析任务总的采样时间,范围为 1~300s,默认为 30s
采样类型	选择采样的类型。可以选择以下类型中的一种: ■ 总览 ■ 指令分布 ■ HPC Top-Down
OpenMP 参数	设置 OpenMP 环境变量,变量间以空格隔开。如:OMP_NUM_THREADS=32 OMP_PROC_BIND=88。默认值 OMP_NUM_THREADS=32。 分析对象选择"应用",当模式选择 Launch Application 时需配置此参数。 OpenMP 是针对单主机上多核/多 CPU 并行计算而设计的工具,具有执行效率高、内存开销小、编程语句简洁直观等特点,但是不适合多主机协作,在多主机环境下,可以结合 MPI,实现多主机的联网计算
MPI(可选)	是否选用 MPI。默认为关闭。 分析对象选择"应用",当模式选择 Launch Application 时需配置此参数
MPI 命令所在目录	输入 MPI 命令所在目录。分析对象选择"应用",模式选择 Launch Application, MPI 打开时需要配置此参数
Rank	显示逻辑工作单元。默认为 4,取值范围为 1~128。分析对象选择"应用",模式 选择 Launch Application,MPI 打开时需配置此参数

步骤 3:参数填写完毕后,单击"确认"按钮,完成任务的创建。

7.17.2　查看分析结果

在工程管理页面,找到要查看的工程及工程下的分析任务,然后单击分析节点名称,可以打开分析结果页面,如图 7-133 所示。

分析结果包括 4 个页签,需重点关注的是总览和 HPC 指标,下面分别进行说明。

1.总览

总览页签最上部是执行时间、CPI、CPU 使用率等参数数据,这些参数的说明如表 7-49 所示。

表 7-49　总览参数说明

参　　数	说　　明
运行时间	应用程序运行时间
串行时间	应用程序串行运行的时间
并行时间	应用程序并行运行的时间
不平衡时间	应用程序不平衡的运行时间
CPI	Cycles Per Instruction 的缩写,是 CPU Cycles 与 Retired Instruction 的比值,表示每一条指令消耗的时钟周期
CPU 使用率	CPU 使用率(相对于 OpenMP 运行的比率)
OpenMP Team 使用率	OpenMP Team 的使用率

总览 | HPC指标 | 任务信息 | 任务日志

执行时间：31.2683 s

CPI：1.1929

CPU使用率：0.07 % (0.09 out of 128 CPUs)

▼ Hotspots

函数 ▼

函数	CPU Times...	Instruction...	Cycles per ...	Retiring(%)	Backend B...	Fronted Bo...	Bad Specul...
unknown	0.2524	619060857	1.0602	23.58	32.42	38.58	5.42
copy_page	0.1184	48975665	6.2872	3.98	95.67	0.54	0.00
_PyEval_Eval...	0.1170	247351305	1.2301	20.32	31.42	27.66	20.60
show_interru...	0.1140	456739327	0.6490	38.52	50.47	11.60	0.00
arch_cpu_idle	0.0946	39719138	6.1906	4.04	11.06	78.77	6.14
__radix_tree_...	0.0706	17762540	10.3396	2.42	--	--	--
ext4_es_look...	0.0695	14130496	12.7955	1.95	--	--	0.71
generic_exec...	0.0635	140015510	1.1784	21.22	34.55	21.74	22.49
__d_lookup_r...	0.0596	91691956	1.6905	14.79	80.16	11.83	0.00
PyObject_Ge...	0.0592	29680056	5.1863	4.82	80.21	5.36	9.62

10 ▼ 总条数：790 ‹ 1 2 3 4 5 ··· 79 › 1 跳转

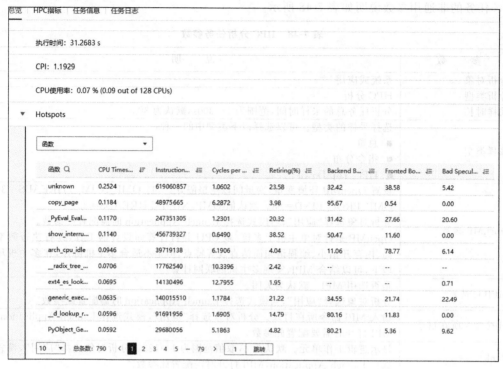

图 7-133 HPC 分析结果

总览页签下部是热点区域，默认为热点函数，还可以在下拉列表选择“模块”、parallel-region、barrier-to-barrier-segment 等选项，如果是模块，则页面如图 7-134 所示，当选择其他选项时，也只是第一列的列名称不同，其他列的列名都是相同的，热点区域表格列的说明如表 7-50 所示。

Hotspots

模块 ▼

模块	CPU Times(s)	Instructions Retired	Cycles Per Insturction(CPI)	Retiring(%)	Backend Bound(%)	Fronted Bound(%)	Bad Speculation(%)
[kernel.kallsyms]	1.3550	2615132162	1.3472	18.56	40.35	28.04	13.06
/opt/hyper_tuner/tool/python3/bin/...	0.2994	808536043	0.9629	25.96	44.18	24.88	4.98
unknown	0.2331	694264500	0.8730	28.64	20.94	49.28	1.14
/usr/lib64/libc-2.17.so	0.1753	262920640	1.7335	14.42	31.75	26.95	26.87
/usr/lib64/ld-2.17.so	0.0575	234758600	0.6366	39.27	38.81	20.06	1.86
/lib/modules/4.14.0-115.el7a.0.1.aar...	0.0540	195848306	0.7164	34.90	--	27.88	45.05
/opt/hyper_tuner/sys_perf/malluma/...	0.0202	24066667	2.1854	11.44	9.57	60.30	18.69
/opt/hyper_tuner/tool/jdk-11.0.12+1	0.0182	23169012	2.0468	12.21	71.95	12.40	3.43
/usr/libexec/sudo/libsudo_util.so.0.0.0	0.0108	19472299	1.4418	17.34	15.17	9.93	57.56
/usr/lib64/libpthread-2.17.so	0.0101	31646133	0.8337	29.99	--	79.49	0.00

10 ▼ 总条数：37 ‹ 1 2 3 4 ›

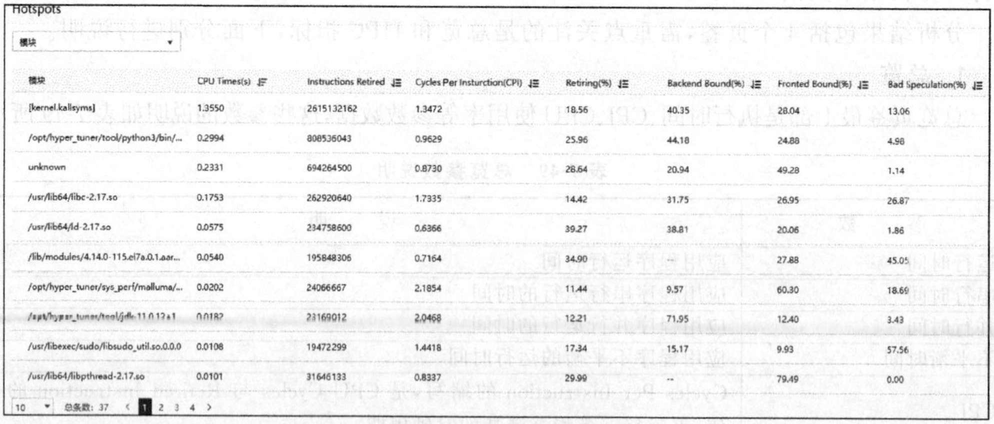

图 7-134 热点模块

表 7-50　热点表格列说明

列　　名	说　　明
CPU Times(s)	CPU 执行时间
Instructions Retired	退役指令数量
Cycles Per Instruction(CPI)	每一条指令消耗的时钟周期,一般情况下 CPI 的值越小越好
Retiring	拆卸,等待指令切换,模块重新初始化的占比
Backend Bound	后端依赖的占比
Frontend Bound	前端依赖的占比
Bad Speculation	分支预测错误的占比

2. HPC 指标

　　HPC 指标页签如图 7-135 所示,上部是内存带宽和指令分布参数信息,这部分参数的说明如表 7-51 所示;中部是 HPC 的 Top-Down 模型分析,列出了各事件的比例,其中 Backend Bound(后端依赖)又被细分为 Core Bound(核心依赖)和 Memory Bound(存储依赖),Memory Bound 包含了 CPU L1~L3 缓存的能力和传统的内存性能。HPC Top-Down 模型分析数据还支持以表格形式展示,单击右上角的图标,可以在图形和列表模式之间切换,列表模式如图 7-136 所示。

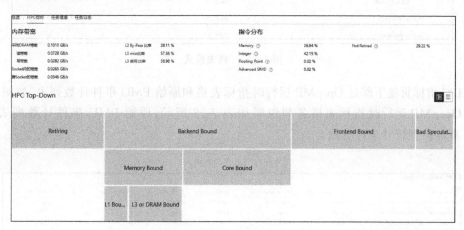

图 7-135　HPC 指标

表 7-51　HPC 指标参数说明

分　　类	参　　数	说　　明
内存带宽	平均 DRAM 带宽	平均 DRAM 带宽
	读带宽	平均读带宽
	写带宽	平均写带宽
	Socket 内的带宽	Socket 内的带宽
	跨 Socket 的带宽	跨 Socket 的带宽
	L3 By-Pass 比率	L3 By-Pass 比率
	L3 miss 比率	L3 miss 的比率
	L3 使用效率	L3 集群使用效率

续表

分　类	参　数	说　明
指令分布	Memory	内存 Load/Store 执行指令的百分比
	Integer	整型数据处理执行指令的百分比
	Floating Point	浮点数据处理执行指令的百分比
	Advanced SIMD	高级 SIMD 数据处理执行指令的百分比
	Not Retired	预取执行有效指令的百分比

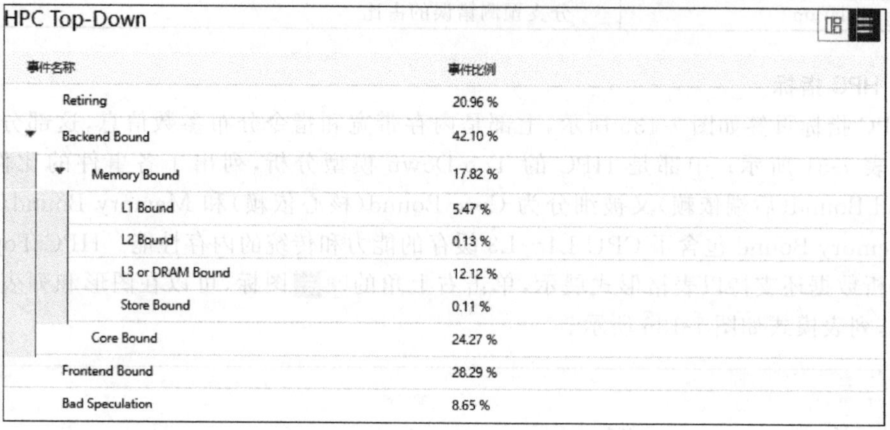

HPC Top-Down

事件名称	事件比例
Retiring	20.96 %
Backend Bound	42.10 %
Memory Bound	17.82 %
L1 Bound	5.47 %
L2 Bound	0.13 %
L3 or DRAM Bound	12.12 %
Store Bound	0.11 %
Core Bound	24.27 %
Frontend Bound	28.29 %
Bad Speculation	8.65 %

图 7-136　列表模式

HPC 指标页签下部是 OpenMP 运行时指标表格和原始 PMU 事件计数列表，如图 7-137 所示，OpenMP 运行时指标表格各列说明如表 7-52 所示，原始 PMU 事件计数列表按照 PMU 事件类型统计事件计数。

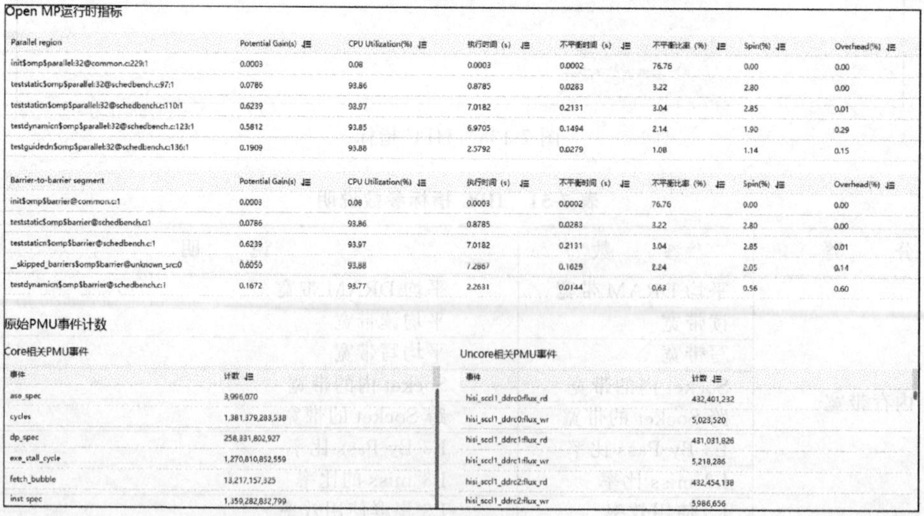

Open MP运行时指标

Parallel region	Potential Gain(s)	CPU Utilization(%)	执行时间 (s)	不平衡时间 (s)	不平衡比率 (%)	Spin(%)	Overhead(%)
initompparallel:32@common.c:229:1	0.0003	0.08	0.0003	0.0002	76.76	0.00	0.00
teststaticompparallel:32@schedbench.c:97:1	0.0786	93.86	0.8785	0.0283	3.22	2.80	0.00
teststaticnompparallel:32@schedbench.c:110:1	0.6239	93.97	7.0182	0.2131	3.04	2.85	0.01
testdynamicnompparallel:32@schedbench.c:123:1	0.5812	93.85	6.9705	0.1494	2.14	1.90	0.29
testguidednompparallel:32@schedbench.c:136:1	0.1909	93.88	2.5792	0.0279	1.08	1.14	0.15

Barrier-to-barrier segment	Potential Gain(s)	CPU Utilization(%)	执行时间 (s)	不平衡时间 (s)	不平衡比率 (%)	Spin(%)	Overhead(%)
initompbarrier@common.c:1	0.0003	0.08	0.0003	0.0002	76.76	0.00	0.00
teststaticompbarrier@schedbench.c:1	0.0786	93.86	0.8785	0.0283	3.22	2.80	0.00
teststaticnompbarrier@schedbench.c:1	0.6239	93.97	7.0182	0.2131	3.04	2.85	0.01
_skipped_barriersompbarrier@unknown_src:0	0.6050	93.88	7.2867	0.1629	2.24	2.05	0.14
testdynamicnompbarrier@schedbench.c:1	0.1672	93.77	2.2631	0.0144	0.63	0.56	0.60

原始PMU事件计数

Core相关PMU事件

事件	计数
ase_spec	3,996,070
cycles	1,381,379,283,538
dp_spec	258,331,802,927
exe_stall_cycle	1,270,810,852,559
fetch_bubble	13,217,157,325
inst spec	1,359,282,832,799

Uncore相关PMU事件

事件	计数
hisi_sccl1_ddrc0:flux_rd	432,401,232
hisi_sccl1_ddrc0:flux_wr	5,023,520
hisi_sccl1_ddrc1:flux_rd	431,031,826
hisi_sccl1_ddrc1:flux_wr	5,218,286
hisi_sccl1_ddrc2:flux_rd	432,454,138
hisi_sccl1_ddrc2:flux_wr	5,986,656

图 7-137　OpenMP 和原始 PMU 事件

表 7-52 OpenMP 指标表格列说明

列 名	说 明
Parallel Region	并行区域
Barrier-to-barrier Segment	特殊的独立运行区段
Potential Gain(s)	实际时长和理论时长的差异
CPU Utilization(%)	CPU 的利用率
执行时间(s)	OpenMP 执行的时间
不平衡时间(s)	OpenMP 不平衡的运行时间
不平衡比率(%)	OpenMP 不平衡的运行比率
Spin(%)	CPU 用于 OS 和并行的等待率
Overhead(%)	CPU 并行的精细化比率

7.18 性能调优示例

通过一个简单的多线程计数的程序,演示使用和不使用锁对性能的影响。

1. 演示代码准备

步骤 1:登录鲲鹏服务器,创建/opt/code/目录,命令如下:

```
mkdir - p /opt/code/
```

步骤 2:进入 code 目录,使用 vim 创建 addnum.c 文件,命令如下:

```
cd /opt/code/
vim addnum.c
```

步骤 3:在 addnum.c 文件中输入下面的代码,并保存退出:

```
//Chapter7/addnum.c
# include < stdlib. h >
# include < stdio. h >
# include < pthread. h >
# include < sys/timeb. h >

/ * 全局变量 * /
int gnum = 0;
/ * 互斥锁 * /
pthread_mutex_t mutex;

void * dowork(void * arg)
```

```
{
    int i = 0;

    for (i = 0; i < 10000000; i++) {

        /* 获取互斥锁 */
        pthread_mutex_lock(&mutex);

        gnum++;

        /* 释放互斥锁 */
        pthread_mutex_unlock(&mutex);
    }

    pthread_exit(NULL);
}

int main(void)
{
    int threadCount = 5;
    int i = 0,t_sec,t_ms,ti;

    pthread_t threads[threadCount];
    struct timeb tstart,tend;

    /* 开始计时 */
    ftime(&tstart);

    /* 初始化互斥锁 */
    pthread_mutex_init(&mutex, NULL);

    /* 创建线程 */
    for(i = 0; i < threadCount; ++i){
        pthread_create(&threads[i], NULL, (void *)dowork, NULL);
    }

    /* 等待线程结束 */
    for(i = 0; i < threadCount; ++i)
    {
        pthread_join(threads[i], NULL);
```

```
    }

    / * 销毁互斥锁 * /
    pthread_mutex_destroy(&mutex);

    / * 结束计时 * /
    ftime(&tend);

    / * 计算秒间隔 * /
    t_sec = tend.time - tstart.time;

    / * 计算毫秒间隔 * /
    t_ms = tend.millitm - tstart.millitm;

    / * 计算用时 * /
    ti = t_sec * 1000 + t_ms;

    printf("The number is % d,time interval is % d ms.\n",gnum,ti);
    return 0;
}
```

步骤4：使用gcc编译addnum.c文件，编译参数加上-g，方便后续分析的时候显示源代码，编译后的文件为addnum，命令如下：

```
gcc - g - pthread - o addnum addnum.c
```

步骤5：执行addnum，查看执行时间，命令及回显如下：

```
./addnum
The number is 50000000,time interval is 2009 ms.
```

回显表明，应用执行的时间是2009ms(演示服务器使用的是2核16GB的配置，其他配置执行时间可能稍有不同)。

2. 对应用进行热点函数分析

在系统性能分析工具里，对应用所在服务器节点新建热点函数分析任务，如图7-138所示，分析对象选择"应用"，模式选择Launch Application，应用路径输入实际的路径，本次演示的路径为/opt/code/addnum，分析类型选择"热点函数分析"，C/C++源文件输入源文件地址，本次演示的源文件地址为/opt/code/addnum.c，其他的参数保留默认即可，然后单击"确认"按钮，启动分析任务，分析结果如图7-139所示。分析报告显示，检测到锁争抢严重，并且在Top 10热点函数列表里，前3个都是和锁相关的函数，由此可以知道该应用的瓶颈点就在锁的使用上。

图 7-138　新建热点函数分析任务

3. 对应用进行锁与等待分析

在系统性能分析工具里,对应用所在服务器节点新建锁与等待分析任务,如图 7-140 所示,分析对象选择"应用",模式选择 Launch Application,应用路径应输入实际的路径,本次演示的路径为/opt/code/addnum,分析类型选择"锁与等待分析",C/C++ 源文件输入源文件地址,本次演示的源文件地址为/opt/code/addnum.c,其他的参数选择默认即可,然后单击"确认"按钮,启动分析任务,分析结果如图 7-141 所示。分析报告显示,锁的调用函数集中在 dowork 这个函数上,单击调用点信息表格中某一行"操作"列的"查看"超链接,便可进入函数源代码查看页面,如图 7-142 所示,在代码流里深色块表示事件占比较多的地方,根

图 7-139　热点函数分析报告

据对应的源代码可以发现在对 gnum 累加的前后有锁的获取和释放,这里是可能的性能瓶颈点。

4. 改进代码

因为代码中使用了互斥锁来保证多线程对变量的争抢不出问题,而锁的开销是比较大的,一种可能的优化方式是使用原子变量来取代锁的使用,也就是说这种变量在硬件级别就实现了对数据的原子操作,不用再通过互斥锁的方式来避免线程的竞争。修改后的文件叫作 addnum2.c,代码如下:

```
//Chapter7/addnum2.c
# include < stdlib.h >
# include < stdio.h >
# include < pthread.h >
# include < sys/timeb.h >
# include < stdatomic.h >

/ * 全局变量 * /
atomic_int gnum = 0;

void * dowork(void * arg)
{
    int i = 0;
```

图 7-140　新建锁与等待分析任务

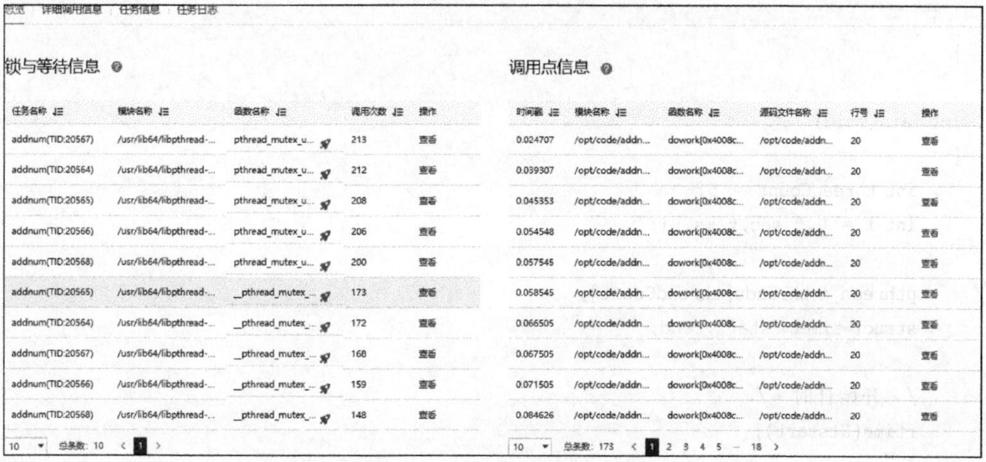

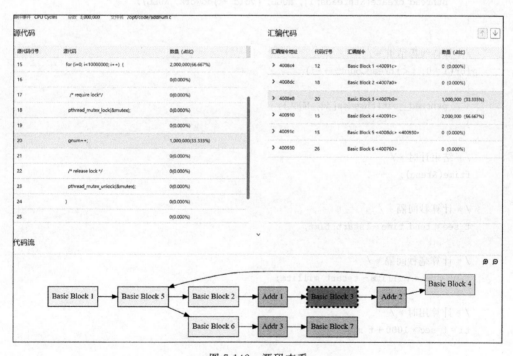

任务名称 ↓≡	模块名称 ↓≡	函数名称 ↓≡	调用次数 ↓≡	操作
addnum(TID:20567)	/usr/lib64/libpthread-...	pthread_mutex_u...	213	查看
addnum(TID:20564)	/usr/lib64/libpthread-...	pthread_mutex_u...	212	查看
addnum(TID:20565)	/usr/lib64/libpthread-...	pthread_mutex_u...	208	查看
addnum(TID:20566)	/usr/lib64/libpthread-...	pthread_mutex_u...	206	查看
addnum(TID:20568)	/usr/lib64/libpthread-...	pthread_mutex_u...	200	查看
addnum(TID:20565)	/usr/lib64/libpthread-...	__pthread_mutex_	173	查看
addnum(TID:20564)	/usr/lib64/libpthread-...	__pthread_mutex_	172	查看
addnum(TID:20567)	/usr/lib64/libpthread-...	__pthread_mutex_	168	查看
addnum(TID:20566)	/usr/lib64/libpthread-...	__pthread_mutex_	159	查看
addnum(TID:20568)	/usr/lib64/libpthread-...	__pthread_mutex_	148	查看

图 7-141 锁与等待分析报告

图 7-142 源码查看

```
    for (i = 0; i < 10000000; i++) {
        gnum++;
    }
}


int main(void)
{
    int threadCount = 5;
    int i = 0,t_sec,t_ms,ti;

    pthread_t threads[threadCount];
    struct timeb tstart,tend;

    /* 开始计时 */
    ftime(&tstart);

    /* 创建线程 */
    for(i = 0; i < threadCount; ++i){
        pthread_create(&threads[i], NULL, (void * )dowork, NULL);
    }

    /* 等待线程结束 */
    for(i = 0; i < threadCount; ++i)
    {
        pthread_join(threads[i], NULL);
    }

    /* 结束计时 */
    ftime(&tend);

    /* 计算秒间隔 */
    t_sec = tend.time - tstart.time;

    /* 计算毫秒间隔 */
    t_ms = tend.millitm - tstart.millitm;

    /* 计算用时 */
    ti = t_sec * 1000 + t_ms;

    printf("The number is %d,time interval is %d ms.\n",gnum,ti);
    return 0;
}
```

继续使用 GCC 编译 addnum2.c 文件,编译参数也加上-g,编译后的文件为 addnum2,命令如下:

```
gcc - g - pthread - o addnum2 addnum2.c
```

编译后执行 addnum,查看执行时间,命令及回显如下:

```
./addnum2
The number is 50000000,time interval is 776 ms.
```

回显数据表明,优化效果很明显,新的应用执行时间不到原先的 40%。

5. 对新应用执行热点函数分析

使用和本节 2."对应用进行热点函数分析"类似的方法,对/opt/code/addnum2 执行热点函数分析,分析报告如图 7-143 所示,在 Top 10 的热点函数里,已经没有了和锁相关的函数了,绝大部分调用在 dowork 函数本身上。

函数	模块	时钟周期	时钟周期百分比	执行时间 (s)
dowork[0x400714,0x400784]	/opt/code/addnum2	1424000000	99.65%	0.712000
__libc_malloc[0x8109c,0x811d0]	/usr/lib64/libc-2.17.so	1000000	0.07%	0.000500
_int_free[0x7cef0,0x7dd10]	/usr/lib64/libc-2.17.so	1000000	0.07%	0.000500
index[0x8620c,0x86370]	/usr/lib64/libc-2.17.so	1000000	0.07%	0.000500
msort_with_tmp.part.0[0x3781...	/usr/lib64/libc-2.17.so	1000000	0.07%	0.000500
strcmp[0x17338,0x17368]	/usr/lib64/ld-2.17.so	1000000	0.07%	0.000500

图 7-143　新热点函数分析报告

第 8 章

鲲鹏 Java 性能分析工具

8.1　鲲鹏 Java 性能分析工具简介

鲲鹏 Java 性能分析工具是鲲鹏性能分析工具的子工具，针对在基于鲲鹏处理器的服务器上运行的 Java 程序进行性能分析，收集并图形化显示 Java 程序的堆、线程、锁、垃圾回收等信息，据此分析热点函数、定位程序瓶颈点，并给出优化建议。

鲲鹏 Java 性能分析工具逻辑上分为两个模块，分别是 Analysis Server 模块和 Agent 模块。Analysis Server 模块是主模块，在安装性能分析工具时会自动安装，负责性能数据的分析及分析结果的呈现；Agent 模块相当于从模块，会安装在需要进行 Java 性能分析的服务器上，负责性能数据的采集并将数据传输给 Analysis Server 模块。

要进入鲲鹏 Java 性能分析工具主页面，需要先进入鲲鹏性能分析工具主页面，如图 8-1 所示，然后单击"Java 性能分析"图标，即可进入 Java 性能分析主页面，如图 8-2 所示。

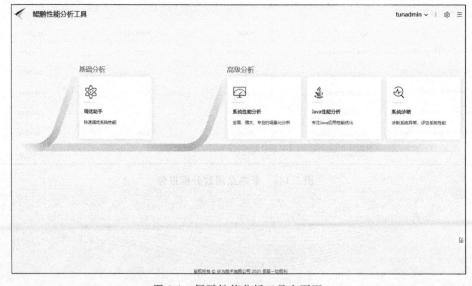

图 8-1　鲲鹏性能分析工具主页面

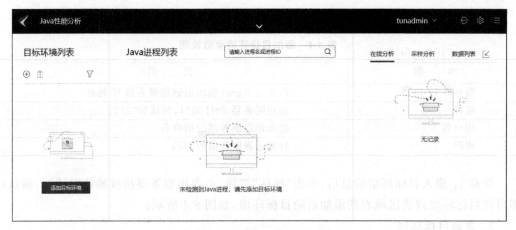

图 8-2　Java 性能分析主页面

8.2　目标环境管理

目标环境指要进行 Java 性能分析的鲲鹏服务器,Java 性能分析工具支持管理多个目标环境,并且可自动在目标环境上部署 Agent 模块。

1. 添加目标环境

步骤 1: 找到工具主页面的目标环境列表区域,单击⊕图标,或者单击"添加目标环境"按钮,如图 8-2 所示,系统会弹出"添加目标环境"对话框,如图 8-3 所示,目标环境分为远程服务器和本地服务器,当选择本地服务器时,服务器 IP 地址输入框会自动获取本地 IP 地址并变为只读状态,其他输入项的输入和远程服务器一样。

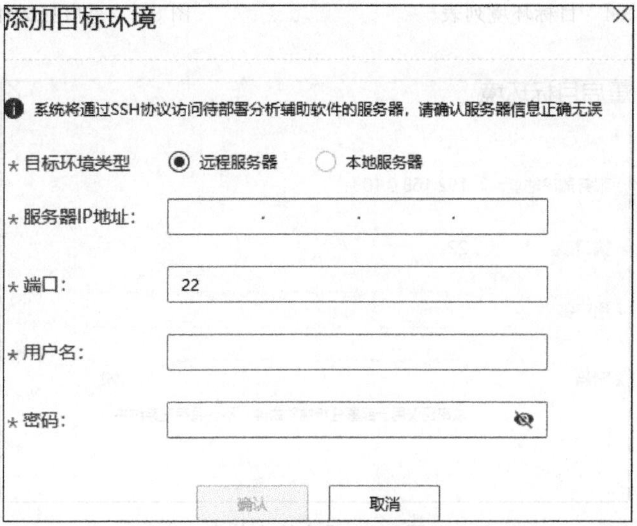

图 8-3　添加目标环境

添加目标环境各个参数的说明如表 8-1 所示。

表 8-1 添加目标环境参数说明

参　　数	说　　明
服务器 IP 地址	待安装 Agent 模块的远程服务器 IP 地址
端口	远程服务器 SSH 端口，默认为"22"
用户名	登录远程服务器的用户名
密码	登录远程服务器的密码

步骤 2：输入目标环境信息后，单击"确认"按钮，会弹出服务器指纹确认对话框，确认后即可在目标环境列表区域看到添加后的目标环境，如图 8-4 所示。

2. 重启目标环境

如果目标环境处于"连接超时"状态，则可以单击"重启"图标进行重启，如图 8-5 所示，重启时会要求重新输入目标服务器的用户名和密码，如图 8-6 所示，输入完毕后，单击"确认"按钮，即可完成重启。

图 8-4　目标环境列表

图 8-5　重启目标环境

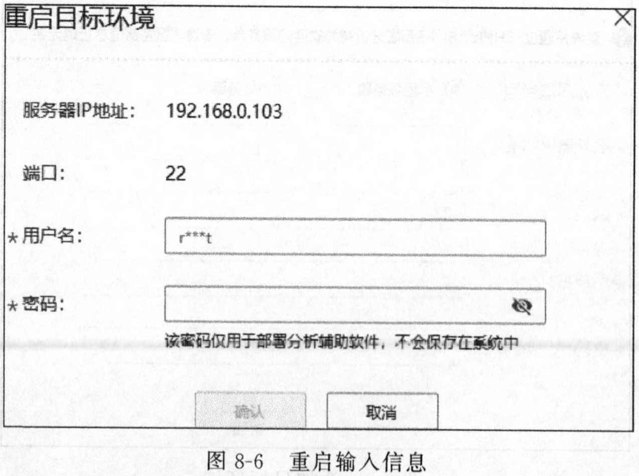

图 8-6　重启输入信息

3．删除目标环境

如果要删除的目标环境是"正常"状态，则可选中该目标环境，然后单击目标环境列表下的 🗑 图标，系统会弹出删除确认对话框，确认后即可完成目标环境的删除。如果要删除的目标环境是"连接超时"状态，则删除时会要求输入用户名和密码，如图8-7所示，输入完毕，单击"确认"按钮，即可完成删除。

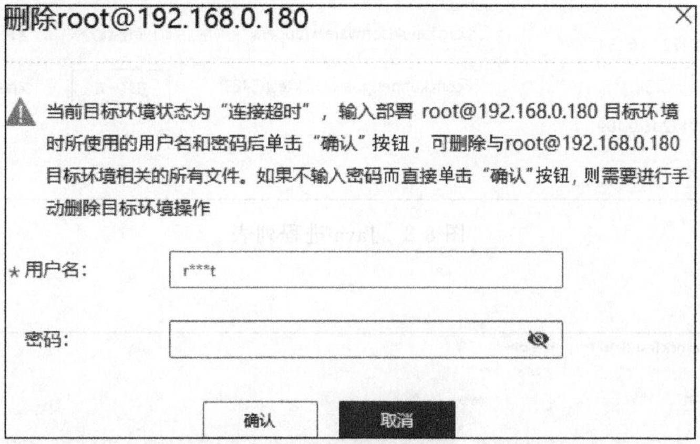

图 8-7　删除确认信息

8.3　在线分析

性能分析工具通过 Agent 模块从被分析的服务器获取 JVM 和 Java 程序的运行状态数据，按照概览、CPU、内存、热点、GC、I/O、数据库、Web 等分类进行动态的图形化直观展示，在分析过程中发现的可优化点会给出对应的优化建议。

8.3.1　分析任务管理

1．创建分析任务

在目标环境列表选中要进行性能分析的目标环境，右侧会出现 Java 进程列表，如图8-8所示。将鼠标悬停在待分析的 Java 进程上，在进程名称右侧会出现在线分析和采样分析的按钮，单击"在线分析"按钮，即可进入在线分析页面，如图8-9所示。

2．停止分析任务

停止分析任务有两种方法，一种是在图8-9所示的在线分析页面，单击最上面的"停止分析"按钮，系统会弹出停止分析确认窗口，如图8-10所示，单击"确认"按钮即可停止分析；另一种是在 Java 性能分析的首页，在右侧在线分析任务的列表，如图8-11所示，单击任务最后的停止分析图标 ◙，也可以停止分析任务。

图 8-8　Java 进程列表

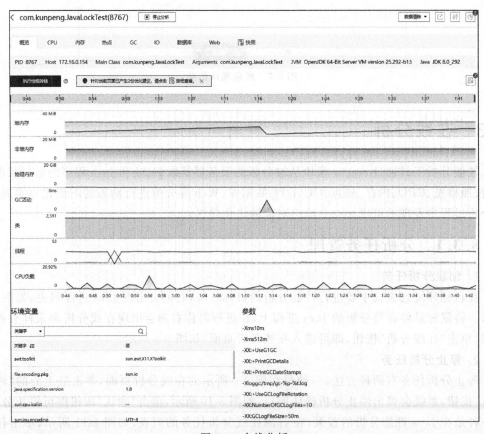

图 8-9　在线分析

图 8-10　停止分析

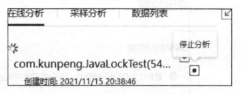

图 8-11　在线分析任务列表

3. 清除数据

在图 8-9 所示的在线分析页面,单击右上角的"数据清除"下拉列表框,会出现清除选项列表,如图 8-12 所示,可以选择清除全部页签的分析数据,也可以只清除当前页签的数据,单击对应的列表项即可完成数据的清除。

图 8-12　数据清除

4. 导出数据

导出数据有两种方法,一种是在图 8-9 所示的在线分析页面,单击右上角的导出数据图标 ⬀,系统会弹出"导出数据"对话框,如图 8-13 所示,选择要导出的页签后,单击"确认"按钮,即可将数据导出到本地;另一种是在 Java 性能分析的首页,在右侧的在线分析任务的列表,单击任务最后的导出数据图标 ⬇,也可以导出数据。

5. 重新开始分析任务

对于已经停止的分析任务,在分析页面会出现"重新开始"的按钮,如图 8-14 所示,单击该按钮,会弹出"重新开始在线分析"对话框,确认后即可重新开始分析任务。

6. 导入分析报告

分析报告的数据导出后,系统还支持导入。单击 Java 性能分析首页右侧的导入图标 ⬀,系统会弹出导入分析报告的数据类型选择对话框,如图 8-15 所示,数据类型可以选择在线分析、采样分析、数据列表,然后单击"确认"按钮,系统会提示从本地选择要导入的文件,选择文件并确认后即可启动数据的导入。

7. 实时数据限定

在进行 Java 性能的在线分析时,为了更好地展示数据,可以限制实时数据的时间范围和数据条数。以概览为例,折线图默认只显示 1min 内的实时数据,如果要显示 3min 的实时数据,就需要修改时间范围的限定。在图 8-9 所示的在线分析页面,单击右上角的 ⚙ 图标,会弹出"实时数据限定"对话框,如图 8-16 所示。

单击"修改"按钮,输入框变为可输入状态,输入新的时间,例如 3,然后确认输入,这样新的时间限定范围就生效了,如图 8-17 所示,可以清楚地看到,折线图时间范围变为了 3min。

除概览外,GC、I/O、数据库、Web 也可以做相应的实时数据限定。

导出数据
选择要导出的页签
置灰页签不支持一键导出，可到对应页签中单独保存
全部
概览
CPU
线程列表
线程转储
内存
热点
GC
GC分析
GC日志
I/O
文件I/O
Socket I/O
数据库
JDBC
JDBC数据库连接池
MongoDB
Cassandra
HBase
Web
HTTP请求
Spring Boot
快照
确认
取消

图 8-13　导出数据

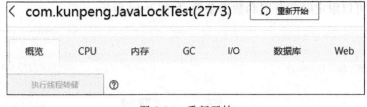

图 8-14 重新开始

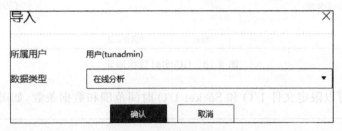

图 8-15 数据类型选择

图 8-16 实时数据限定

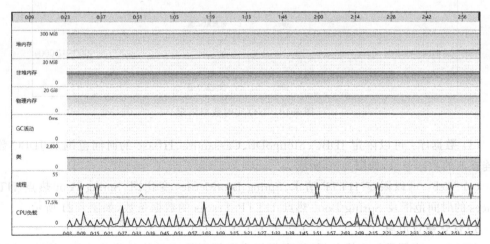

图 8-17 3min 时间限定

(1) GC：可以限定时间范围和数据条数，如图 8-18 所示。

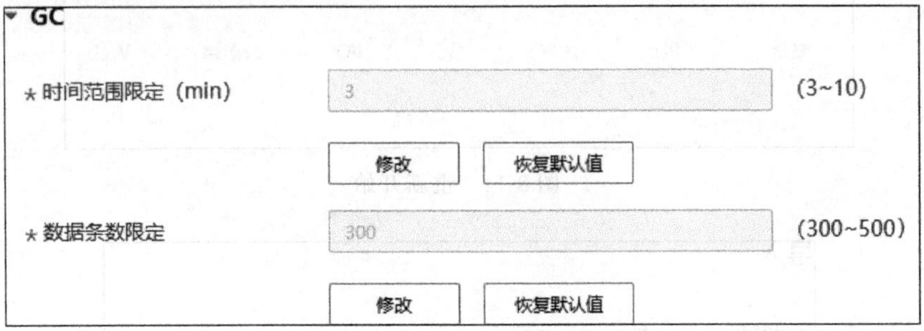

图 8-18　GC 实时数据限定

(2) I/O：可以限定文件 I/O 和 Socket I/O 时间范围和数据条数，如图 8-19 所示。

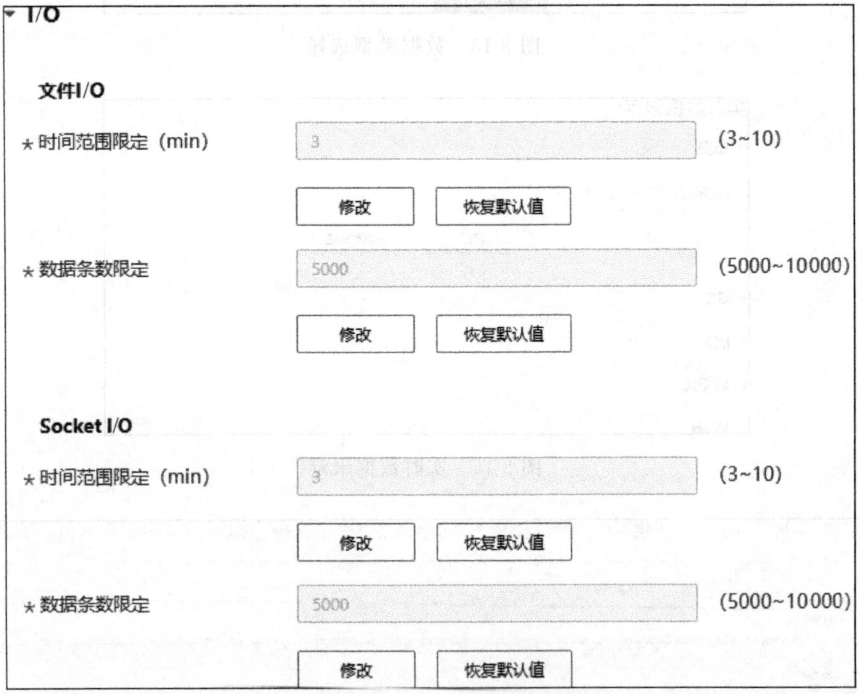

图 8-19　I/O 实时数据限定

（3）数据库：可以限定 JDBC、MongoDB、Cassandra、HBase 的时间范围及 JDBC 数据库连接池的数据条数，如图 8-20 所示。

（4）Web：可以限定 HTTP 请求、Spring BootMetrics 变化图、Spring Boot-热点 HTTP Traces 的时间范围及 Spring Boot-热点 HTTP Traces 的数据条数，如图 8-21 所示。

8. 优化建议汇总

在对 Java 应用进行在线分析时，会根据实际情况给出具体的优化建议，在图 8-9 所示

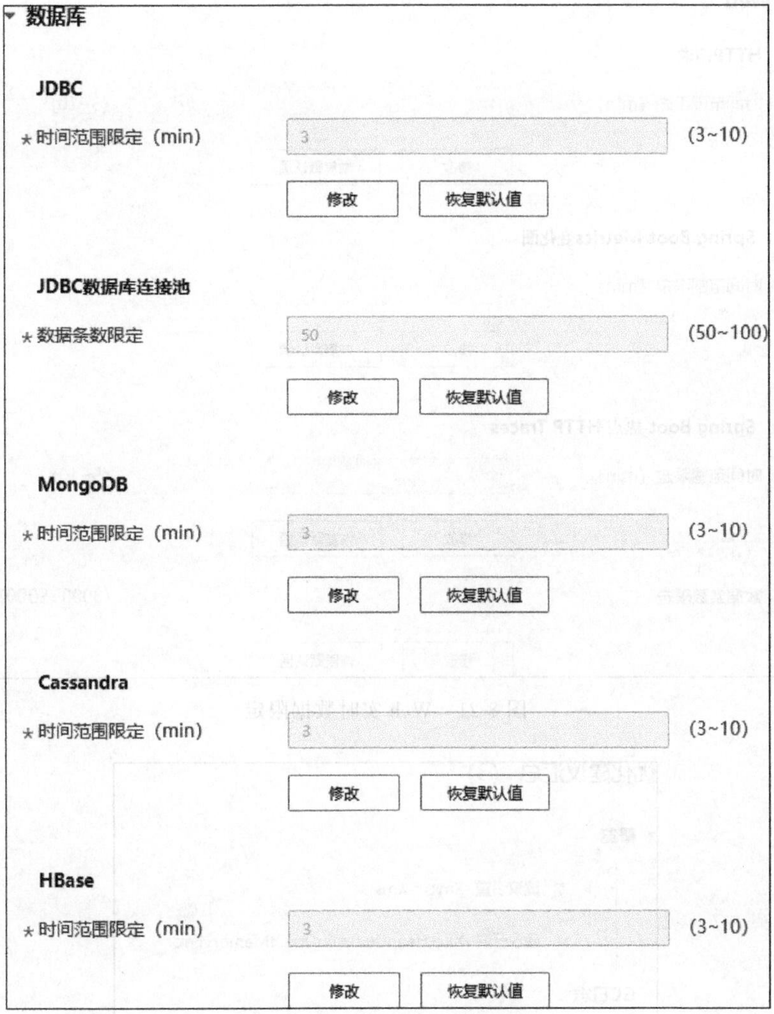

图 8-20　数据库实时数据限定

的在线分析页面,单击右上角的 图标,会弹出"优化建议汇总"对话框,如图 8-22 所示,可以逐级展开并查看具体的优化建议内容。

8.3.2　概览页签

概览页签从宏观上展示了 Java 应用的运行时序数据及 JVM 状态和环境信息,如图 8-9 所示。

1. 环境信息

页签最上部是环境信息,显示了线程 ID、IP 地址、JDK 环境等信息,详细说明如表 8-2 所示。

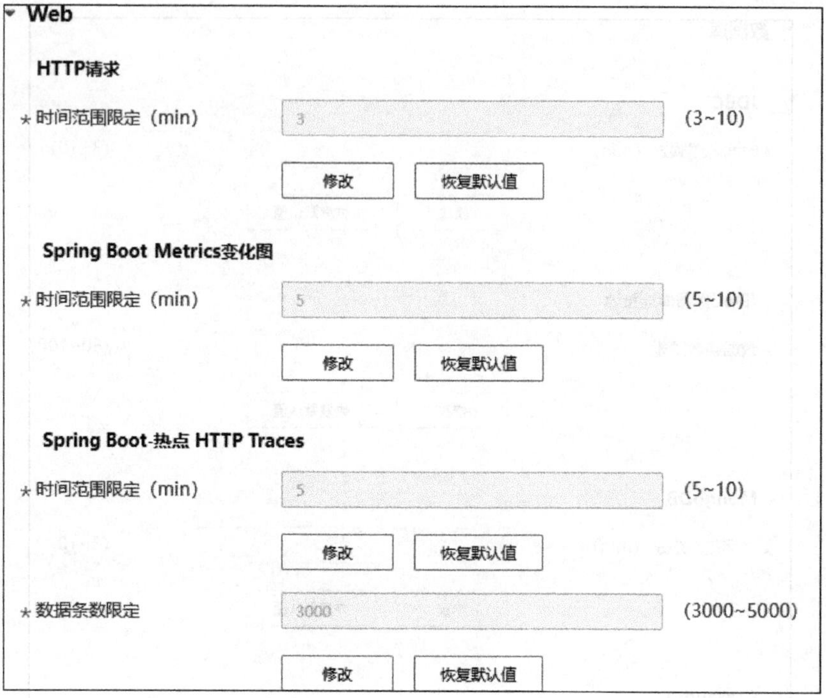

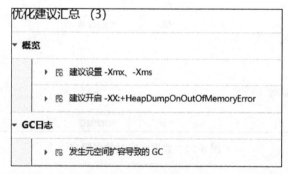

图 8-21　Web 实时数据限定

图 8-22　优化建议汇总

表 8-2　环境信息参数说明

参 数	说 明
PID	进程编号
Host	主机信息
Main Class	Java 程序的入口类名称
Arguments	命令行参数
JVM	JVM 版本信息
Java	JDK 版本信息

2. 线程转储

在页签左上角是"执行线程转储"按钮，单击该按钮，会把当前时刻运行的所有线程的快照存储起来，可以在CPU页签的"线程转储"子页签查看线程转储记录。

3. 优化建议

单击页签右上角的▦图标，可以弹出当前页签的"优化建议"对话框，如图8-23所示，可以单击建议项前的▶图标查看具体的建议信息。

图 8-23　优化建议

4. 时序图

概览页签上部最主要的区域就是显示内存、GC、线程、CPU等时序数据指标的折线图，按照给定的时间对话框，动态显示最新的状态数据。把鼠标悬停在某个指标区域上，会显示该指标选定时间点的状态数据，如图8-24所示；如果需要查看更细粒度的时序数据，则可以拖动时序图上面的时间标尺，选定一个合适的时间范围，下面的时序图将显示该时间范围的时序数据。

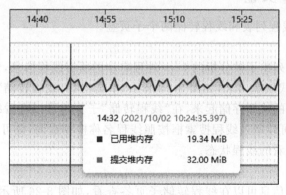

图 8-24　时序数据

时序图参数说明如表8-3所示。

表 8-3 时序图参数说明

分 类	参 数	说 明
堆内存	已用堆内存	Java 应用已经使用的堆内存大小
	提交堆内存	JVM 已预留的堆内存大小
非堆内存	已用非堆内存	Java 应用已经使用的非堆内存大小
	提交非堆内存	JVM 已预留的非堆内存大小
物理内存	Java 进程使用内存	Java 应用已使用的物理内存大小
	系统空闲内存	JVM 已预留的系统内存大小
GC 活动	暂停时间	GC 活动引起的应用暂停执行时间
类	类加载数量	已加载 Java 类数量
线程	运行中线程	处于运行态线程数量
	等待中线程	处于等待态线程数量
	阻塞中线程	处于阻塞态线程数量
CPU 负载	系统 CPU 使用率	JVM 进程占用的 CPU 使用率
	Java 进程 CPU 使用率	Java 进程占用的 CPU 使用率

说明：Java 堆(Java Heap)是 JVM 管理的最大一块内存,被所有线程共享,用来存放对象实例,是垃圾收集器管理的主要区域。非堆(Non-Heap)是方法区(Method Area)内存,也是被所有线程共享,用来存放 JVM 加载的类信息、常量、静态变量、即时编译器编译后的代码等,这里发生垃圾回收的机会较少,一般在常量池回收和类型卸载时可以回收一部分内存。

5. 环境变量和参数

页签最下部是环境变量和参数,列出了 Java 应用的运行环境信息及启动时的参数。

8.3.3 CPU 页签

CPU 页签包括线程列表和线程转储两个子页签。

1. 线程列表

线程列表子页签列出了被分析的 Java 进程启动的所有线程信息,包括线程名称和线程状态,以时序图的形式展示出来,如图 8-25 所示,单击“执行线程转储”按钮,系统会把当前时刻运行的所有线程的快照存储起来,在“线程转储”子页签可以查看线程转储记录。要查看特定的线程状态,可以通过线程搜索框按照线程名称模糊查询,也可以在显示用法后的下拉列表框中选择要查看的线程状态。

2. 线程转储

线程转储的快照信息可以在线程转储子页签查看,如图 8-26 所示,默认以锁分析图的形式展示。页面左侧是所有线程转储快照记录列表,单击某一个列表项,右侧会显示该时刻的锁分析图;在锁分析图中,左侧显示的是处于不同线程状态中的线程,右侧是锁的实例,线程和锁之间通过连线连接,实线表示该线程已持有该锁,虚线表示线程在该锁实例上阻塞,等待其他线程释放后再占有。

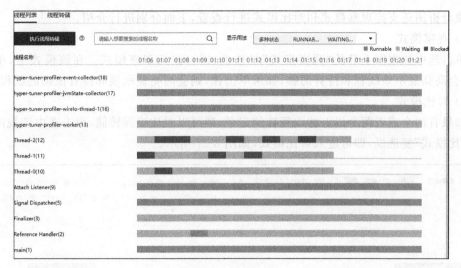

图 8-25　线程列表

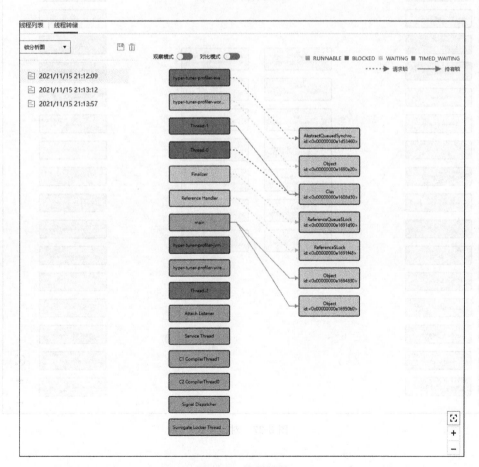

图 8-26　线程转储

锁分析图还支持观察模式和对比模式进行查看,下面分别进行介绍。

1)观察模式

单击选中锁视图上部的"观察模式"复选框,即可进入观察模式。在该模式下,单击线程,将会高亮显示该线程和持有的锁,如果单击锁,则会高亮显示锁和持有该锁的线程。

2)对比模式

如果有两个或者两个以上的线程转储记录,则可以对比线程转储,单击选中锁视图上部的"对比模式"复选框,即可进入对比模式,如图 8-27 所示。

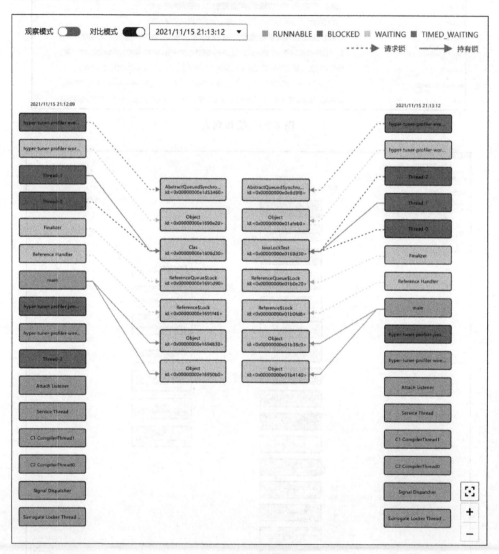

图 8-27　对比模式

在对比模式下,可以直观地看出不同时刻线程对锁的占有情况,也可以同时进入观察模式,更方便地观察两个时间点线程与持有锁的状态变化。

线程转储信息可以保存,单击 🖫 图标,会弹出线程转储保存对话框,如图 8-28 所示,确认信息无误后,单击"确认"按钮,便可完成线程转储数据的保存。

线程转储信息也可以删除,单击 🗑 图标,会弹出线程转储记录删除确认对话框,如图 8-29 所示,选中要删除的记录,单击"确认"按钮,即可根据提示信息完成删除操作。

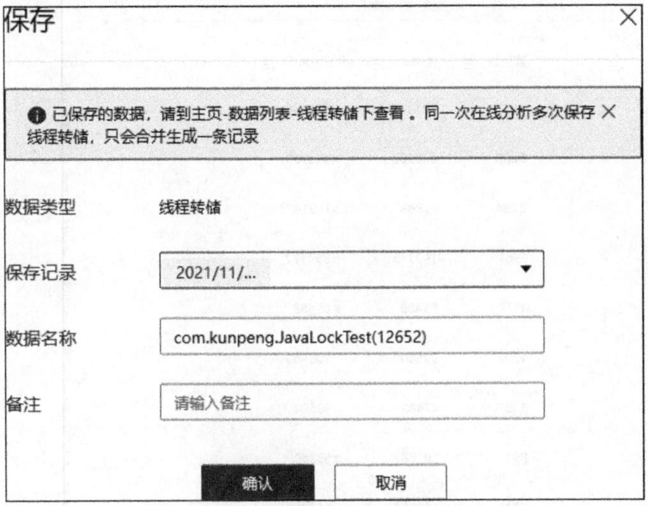

图 8-28　保存线程转储信息

图 8-29　删除线程转储信息

除了锁分析图,线程转储也支持查看原始数据,在下拉列表框里选择"原始数据"选项,即可进入原始数据查看页面,如图 8-30 所示。

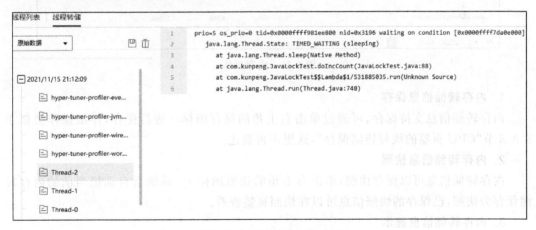

图 8-30　线程转储原始数据

8.3.4 内存页签

内存页签用于展示内存中类及实例信息，默认为没有数据，单击页面顶部的“执行内存转储”按钮，即可把JVM中当前时刻的内存快照保存下来，如图8-31所示。

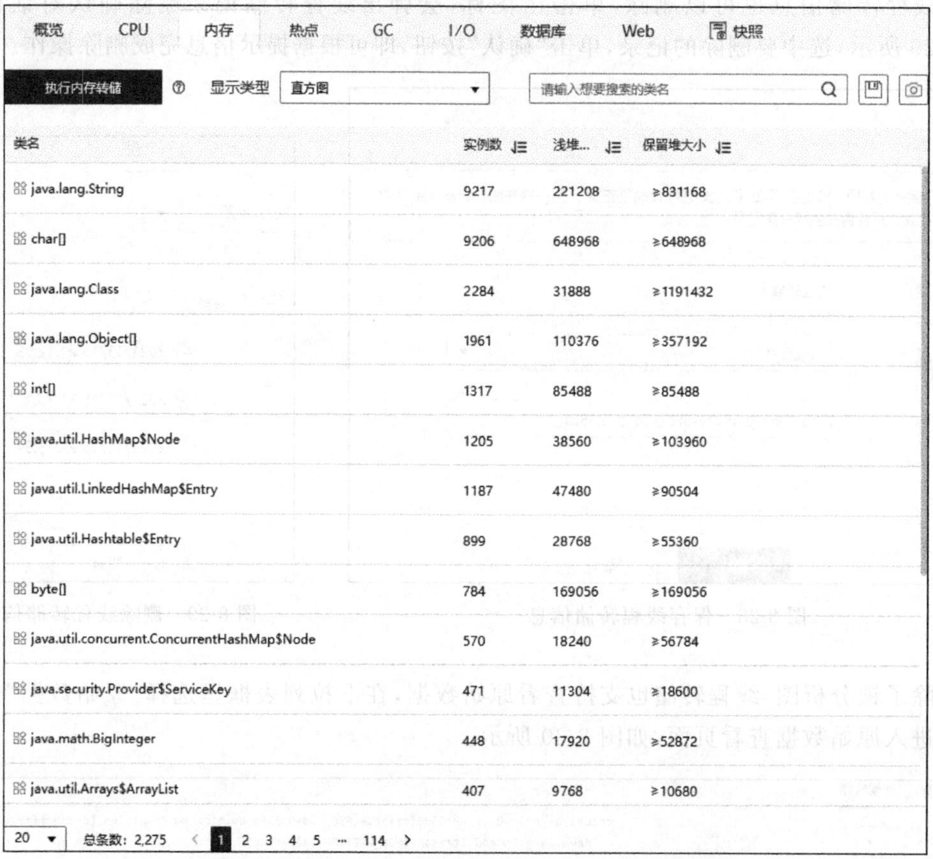
概览 CPU 内存 热点 GC I/O 数据库 Web 快照
执行内存转储
显示类型 直方图
请输入想要搜索的类名
类名 实例数 浅堆... 保留堆大小
java.lang.String 9217 221208 ≥831168
char[] 9206 648968 ≥648968
java.lang.Class 2284 31888 ≥1191432
java.lang.Object[] 1961 110376 ≥357192
int[] 1317 85488 ≥85488
java.util.HashMap$Node 1205 38560 ≥103960
java.util.LinkedHashMap$Entry 1187 47480 ≥90504
java.util.Hashtable$Entry 899 28768 ≥55360
byte[] 784 169056 ≥169056
java.util.concurrent.ConcurrentHashMap$Node 570 18240 ≥56784
java.security.Provider$ServiceKey 471 11304 ≥18600
java.math.BigInteger 448 17920 ≥52872
java.util.Arrays$ArrayList 407 9768 ≥10680
20 总条数：2,275 1 2 3 4 5 … 114

图8-31 内存页签

1. 内存转储信息保存

内存转储信息支持保存，可通过单击右上角的保存图标进行保存，详细操作类似于8.3.3节“CPU页签的线程转储保存”，这里不再赘述。

2. 内存转储信息快照

内存转储信息可以保存快照，单击右上角的快照图标，系统会自动把当前的内存转储保存为快照，已保存的快照信息可以在快照页签查看。

3. 内存转储信息显示

内存转储信息的显示方式分为直方图和支配树两种形式，默认按照直方图展示。

1) 直方图

对于直方图类型的内存转储信息表格,各个列的说明如表 8-4 所示。

表 8-4　直方图列说明

列　名	说　明
类名	类名称可能是下面 3 种类型中的一种: 类名称(当为类实例时显示); 实例 ID; GC Roots 信息(当实例为 GC Roots 时显示)
实例数	类实例数量
浅堆大小	所有类实例的浅堆大小
保留堆大小	类实例的保留堆大小

关于上述表格中的部分名词解释如下。

(1) GC Roots:进行垃圾回收的一个前提是判断对象是否存活,JVM 一般使用可达性分析算法进行判断。大体过程如下:先确定一系列称为 GC Roots 的对象作为起始点,然后从这些起始点向下开始搜索,搜索所走过的路径称为引用链;当一个对象到 GC Roots 对象没有任何引用链相连时,表明该对象是不可用的,可以判定为可回收的对象。

在 Java 语言中,可以作为 GC Roots 的对象包括以下几种类型:

- Java 虚拟机栈中引用的对象;
- 方法区中类静态属性引用的对象;
- 方法区中常量引用的对象;
- 本地方法栈中 JNI(Native 方法)引用的对象。

(2) 浅堆:对象浅堆的大小计算方法如下。

```
浅堆大小 = 对象头 + 实例数据 + 对齐填充
对象头 = 标记部分 + 原始对象引用
```

标记部分记录了对象的运行时数据,如 hashCode、GC 分代年龄、锁状态标志、线程持有的锁、偏向线程 ID、偏向时间戳等,标记部分的大小在 32 位机器上为 4Byte,在 64 位机器上为 8Byte。原始对象引用即对象的指针,可据此找到对象的实例,这部分大小在 32 位机器上为 4Byte,在 64 位机器上为 8Byte,如果开启了压缩,则为 4Byte。

以 Integer 对象类型为例,因为鲲鹏架构为 64 位,并且 JDK 开启了原始对象引用的压缩,所以对象头大小为 12Byte。Integer 对象是对 int 的封装,int 为 4Byte,所以对象头＋实例数据是 16Byte。对齐填充的目的是保证大小为 8 的倍数,这样就不用对齐填充了,也就是说 Integer 对象的浅堆大小也是 16Byte。

(3) 保留堆:对象的保留堆表示对象本身的浅堆和所有只能通过该对象访问的对象浅堆之和,也就是对象被 GC 回收后肯定释放的所有内存。

单击直方图类名前面的 ▦ 图标,会弹出下拉菜单,如图 8-32 所示,单击"从 GC Roots 到对象的最短共同路径"菜单项,可转到 GC Roots 到类实例的最短共同路径页面,如图 8-33 所示,该页面列出了每个 GC Roots 到该类实例的引用链;在计算引用

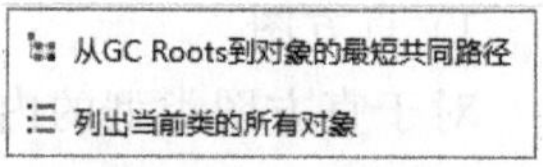

图 8-32　类名下拉菜单

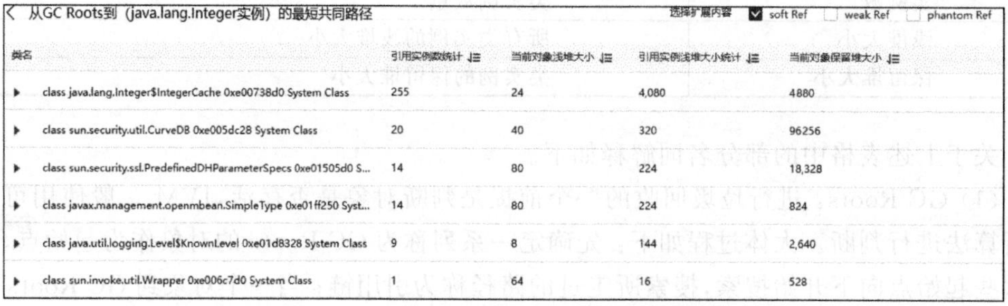

路径时,除了强引用外,还可以统计软引用、弱引用、虚引用,页面右上角的 soft Ref、weak Ref、phantom Ref 复选框,分别表示这 3 种扩展引用,该页面表格的列说明如表 8-5 所示;单击"列出当前类的所有对象"菜单项,可转到列出类的所有对象页面,如图 8-34 所示,该页面列出了给定类的所有实例。

图 8-33　GC Roots 到类实例的最短共同路径

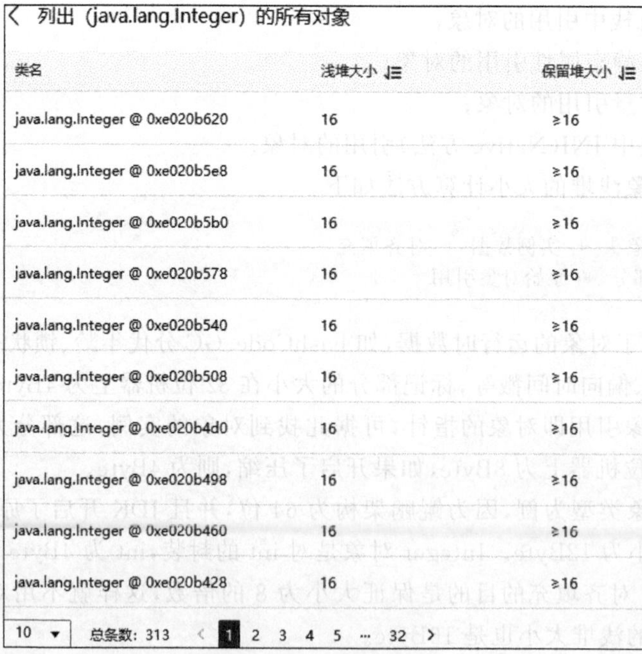

图 8-34　列出类的所有对象

表 8-5　最短共同路径列说明

列　　名	说　　明
类名	类名称可能是下面 3 种类型中的一种： 类名称（当为类实例时显示）； 实例 ID； GC Roots 信息（当实例为 GC Roots 时显示）
引用实例数统计	引用实例数量
当前对象浅堆大小	当前对象的浅堆大小
引用实例浅堆大小统计	引用实例的浅堆大小
当前对象保留堆大小	当前对象的保留堆大小

2）支配树

支配树使用树形结构的形式展示内存转储信息，如图 8-35 所示，支配树表格要注意的是"百分比"列，它表示该实例的保留堆占总堆的百分比。

类名	浅堆大小	保留堆大小	百分比
▶　class sun.util.calendar.ZoneInfoFile 0xe0094648 System Class	120	153496	5.98%
▶　com.sun.crypto.provider.SunJCE 0xe0176b20	104	89480	3.48%
▶　class sun.security.util.CurveDB 0xe0018520 System Class	40	77416	3.01%
▶　java.util.zip.ZipFile$Source 0xe0118810	64	76000	2.96%
▶　class sun.security.ssl.CipherSuite 0xe01b9168 System Class	1352	64624	2.52%
▶　java.util.HashSet 0xe00804d0	16	63152	2.46%
▶　sun.text.normalizer.NormalizerImpl 0xe022f478	80	54432	2.12%
▶　sun.management.VMManagementImpl 0xe02871c8	24	53560	2.09%
▶　java.util.zip.ZipFile$Source 0xe012b3b0	64	45632	1.78%
▶　sun.security.provider.Sun 0xe016c578	104	38936	1.52%
▶　class sun.util.resources.TimeZoneNames 0xe0067138 System Cla...	8	38224	1.49%
▶　java.util.zip.ZipFile$Source 0xe01368b0	64	38032	1.48%
▶　class jdk.internal.loader.BuiltinClassLoader 0xe00d1078 System ...	16	37944	1.48%
▶　class jdk.internal.math.FDBigInteger 0xe0294a70 System Class	40	37472	1.46%

图 8-35　支配树

单击类名前的▶图标，可以逐层展开并查看类的引用关系；单击🔡图标会弹出"从对象到 GC Roots 的路径"菜单项，单击该菜单项可转向从对象到 GC Roots 的路径页面，如图 8-36 所示。

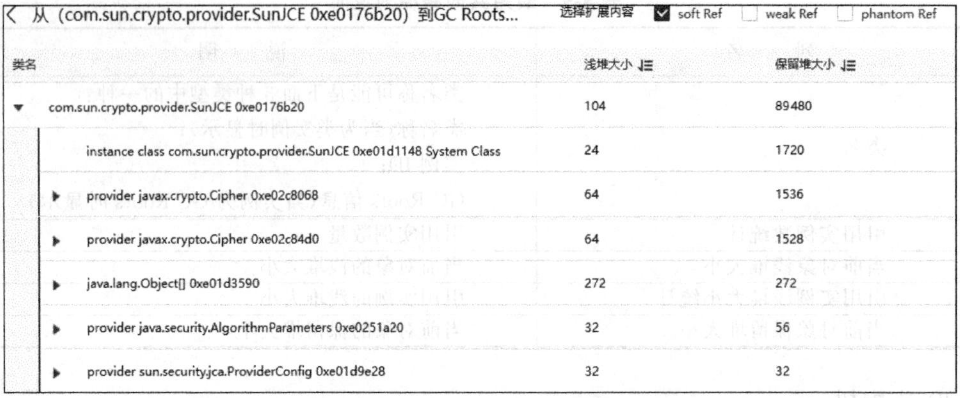

从 (com.sun.crypto.provider.SunJCE 0xe0176b20) 到GC Roots...
选择扩展内容
soft Ref
weak Ref
phantom Ref
类名
浅堆大小
保留堆大小
com.sun.crypto.provider.SunJCE 0xe0176b20
104
89480
instance class com.sun.crypto.provider.SunJCE 0xe01d1148 System Class
24
1720
provider javax.crypto.Cipher 0xe02c8068
64
1536
provider javax.crypto.Cipher 0xe02c84d0
64
1528
java.lang.Object[] 0xe01d3590
272
272
provider java.security.AlgorithmParameters 0xe0251a20
32
56
provider sun.security.jca.ProviderConfig 0xe01d9e28
32
32

图 8-36　从对象到 GC Roots 的路径

8.3.5　热点页签

热点页签通过热点分析来查看热点信息，热点分析指的是 JVM 中经工具分析的热点方法，热点方法以倒火焰图的形式呈现，默认情况下，热点页签是空的，通过单击“新建热点分析”按钮，可以弹出新建热点分析的页面，如图 8-37 所示，各个参数的说明如表 8-6 所示。

概览
CPU
内存
热点
GC
I/O
数据库
Web
快照
新建热点分析
新建热点分析
java进程时添加参数 -
采样方式
指定采样时长
不限制采样时长
* 采样时长(秒)
60
(1-300)
* 采样间隔(毫秒)
10
(1-1000)
* 采样事件类型
CPU
反汇编/字节码分析
配置堆栈深度
* 追踪的最大栈深
16
(16-64)
需排除分析的方法
请输入以下匹配条件，支持多个参数，以";"分割
必须分析的方法
请输入以下匹配条件，支持多个参数，以";"分割
确认
取消

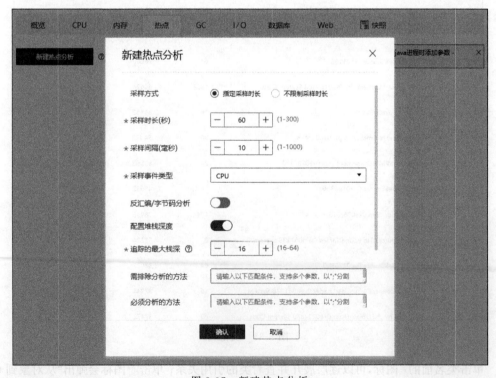

图 8-37　新建热点分析

表 8-6　新建热点分析参数说明

参　　数	说　　明
采样方式	选择采样时长的设置方式,如果指定采样时长,则需要填写下面的采样时长输入框,否则就不用填写
采样时长(s)	采集数据的时长
采样间隔(ms)	采集数据的间隔时间
采样事件类型	采集数据的类型,可以选择 CPU 或者 CYCLES
反汇编/字节码分析	是否开启反汇编/字节码分析,如果开启,应用性能开销将增大,则可能会影响程序性能
配置堆栈深度	是否配置堆栈深度,如果配置,则下面的"追踪的最大栈深"将需要设置
追踪的最大栈深	采集数据的最大栈深
需排除分析的方法	用户设置的不需采集的数据,支持多个参数
必须分析的方法	必须采集的数据,支持多个参数
触发开始分析的方法	触发开始分析的方法
触发结束分析的方法	触发结束分析的方法
分析内核态调用	是否分析内核态的调用状态

填写完毕新建热点分析的参数后,单击"确认"按钮即可开始分析,分析时会弹出进度对话框,如图 8-38 所示,如果要停止采样,则可单击"停止采样"按钮,将会立即停止采样并开始分析数据;如果要取消采样,则可单击"取消采样"按钮,将会立即取消采样,但不会分析数据。分析任务执行完毕,会出现分析的结果,如图 8-39 所示。

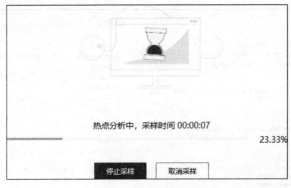

热点分析中,采样时间 00:00:07

23.33%

停止采样　　取消采样

图 8-38　分析进度

热点分析的结果页面最上部是重建热点分析按钮,单击该按钮,会弹出重建分析的确认对话框,确认后将弹出重建热点分析的对话框,和新建热点分析对话框基本一致,此处就不再重复说明了。重建热点分析按钮下面列出了分析任务的配置信息,再往下是热点方法倒火焰图区域,使用不同的颜色标出不同的方法类型,也可以在输入框输入要搜索的方法,搜索后,将会使用紫色标注找到的方法。单击火焰图上方法的名称,将会在右侧显示对应的字节码和热点汇编,如图 8-40 所示,如果不是 Java 相关调用,则将只显示热点汇编,如图 8-41 所示。

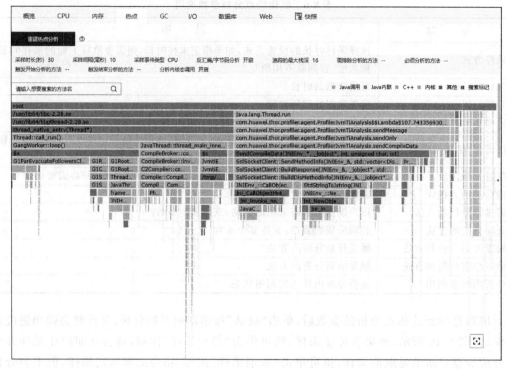

图 8-39　热点分析结果

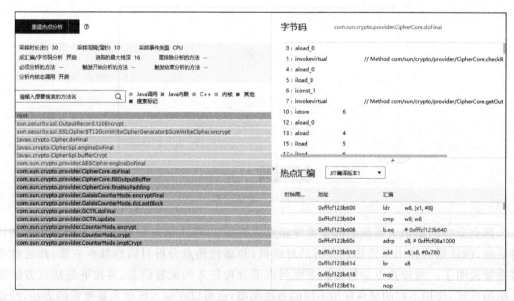

图 8-40　字节码和热点汇编

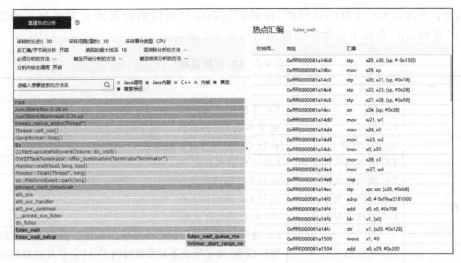

图 8-41 热点汇编

8.3.6 GC 页签

1. GC 分析子页签

GC 分析子页签如图 8-42 所示，上部是 GC 事件的表格，记录了详细的 GC 事件发生的

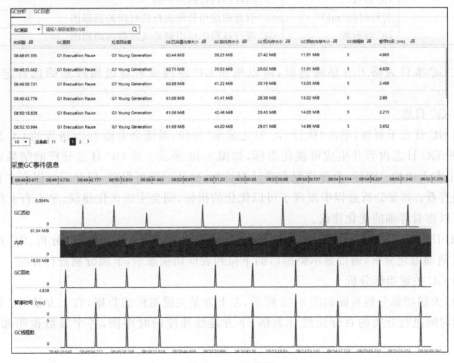

图 8-42 GC 分析

细节信息；下部是 GC 事件的时序图，按照时间顺序使用图形的形式直观地展示给定时间段的 GC 事件，GC 分析子页签的参数说明如表 8-7 所示。

表 8-7　GC 分析说明

分　类	列　名	说　明
GC 事件	时间戳	GC 事件发生的时间
	GC 原因	触发本次 GC 的原因
	垃圾回收器	执行 GC 的垃圾收集器名称
	GC 已申请内存大小	GC 已申请内存大小
	GC 前内存大小	执行 GC 前内存大小
	GC 后内存大小	执行 GC 后内存大小
	GC 回收内存大小	GC 回收的内存大小
	GC 线程数	GC 进行过程中使用到的线程数，GC 操作会暂停所有的应用程序线程，为了尽量缩短停顿时间 JVM 会尽可能地利用更多的 CPU 资源，这里使用多个线程可以加速 GC 的执行
	暂停时间(ms)	GC 引起的应用暂停执行的时间；长时间的暂停会影响应用执行效率，可以使用多种措施尽可能减少暂停时间
采集 GC 事件信息	GC 活动	GC 的暂停时间与单位时间(1s)的比值的面积图
	内存	JVM 申请的内存、使用中的内存和空闲的内存大小的堆叠面积图
	GC 回收	GC 回收的内存的面积图
	暂停时间(ms)	GC 引起的应用暂停执行的时间的面积图
	GC 线程数	GC 进行过程中使用到的线程数的面积图

在 GC 事件表格上方是筛选框，可以按照 GC 原因或者垃圾回收器筛选特定的 GC 事件。

2. GC 日志

在 GC 日志子页签，单击"执行 GC 日志采集"按钮，系统会采集 Java 进程的 GC 日志文件，分析 GC 日志内容并生成可视化指标，如图 8-43 所示。对 GC 日志分析的结果可以保存，单击右上角的 ⊟ 图标，会弹出保存确认对话框，确认后即可保存，保存后可以在主页的数据列表查看；如果分析过程中发现了可以优化的指标，则会生成优化建议，单击右上角的 ⊡ 图标可以查看详细的优化建议。

GC 日志分析结果可以使用 3 种类型进行显示，分别是 GC 关键指标分析、GC 成因分析、GC 活动细化分析，通过显示类型后的下拉列表框切换显示，下面分别进行介绍。

1) GC 关键指标分析

GC 关键指标分析页面如图 8-43 所示，左上方是关键指标的数据，右上方是 GC 暂停按照持续时间进行分类的百分比统计表格，下方是线性度的时序图，各个参数说明如表 8-8 所示。

图 8-43　GC日志

表 8-8　关键参数说明

参　　数	说　　明
GC 吞吐量	除 GC 外的总耗时,也就是应用线程用时占程序总用时的比例
GC 开销	GC 占用的资源百分比
线性度	体现 CPU 多核利用率,计算公式为(用户耗时＋系统耗时)/实际耗时
GC 平均暂停时间	平均每次 GC 暂停的时长
最高暂停时间	进程在 GC 时最长的暂停时长
GC 暂停统计	按照时间段统计的 GC 暂停次数表格,列出了每个时间段的占比
线性度分类采集	采集时间段内线性度的实时变化

2) GC 成因分析

在显示类型下拉列表框可以选择 GC 成因分析,页面如图 8-44 所示,页面上部使用圆环数据占比图显示引起 GC 的各种原因百分比;下部显示了详细的 GC 原因表格,列出了 GC 原因、发生的次数及 GC 时间统计数据,通过 GC 成因分析,可以找到引起 GC 的原因,从而为优化 GC 提供可行的思路。

3) GC 活动细化分析

简略地说,G1 垃圾回收器也是一个分代回收器,它把堆分成了若干区域(Region),这些区域的一部分是老年代(Old),一部分是年轻代(Yong),两者的比例默认为 2∶1;年轻代又

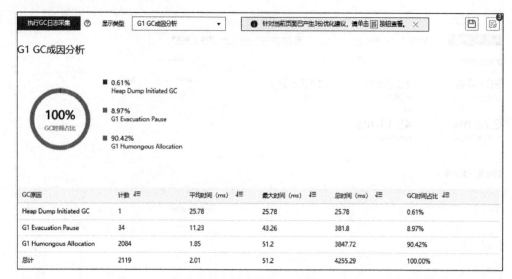

图 8-44　GC 成因分析

被分成了 1 个 Eden 区和 2 个 Survivor 区，默认情况下，Eden 区和 Survivor 区的比例为 8：1。
G1 的 GC 类型分为年轻代 GC（Yong GC）、混合 GC（Mix GC）和 Full GC，其中，混合 GC 又
包含全局并发标记的过程，要详细了解这些 GC 活动的细节，可以进行 GC 活动细化分析，
在显示类型下拉列表框选择 GC 活动细化分析，即可对此进行统计，页面如图 8-45 所示。

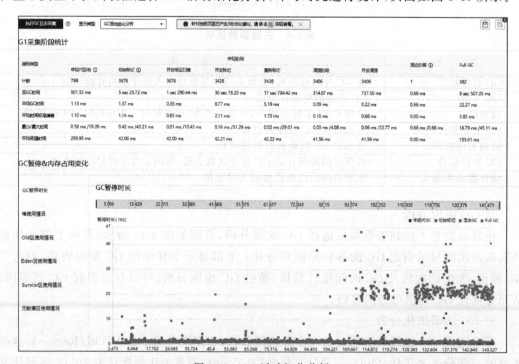

图 8-45　GC 活动细化分析

为了展示各种 GC 过程,在截图中出现了大量的 Full GC,其实,正常情况下 Full GC 是很少发生的,出现了 Full GC 一般表示在内存回收过程中出现了较大的问题,需要想办法解决触发 Full GC 的原因。GC 活动细化分析的各个参数说明如表 8-9 所示。

表 8-9　GC 活动细化分析的各个参数说明

分　类	列　名	说　明
G1 采集阶段统计	总 GC 时间	该 GC 阶段的总时长
	平均 GC 时间	该 GC 阶段平均的 GC 时长
	平均时间标准偏差	平均 GC 时间的标准差
	最小/最大时间	该 GC 阶段 GC 的最小/最大时长
	平均间隔时间	该 GC 阶段两次 GC 的平均间隔时长
GC 暂停 & 内存占用变化	GC 暂停时长	各个阶段的 GC 暂停时长时序图
	堆使用情况	GC 前后堆内存的使用情况
	Old 区使用情况	GC 前后老年代的使用情况
	Eden 区使用情况	GC 前后 Eden 区的使用情况
	Survivor 区使用情况	GC 前后 Survivor 区的使用情况
	元数据区使用情况	GC 前后元数据区的使用情况

在 G1 采集阶段统计区域,单击表格的"年轻代回收"列的超链接,便可进入年轻代回收细化分析页面,如图 8-46 所示,该页面给出了详细的耗时统计信息;除此之外,单击"初始标记"和"混合阶段"列的超链接,也会进入类似的页面。

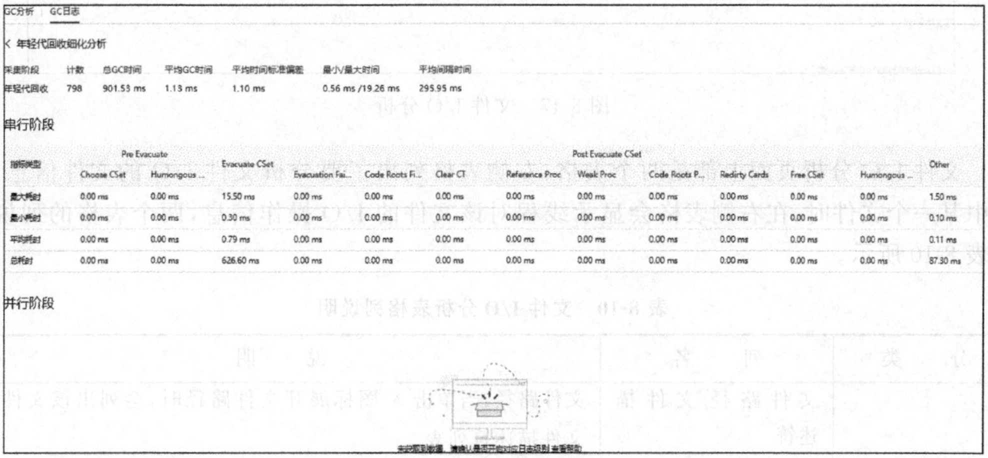

图 8-46　年轻代回收细化分析

8.3.7　I/O 页签

I/O 页签包括文件 I/O 和 Socket I/O,分别用于分析对文件的读写和对网络的读写。

1. 文件 I/O

默认进入文件 I/O 页面时,不会启动 I/O 分析,单击"启动分析 I/O"按钮,即可启动对文件 I/O 的分析;文件 I/O 启动分析后的页面如图 8-47 所示,如果要停止分析,则可单击"停止分析 I/O"按钮;文件 I/O 支持保存快照,可以单击右上角的 图标,系统会自动保存快照。需要注意的是,文件 I/O 只会抓取阈值以内的文件 I/O 来分析,所以需要合理地设置文件 I/O 的阈值,如果在实际分析中发现没有抓取到文件 I/O 数据,则可能是这个阈值设置得太小了,可以适当提高阈值,阈值的设置范围为 1~10 485 760。

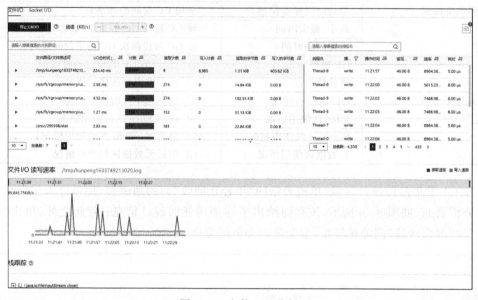

图 8-47　文件 I/O 分析

文件 I/O 分析页面上部是两个表格,左侧表格列出了要分析文件 I/O 的文件信息,当选中某一个文件时,在右侧表格会显示线程对该文件的 I/O 操作信息,两个表格的列说明如表 8-10 所示。

表 8-10　文件 I/O 分析表格列说明

分　类	列　名	说　明
文件 I/O 信息	文件路径/文件描述符	文件路径,当单击 ▶ 图标展开文件路径时,会列出该文件的文件描述符列表
	I/O 总时间	文件 I/O 读写的总时间
	计数	文件 I/O 读写的总次数
	读取计数	文件 I/O 读取的次数
	写入计数	文件 I/O 写入的次数
	读取的字节数	文件 I/O 读取的字节数
	写入的字节数	文件 I/O 写入的字节数

续表

分　类	列　名	说　明
I/O 操作信息	线程名	当前文件 I/O 调用的线程名称
	操作类型	文件 I/O 操作的类型，可能是 read、write、open、close
	操作时间	文件 I/O 操作的时间
	读写字节数	文件 I/O 读取或写入的字节数
	速率	文件 I/O 读取或写入的速率
	耗时	文件 I/O 操作的耗时

文件 I/O 分析页面中部会显示选定文件的文件 I/O 读写速率，以时序图的形式动态地展示该文件的读取和写入速率。文件下部是栈跟踪的调用树，使用树形结构展示对文件 I/O 函数的调用关系，默认最多可以展示 16 层栈深度，如果需要调整，则可以到系统配置页面修改。

2. Socket I/O

Socket I/O 页签和文件 I/O 页签类似，单击"启动分析 Socket I/O"按钮即可启动 Socket I/O 分析，Socket I/O 启动分析后的页面如图 8-48 所示，同样，对 Socket I/O 的分析也是只分析阈值以内的 I/O 数据。该页面和文件 I/O 的分析页面在内容和布局上类似，主要的区别是文件路径被替换成了远程地址和端口，其他的部分可以参考文件 I/O 对应的内容。

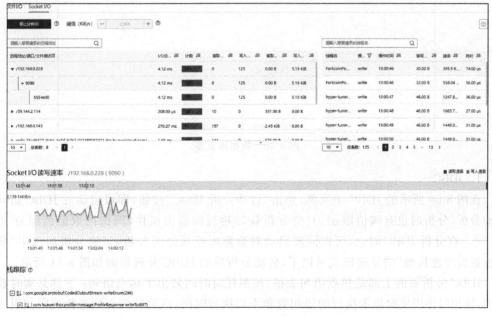

图 8-48　Socket I/O 分析

8.3.8　数据库页签

在进入数据库页签时,因为需要在页面中展示 SQL/NoSQL 的语句,这些语句可能和具体的业务逻辑有关,所以系统会弹出授权页面,如图 8-49 所示。

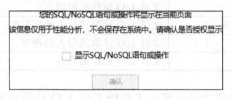

图 8-49　数据库语句授权

单击选中"显示 SQL/NoSQL 语句或操作"复选框,然后单击"确认"按钮,即可进入数据库页签,如图 8-50 所示。数据库页签包括 JDBC、JDBC 数据库连接池、MongoDB、Cassandra、HBase 页签,其中 MongoDB、Cassandra、HBase 和具体的数据库有关,此处就不详细介绍了,本页签只介绍 JDBC 和 JDBC 数据库连接池子页签。

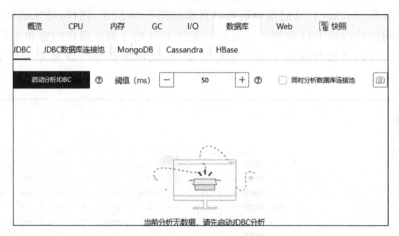

图 8-50　数据库页签

1. JDBC

在图 8-50 所示的 JDBC 子页签,单击"启动分析 JDBC"按钮,即可启动对 JDBC 访问操作的分析,分析时也有阈值限制,只会分析耗时超过阈值的操作,阈值的取值范围为 10～10 000。在分析 JDBC 时,也可以同步启动对数据库连接池的分析,只需分析前选中"同时分析数据库连接池"的复选框就可以了,启动分析后的 JDBC 分析页面如图 8-51 所示。

JDBC 分析页面上部是热点语句表格,按照耗时时间列出了热点语句;下部是实时数据监控,使用时序图实时显示执行的语句数和平均执行时间,该页签的页面参数说明如表 8-11 所示。

图 8-51 JDBC 分析

表 8-11 JDBC 分析参数说明

分 类	参 数	说 明
热点语句	热点语句	监控到的热点 SQL 语句
	总耗时（ms）	执行该 SQL 语句总的耗时
	平均执行时间（ms）	热点语句的平均每次的执行时间
	执行次数	热点 SQL 语句执行的次数
实时数据监控	执行语句数	特定时刻执行的 SQL 语句数量
	语句平均执行时间	特定时刻 SQL 语句平均执行时间

2. JDBC 数据库连接池

在 JDBC 数据库连接池子页签，单击"启动监控连接池"按钮，即可启动对 JDBC 数据库连接池访问操作的分析，分析页面如图 8-52 所示。

单击分析页面右上角的 图 图标，会显示优化建议；单击 图 图标，会把分析数据保存成快照，可以在快照页签查看；单击 图 图标会弹出连接池配置参数对话框，如图 8-53 所示，在配置参数对话框中可以查看详细的连接池配置参数，对于可以优化的配置选项，使用 图 图

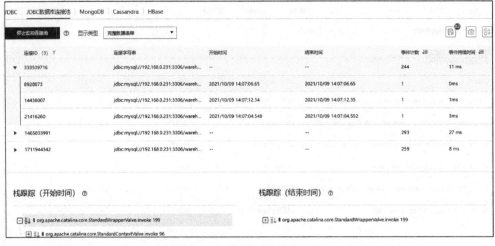

图 8-52　JDBC 数据库连接池分析

标进行标识,将鼠标悬停在该标识上,可以显示优化建议。在页面的上部是连接池表格,列出了详细的连接信息;在下部是栈跟踪区域,用于显示连接开始时间和结束时间的程序调用堆栈信息。

图 8-53　druid 连接池配置参数

对连接池的监控,也可以通过实时监控图来查看,在显示类型下拉列表框选择"实时监控视图"选项,即可检查实时监控图,如图 8-54 所示,在此视图中,可以输入产生报警的阈值。

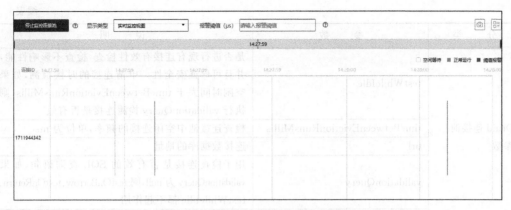

图 8-54　JDBC 连接池实时监控视图

JDBC 连接池页签的关键参数说明如表 8-12 所示。

表 8-12　JDBC 连接池页签的关键参数说明

分　类	参　数	说　明
JDBC 数据库连接池	链接 ID	链接 ID
	连接字符串	数据库连接字符串
	开始时间	连接开始时间
	结束时间	连接结束时间
	事件计数	连接期间执行的事件数量
	事件持续时间	事件持续时间
Druid 连接池参数	initialSize	应用程序启动时在连接池中初始化的连接数量
	keepAlive	是否执行 keepAlive 操作
	maxActive	连接池中最大的连接数量
	maxPoolPreparedStatement PerConnectionSize	每个连接最大缓存的 SQL 语句数量
	maxWait	获取连接的最大等待时间,单位为 ms
	minEvictableIdleTimeMillis	连接在连接池中的最小空闲时间,单位为 ms
	minIdle	连接池中最小空闲的连接数量
	poolPreparedStatements	是否缓存 SQL 语句
	testOnBorrow	连接建立时,是否进行连接有效性检查,如果配置值为 true,则执行 validationQuery 检测连接是否有效,该检测会降低性能
	testOnReturn	连接释放时,是否进行连接有效性检查,如果配置值为 true,则执行 validationQuery 检测连接是否有效,该检测会降低性能

续表

分　类	参　数	说　明
Druid 连接池参数	testWhileIdle	是否进行现有连接有效性检查,检查不影响性能,并且可保证安全性。申请连接的时候检测,如果空闲时间大于 timeBetweenEvictionRunsMillis,则执行 validationQuery 检测连接是否有效
	timeBetweenEvictionRunsMillis	检查连接池中空闲连接的频率,单位为 ms
	url	连接数据库的地址
	validationQuery	用于检查连接是否有效的 SQL 查询语句,如果 validationQuery 为 null,则 testOnBorrow、testOnReturn、testWhileIdle 都不起作用
	validationQueryTimeout	连接有效性检查的超时时间

8.3.9　Web 页签

Web 页签如图 8-55 所示,包括 HTTP 请求页签和 Spring Boot 页签。

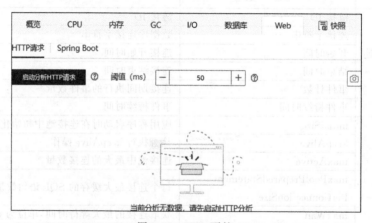

图 8-55　Web 页签

1. HTTP 请求

单击"启动分析 HTTP 请求"按钮,便可开始分析 HTTP 请求,页面如图 8-56 所示,系统会抓取耗时超过阈值设置时间的 HTTP 请求进行分析,默认阈值为 50ms,可以设置的范围为 10～10000ms。要停止 HTTP 请求分析,可单击"停止分析 HTTP 请求"按钮;HTTP请求分析支持保存快照,单击右上角的 ◎ 图标即可自动保存。

HTTP 请求分析页面上部是热点 URL 的树形结构,按照总计、请求分类、具体的 URL 分别统计了请求次数和平均执行时间,在实际分析时,如果发现某些 URL 的耗时超过了预计的时间,则可以深入分析该 URL 对应的后台实现,找到原因并解决,然后重新执行分析并查看修改后的执行时间。下部是实时监控的时序图,按照时间顺序实时显示请求次数和平均执行时间。本页面的参数说明如表8-13所示。

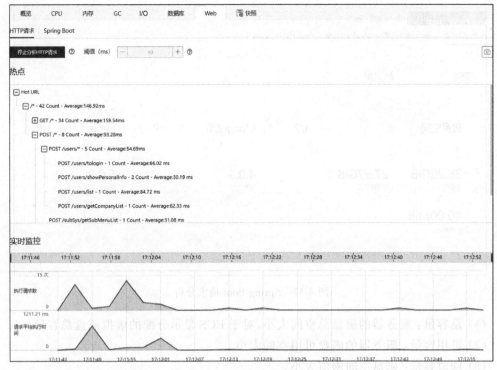

图8-56 HTTP请求分析

表8-13 HTTP请求分析参数说明

分 类	参 数	说 明
热点	Hot URL	热点HTTP请求,可能是系统性能瓶颈点
	Count	HTTP请求的执行次数
	Average	HTTP请求的平均执行时间
实时监控	执行请求数	HTTP请求的执行次数
	请求平均执行时间	HTTP请求的平均执行时间

2. Spring Boot

Spring Boot页签的分析页面如图8-57所示,分为应用健康状态、Beans组件信息、Metrics变化图、热点HTTP Traces 4部分。

1)应用健康状态

应用健康状态用于显示应用实例的健康状况,UP表示正常,Down表示宕机。实例会根据配置检查多种服务的健康状况,只有全部被检查项的健康状态都是UP,实例的健康状态才是UP。对于数据库,显示数据库名称和版本信息;对于磁盘的健康状态,包括以下3种信息。

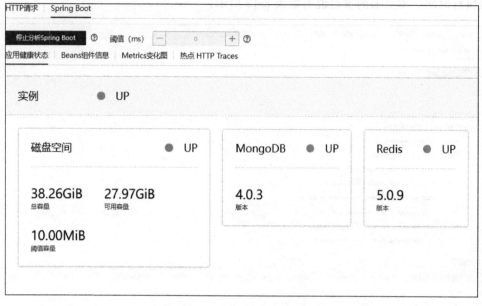

图 8-57　Spring Boot 请求分析

（1）总容量：服务器的磁盘总空间大小，对于 ECS 显示分配的虚拟磁盘总容量。

（2）可用容量：服务器的磁盘可用空间大小。

（3）阈值容量：磁盘空间阈值大小。

2）Beans 组件信息

Beans 组件信息列出了各个 Bean 的来源、依存关系及创建的模式，如图 8-58 所示。Spring 创建 Bean 有单例模式（singleton）和原始模型模式（prototype）两种，默认为单例模式。一般情况下，有状态的 Bean 使用原始模型模式，而对于无状态的 Bean 则一般采用单例模式。

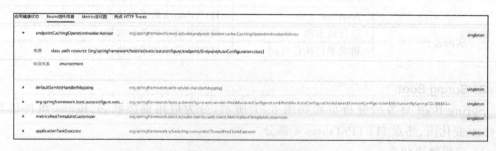

图 8-58　Beans 组件信息

3）Metrics 变化图

Metrics 是指标度量工具，它的变化可以反映当前 Spring Boot 应用的运行情况，页面如图 8-59 所示，Metrics 变化图的各个参数的说明如表 8-14 所示。

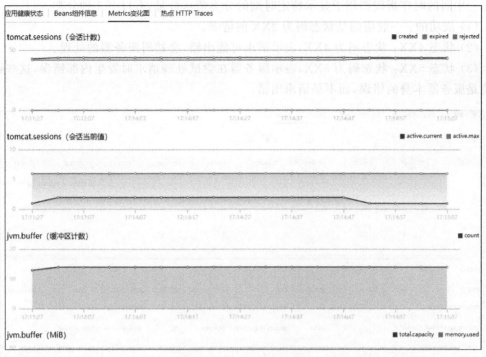

图 8-59　Metrics 变化图

表 8-14　Metrics 变化图参数说明

分　类	参　数	说　明
tomcat. sessions（会话计数）	created	Tomcat 容器中创建的会话数量
	expired	Tomcat 容器中过期的会话数量
	rejected	Tomcat 容器中拒绝的会话数量
tomcat. sessions（会话当前值）	active. current	Tomcat 容器中当前活跃的会话数量
	active. max	Tomcat 容器中最大活跃的会话数量
JVM. buffer（缓冲区计数）	count	JVM 中缓冲区计数
JVM. buffer（MB）	total. capacity	JVM 中缓冲区总容量
	memory. used	JVM 中缓冲区已使用的内存容量
logback. events. level（事件计数）	info	记录到日志中的 info 级别的事件数量
	warn	记录到日志中的 warn 级别的事件数量
	trace	记录到日志中的 trace 级别的事件数量
	debug	记录到日志中的 debug 级别的事件数量
	error	记录到日志中的 error 级别的事件数量

4）热点 HTTP Traces

热点 HTTP Traces 页签如图 8-60 所示，可以在输入框处输入关键字，以便筛选特定的路径。中间的时序折线图用于显示特定时刻的分类请求数量,有以下 3 种分类。

(1) 成功的: 一般指的是状态码为 2XX 的请求。

(2) 状态 4XX: 状态码为 4XX,表示请求可能出错,会妨碍服务器的处理。

(3) 状态 5XX: 状态码为 5XX,表示服务器在尝试处理请求时发生内部错误,这些错误可能是服务器本身的错误,而不是请求出错。

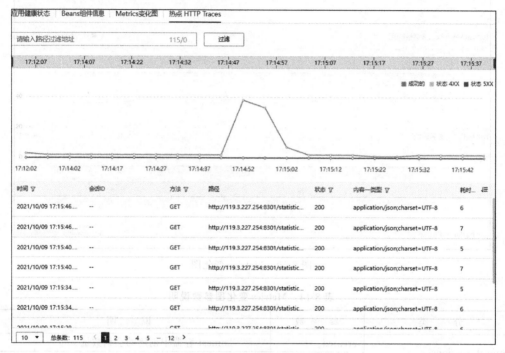

图 8-60 热点 HTTP Traces

折线图下面的表格显示了详细的请求信息,各个列说明如表 8-15 所示。

表 8-15 热点 HTTP Traces 列说明

列 名	说 明
时间	当前会话发生的时间
会话 ID	会话 ID
方法	HTTP 请求方法,例如 GET、POST 等
路径	HTTP 请求访问路径
状态	HTTP 请求的状态码,状态码的详细信息见表后的说明
内容—类型	HTTP 请求的内容和类型
耗时(ms)	当前 HTTP 请求的持续时间

2XX、4XX、5XX 状态码的说明如下。

(1) 200 OK(成功): 服务器已成功处理了请求。

（2）201 Created（已创建）：请求成功并且服务器创建了新的资源。

（3）202 Accepted（已接受）：服务器已接受请求，但尚未处理。

（4）203 Non-Authoritative Information（非授权信息）：服务器已成功处理了请求，但返回的信息可能来自另一来源。

（5）204 No Content（无内容）：服务器成功处理了请求，但没有返回任何内容。

（6）205 Reset Content（重置内容）：服务器成功处理了请求，但没有返回任何内容。

（7）206 Partial Content（部分内容）：部分请求成功。

（8）400 Bad Request（错误请求）：服务器不理解请求的语法。

（9）401 Unauthorized（未授权）：请求要求身份验证。对于需要登录的网页，服务器可能返回此响应。

（10）402 Payment Required（要求付款）：该状态码是为了将来可能的需求而预留的。

（11）403 Forbidden（禁止）：服务器拒绝请求。

（12）404 Not Found（未找到）：服务器找不到请求的网页。

（13）405 Method Not Allowed（方法禁用）：禁用请求中指定的方法。

（14）406 Not Acceptable（不接受）：无法使用请求的内容特性响应请求的网页。

（15）407 Proxy Authentication Required（要求进行代理认证）：此状态代码与401（未授权）类似，但指定请求者应当授权使用代理。

（16）408 Request Timeout（请求超时）：服务器等候请求时发生超时。

（17）409 Conflict（冲突）：服务器在完成请求时发生冲突。服务器必须在响应中包含有关冲突的信息。

（18）410 Gone（已删除）：如果请求的资源已被永久删除，服务器就会返回此响应。

（19）411 Length Required（需要有效长度）：服务器不接受不含有效内容长度标头字段的请求。

（20）412 Precondition Failed（未满足前提条件）：服务器未满足请求者在请求中设置的其中一个前提条件。

（21）413 Request Entity Too Large（请求实体过大）：服务器无法处理请求，因为请求实体过大，超出服务器的处理能力。

（22）414 Request URI Too Long（请求的URI过长）：客户端发送的请求所携带的URL超过了服务器能够或者希望处理的长度。

（23）415 Unsupported Media Type（不支持的媒体类型）：请求的格式不受请求页面的支持。

（24）416 Requested Range Not Satisfiable（请求范围不符合要求）：如果页面无法提供请求的范围，则服务器会返回此状态代码。

（25）417 Expectation Failed（未满足期望值）：服务器未满足"期望"请求标头字段的要求。

（26）500 Internal Server Error（服务器内部错误）：服务器遇到错误，无法完成请求。

(27) 501 Not Implemented(尚未实施)：服务器不具备完成请求的功能。例如，服务器无法识别请求方法时可能会返回此代码。

(28) 502 Bad Gateway(错误网关)：服务器作为网关或代理，从上游服务器收到无效响应。

(29) 503 Service Unavailable(服务不可用)：服务器目前无法使用(由于超载或停机维护)。通常，这只是暂时状态。

(30) 504 Gateway Timeout(网关超时)：服务器作为网关或代理，但是没有及时从上游服务器收到请求。

(31) 505 HTTP Version Not Supported(HTTP 版本不受支持)：服务器不支持请求中所用的 HTTP 协议版本。

8.3.10 快照

为了方便对系统数据做不同时间点的对比分析，系统提供了快照功能，对于支持快照的页面，单击页面右上角的 📷 图标，可以保存当前页面的快照，每个页面最多支持 5 个快照。所有的快照最终都可以在快照页签查看，如图 8-61 所示。支持快照的页面主要有以下几种：

(1) 内存转储。

(2) I/O 下的文件 I/O 和 Socket I/O。

(3) 数据库下的 JDBC、JDBC 数据库连接池、MongoDB、Cassandra 和 HBase。

(4) HTTP 请求。

图 8-61　快照

　　页面分为两部分,左侧是树形结构的快照列表,右侧用于显示快照的详细信息,单击代表每个快照的快照时间,可以查看该快照的信息。系统还支持快照对比,单击左上角的⊟图标,会弹出快照对比选择页面,如图 8-62 所示,选择快照类型和要对比的第一份和第二份快照后,单击"确认"按钮,即可进入快照对比页面,如图 8-63 所示。

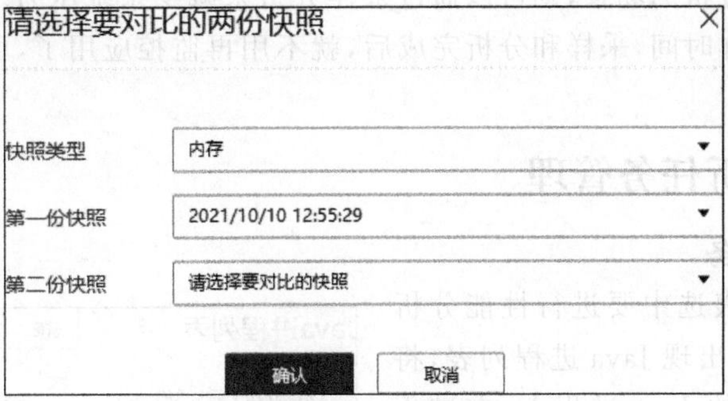

请选择要对比的两份快照	✕

快照类型	内存 ▼
第一份快照	2021/10/10 12:55:29 ▼
第二份快照	请选择要对比的快照 ▼

确认　　取消

图 8-62　快照选择

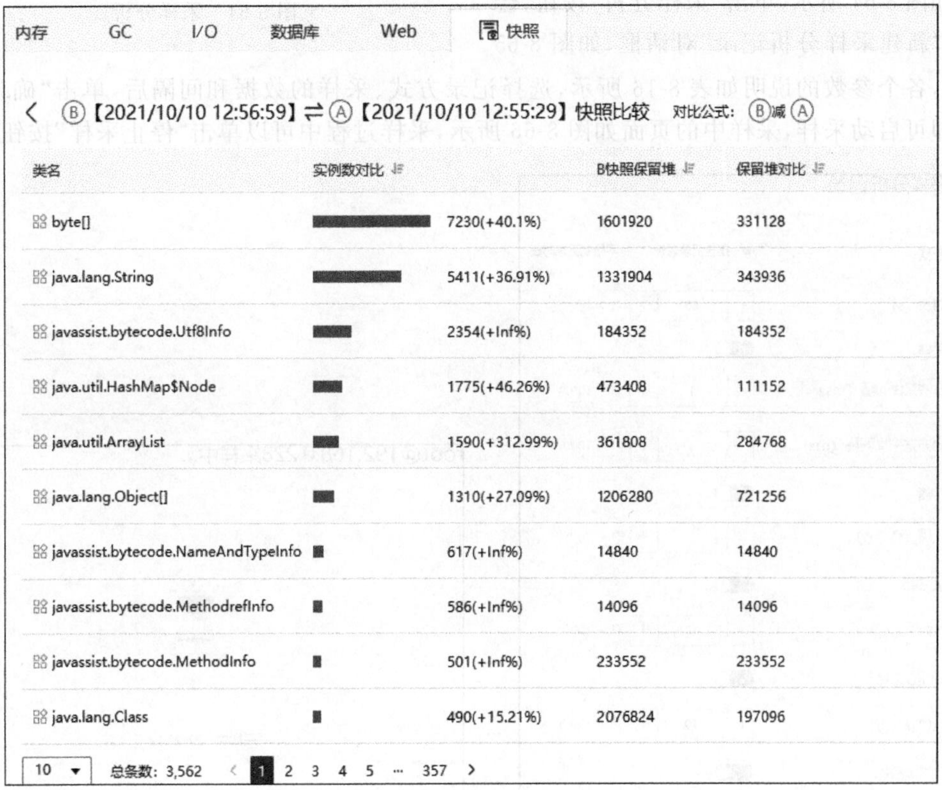

| 内存 | GC | I/O | 数据库 | Web | ⊟ 快照 |

‹ Ⓑ【2021/10/10 12:56:59】⇄ Ⓐ【2021/10/10 12:55:29】快照比较　对比公式：Ⓑ减Ⓐ

类名	实例数对比 ⇊	B快照保留堆	保留堆对比
▦ byte[]	▬▬▬▬ 7230(+40.1%)	1601920	331128
▦ java.lang.String	▬▬▬ 5411(+36.91%)	1331904	343936
▦ javassist.bytecode.Utf8Info	▬▬ 2354(+Inf%)	184352	184352
▦ java.util.HashMap$Node	▬ 1775(+46.26%)	473408	111152
▦ java.util.ArrayList	▬ 1590(+312.99%)	361808	284768
▦ java.lang.Object[]	▬ 1310(+27.09%)	1206280	721256
▦ javassist.bytecode.NameAndTypeInfo	▪ 617(+Inf%)	14840	14840
▦ javassist.bytecode.MethodrefInfo	▪ 586(+Inf%)	14096	14096
▦ javassist.bytecode.MethodInfo	▪ 501(+Inf%)	233552	233552
▦ java.lang.Class	▪ 490(+15.21%)	2076824	197096

10 ▼　　总条数: 3,562　‹ **1** 2 3 4 5 … 357 ›

图 8-63　快照对比

8.4 采样分析

在 Java 性能分析中,在线分析需要持续地监控应用的运行状态,对系统压力较大,如果不是必须使用在线分析的场景,则可以通过采样分析来减少系统压力。采样分析可以选择要采样的数据和采样时间,采样和分析完成后,就不用再监控应用了,可以随时查看采样分析的结果。

8.4.1 分析任务管理

1. 创建分析任务

在目标环境列表选中要进行性能分析的目标环境,右侧会出现 Java 进程列表,将鼠标悬停在待分析的 Java 进程上,在进程名称右侧会出现在线分析和采样分析的按钮,如图 8-64 所示,单击"采样分析"按钮,会弹出"新建采样分析记录"对话框,如图 8-65

图 8-64　采样分析

所示,各个参数的说明如表 8-16 所示,选择记录方式、采样的数据和间隔后,单击"确认"按钮,即可启动采样,采样中的页面如图 8-66 所示,采样过程中可以单击"停止采样"按钮来终

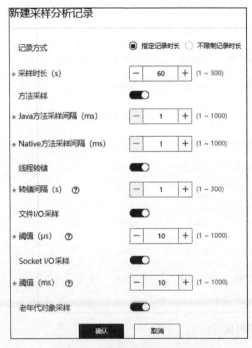

图 8-65　新建采样分析记录

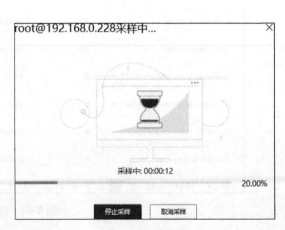

图 8-66　采样中

止采样,这时候可以生成采样报告,也可以单击"取消采样"按钮来取消采样,这时候任务会被取消,不会生成采样报告;如果关闭采样中的对话框,则采样不会停止,会自动在后台运行;采样结束后,系统会自动打开采样分析报告,如图 8-67 所示,报告包括概览、CPU、内存、GC、I/O 页签,后续章节会详细讲解。

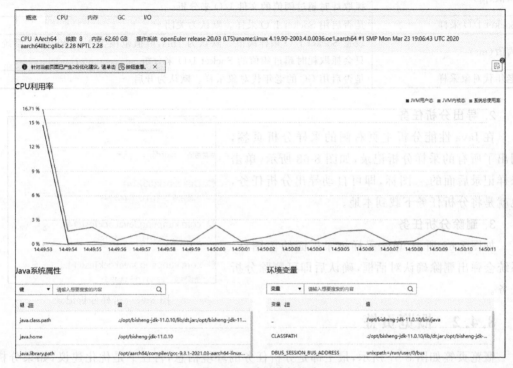

图 8-67　采样分析报告

表 8-16　新建采样分析记录参数说明

参　　数	说　　明
记录方式	选择记录的方式,可以选择指定记录时长,具体的时长可在下面的记录时长参数中设置,也可以选择不限制记录时长,这时候需要手动停止采样分析
采样时长(s)	设置记录的时间。默认为 60s,取值范围为 1～300s。如果"记录方式"选择"不限制记录时长",则此参数不可设置
方法采样	是否对 Java 方法和 Native 方法采样,默认为打开
Java 方法采样间隔(ms)	设置 Java 方法采样间隔。默认为 1ms,取值范围为 1～1000ms。如果关闭"方法采样",则此参数不可设置
Native 方法采样间隔(ms)	设置 Native 方法采样间隔。默认为 1ms,取值范围为 1～1000ms。如果关闭"方法采样",则此参数不可设置
线程转储	是否启用线程转储。默认为打开
转储间隔(s)	设置线程转储的间隔时间。默认为 1s,取值范围为 1～300s。如果关闭"线程转储",则此参数不可设置

续表

参　　数	说　　明
文件 I/O 采样	是否启用文件 I/O 采样。默认为关闭
阈值(μs)	设置文件 IO 采样阈值。默认为 1μs,取值范围为 $1\sim1000\mu$s。系统只会抓取耗时超过阈值的文件 I/O 来分析
Socket I/O 采样	是否启用 Socket I/O 采样。默认为关闭
阈值(ms)	设置 Socket I/O 采样阈值。默认为 1ms,取值范围为 $1\sim1000$ms。系统只会抓取耗时超过阈值的 Socket I/O 来分析
老年代对象采样	是否启用 GC 的老年代对象采样。默认为开启

2．导出分析任务

在 Java 性能分析主页右侧的采样分析页签,列出了所有的采样分析记录,如图 8-68 所示,单击采样记录后面的  图标,即可自动导出分析任务,也就是将分析任务下载到本地。

3．删除分析任务

如图 8-68 所示,单击采样记录后面的 🗑 图标,系统会弹出删除确认对话框,确认后即可删除分析任务。

图 8-68　采样分析记录

8.4.2　概览页签

概览页签如图 8-67 所示,最上部是分析任务的环境信息,再往下是优化建议,如果分析过程中发现了可以优化的指标,则可单击右上角的 图标,此时会弹出详细的优化建议对话框。页面上部主要区域是 CPU 利用率的时序图,按照时间顺序使用折线绘制出 JVM 用户态、JVM 内核态、系统总使用率的百分比对比图,将鼠标悬停在某一个时间点上,将会显示该时间点的 CPU 利用率数据。下部是详细的 Java 系统属性信息、环境变量信息;其中,Java 系统属性可以通过键或者值查找需要的键值对;环境变量可以通过变量名称和值查找需要的环境变量。

8.4.3　CPU 页签

CPU 页签包含线程转储、方法采样、锁与等待 3 个子页签,下面分别进行说明。

1．线程转储

线程转储如图 8-69 所示,采样分析时按照新建采样分析记录配置的时间间隔自动进行线程转储,具体的页面操作和说明可参考 8.3.3 节"CPU 页签"的第 2 部分"线程转储"。

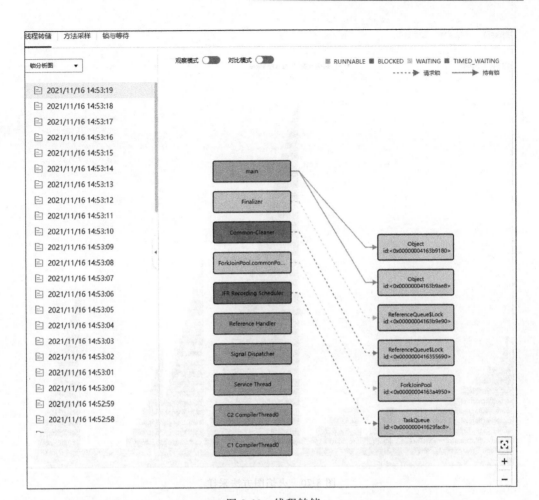

图 8-69　线程转储

2. 方法采样

方法采样页面如图 8-70 所示,默认以火焰图的形式显示 Java 方法采样信息,除了火焰图,也可以使用调用树的形式展示,在图类型的下拉列表里选择"调用树"选项即可,页面如图 8-71 所示,关于火焰图的说明可参考 7.12.1"火焰图";除了 Java 方法采样,也可以在采样数据的下拉列表里选择"Native 方法采样",这样就可以查看 Native 方法的火焰图和调用树了。

3. 锁与等待

锁与等待页面如图 8-72 所示,左侧是监视器区域,列出了监视器的阻塞信息;右侧是线程区域,列出了线程的阻塞信息;下部是栈跟踪区域,可以协助找到可能的导致线程运行缓慢的代码位置。锁与等待页面的参数说明如表 8-17 所示。

线程转储
方法采样
锁与等待
图类型
火焰图
采样数据
Java方法采样
com.netflix.discovery...
java.util.concurrent.Threa...
com.mongodb.intern...
io.netty.util.concurrent.FastThread...
org.apache.tom...
jdk.jfr...
jdk.jfr.inter...
java.lang.Thread.run() void
root

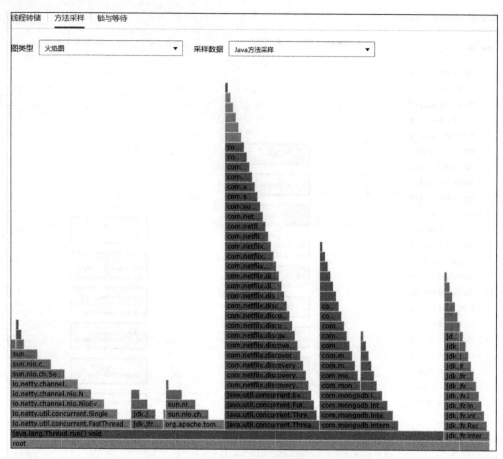

图 8-70　火焰图方法采样

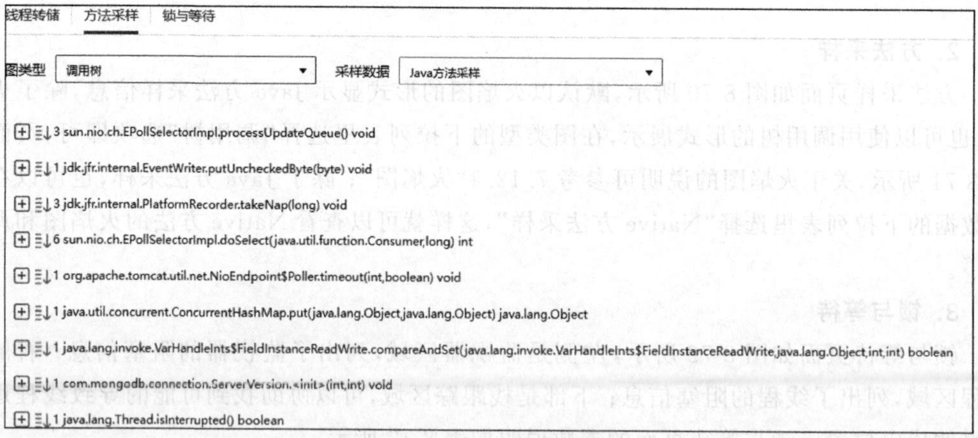

线程转储
方法采样
锁与等待
图类型
调用树
采样数据
Java方法采样
3 sun.nio.ch.EPollSelectorImpl.processUpdateQueue() void
1 jdk.jfr.internal.EventWriter.putUncheckedByte(byte) void
3 jdk.jfr.internal.PlatformRecorder.takeNap(long) void
6 sun.nio.ch.EPollSelectorImpl.doSelect(java.util.function.Consumer,long) int
1 org.apache.tomcat.util.net.NioEndpoint$Poller.timeout(int,boolean) void
1 java.util.concurrent.ConcurrentHashMap.put(java.lang.Object,java.lang.Object) java.lang.Object
1 java.lang.invoke.VarHandleInts$FieldInstanceReadWrite.compareAndSet(java.lang.invoke.VarHandleInts$FieldInstanceReadWrite,java.lang.Object,int,int) boolean
1 com.mongodb.connection.ServerVersion.<init>(int,int) void
1 java.lang.Thread.isInterrupted() boolean

图 8-71　调用树方法采样

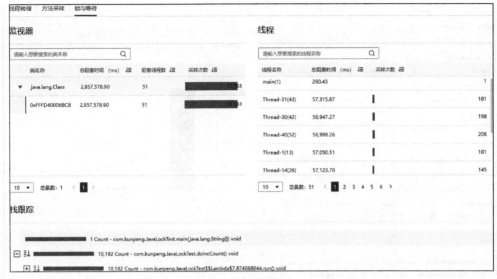

图 8-72　锁与等待

表 8-17　锁与等待参数说明

分　类	列　名	说　明
监视器	类名称	监视器对应的类名称
	总阻塞时间（ms）	线程在该监视器上阻塞的总时间,优化时可以优先关注总阻塞时间比较大的监视器
	阻塞线程数	阻塞在监视器上的线程数
	采样次数	对应的采样次数
线程	线程名称	阻塞在选定监视器上的线程名称
	总阻塞时间（ms）	线程在该监视器上阻塞的时间
	采样次数	对应的采样次数

8.4.4　内存页签

内存页签如图 8-73 所示,包括所有对象和老年代对象两个页签。

1. 所有对象

所有对象页签的类区域使用表格列出了对象在内存的分配情况,当选中某一个对象时,在右侧的内存分配区域使用柱状图展示该对象在不同时间的内存分配情况,同时在下面的调用栈区域显示对象的调用关系。如果要查看特定的类对象,则可以在类的输入框输入类名称,搜索指定的类。类表格各列的说明如表 8-18 所示。

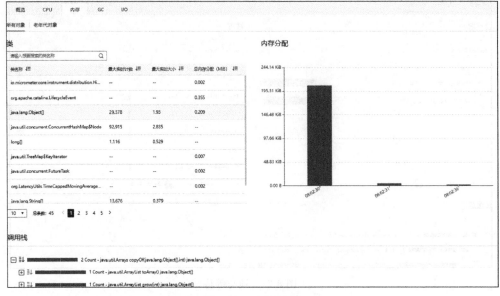

图 8-73　内存页签

表 8-18　类表格的列说明

列	说　　　明
类名称	类的名称
最大实时计数	该类实例的最大实时计数数量
最大实时大小	该类实例占用内存的最大实时大小
总内存分配（MiB）	该类实例的总内存分配大小,通过右侧内存分配柱状图可查看特定时刻的具体分配情况

2. 老年代对象

老年代对象页签页面如图 8-74 所示,如果有优化建议,则将在页面最上部给出提示,也可以单击右上角的 图标查看具体的优化建议;在左侧上部是老年代对象的表格,列出了老年代对象信息,要查找特定的老年代对象,可以在输入框输入对象名称,然后进行模糊查询;如果选中某个老年代对象,则可以在右侧堆栈跟踪区域显示堆栈跟踪信息,也可以在右上角的下拉列表框中选择"引用链"选项,查看对象的引用链;在页面下部是对象的堆使用大小,可使用时序图显示不同时刻的堆使用情况。

8.4.5　GC 页签

GC 页签如图 8-75 所示,关于 GC 的优化建议也显示在页面最上部。优化建议下面是配置信息,列出了详细的关于 GC、堆、年轻代的配置,参数说明如表 8-19 所示;配置信息下面是具体的 GC 活动和暂停阶段的表格,当选中某一个具体的 GC 活动时,在右侧暂停阶段

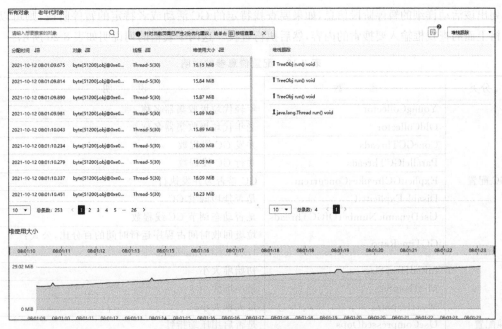

图 8-74 老年代对象

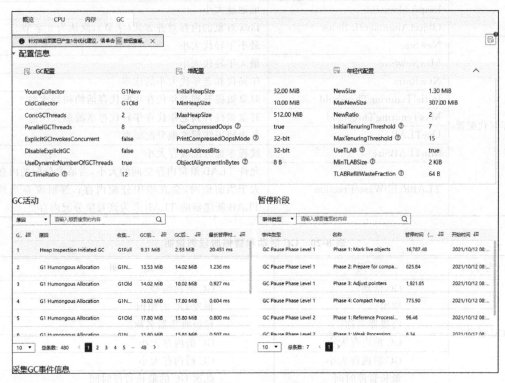

图 8-75 GC 页签

会列出该活动详细的暂停阶段信息,如果要查找特定的 GC 活动或者特定的暂停阶段,则可以在表格上面的查找框输入要搜索的内容,然后执行查找。这两个表格的列说明如表 8-20 所示。

表 8-19　配置信息参数说明

分类	参　　数	说　　明
GC 配置	YoungCollector	年轻代垃圾收集器名称
	OldCollector	老年代垃圾收集器名称
	ConcGCThreads	并发 GC 线程数
	ParallelGCThreads	并行 GC 线程数
	ExplicitGCInvokesConcurrent	GC 是否为并发执行
	DisableExplicitGC	是否禁用触发 GC
	UseDynamicNumberOfGCThreads	是否动态调节 GC 线程数
	GCTimeRatio	垃圾回收时间占程序运行时间的百分比,公式: $1/(1+GCTimeRatio)$
堆配置	InitialHeapSize	初始堆大小
	MinHeapSize	最小堆大小
	MaxHeapSize	最大堆大小
	UseCompressedOops	是否启用压缩指针
	PrintCompressedOopsMode	使用的压缩指针模式
	heapAddressBits	堆地址大小
	ObjectAlignmentInBytes	Java 对象的内存对齐方式(字节),默认为 8 字节
年轻代配置	NewSize	最小年轻代大小
	MaxNewSize	最大年轻代大小
	NewRatio	年轻代和老年代大小的比率
	InitialTenuringThreshold	对象被提升到老年代在年轻代存活的初始次数
	MaxTenuringThreshold	对象被提升到老年代在年轻代存活的最大次数
	UseTLAB	是否使用线程本地分配缓存
	MinTLABSize	线程本地分配缓存大小
	TLABRefillWasteFraction	允许 TLAB 浪费内存空间的大小,当请求分配的内存大于当前值时,会在堆中分配内存;否则废弃当前 TLAB 新建新的 TLAB 来为该对象分配内存

表 8-20　GC 活动和暂停阶段列说明

分类	列	说　　明
GC 活动	GC 活动	GC 活动编号
	原因	触发 GC 的原因
	收集器名称	垃圾收集器名称
	GC 前内存大小	GC 前内存大小
	GC 后内存大小	GC 后内存大小
	最长暂停时间	此次 GC 的最长暂停时间

续表

分类	列	说　明
暂停阶段	事件类型	暂停阶段的事件类型
	名称	阶段名称
	暂停时间（μs）	本次暂停阶段的暂停时间
	开始时间	暂停阶段开始时间

GC 页签的下部是采集 GC 事件信息区域，如图 8-76 所示，这里使用时序图显示了暂停时间、堆内存、元空间的时序数据，当鼠标悬停在某一个时间点时，将会显示该时刻的具体数据。

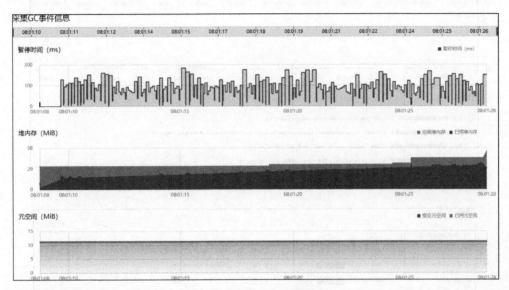

图 8-76　采集 GC 事件信息

8.4.6　I/O 页签

I/O 页签如图 8-77 所示，包括文件 I/O 和 Socket I/O 两个子页签。

1. 文件 I/O

文件 I/O 上部的表格列出了对文件 I/O 操作的统计信息，单击文件路径前面的 ▶ 图标，可以展开对此文件进行 I/O 操作的线程列表。当选中某一个文件或者线程时，下面的文件 I/O 读写速率区域及栈跟踪区域将显示该文件或者该线程对应的读写速率和栈跟踪信息。该页面的参数说明可参考 8.3.7 节"I/O 页签"的第 1 部分"文件 I/O"。

2. Socket I/O

Socket I/O 页签如图 8-78 所示，该页签的说明可参考 8.3.7 节"I/O 页签"的第 2 部分"Socket I/O"。

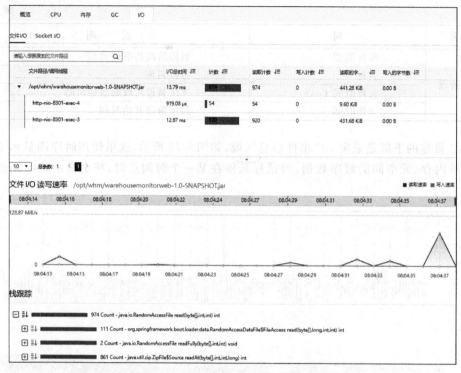

图 8-77　I/O

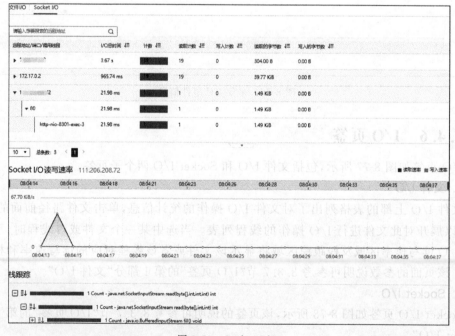

图 8-78　Socket I/O

8.5　配置管理

1. 系统配置

在 Java 性能分析首页,单击右上角的 ⚙ 图标,会弹出下拉菜单,如图 8-79 所示,单击"系统配置"菜单项,会弹出系统配置对话框,该对话框包括公共配置和 Java 性能分析配置两部分,公共配置在 5.3.4 节已介绍完毕,Java 性能分析配置的页面如图 8-80 所示。

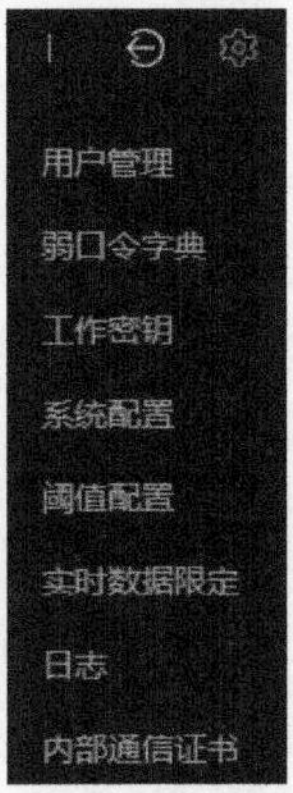

图 8-79　下拉菜单

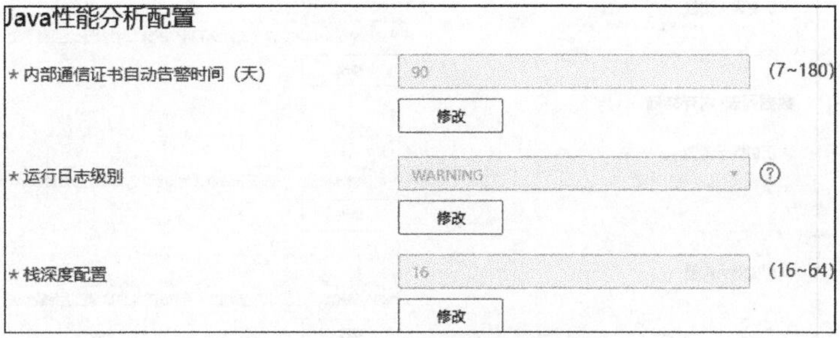

图 8-80　Java 性能分析配置

各个配置项的说明如表 8-21 所示。

表 8-21　配置说明

配　置　项	说　　明
内部通信证书自动告警时间(天)	内部通信证书过期时间距离当前时间的天数,如果超过该天数,则将给出告警
运行日志级别	记录日志的级别,日志级别分为 4 个等级,分别如下。 DEBUG:调试级别,记录调试信息,便于开发人员或维护人员定位问题。 INFO:信息级别,记录服务正常运行的关键信息。 WARNING:警告级别,记录系统和预期的状态不一致的事件,但这些事件不影响整个系统的运行。 ERROR:一般错误级别,记录错误事件,但应用可能还能继续运行。 默认记录 WARNING 及以上的日志
栈深度配置	栈跟踪的深度,默认为 16,范围为 16～64

2. 阈值配置

在 Java 性能分析首页,单击右上角的 ⚙ 图标,会弹出下拉菜单,如图 8-79 所示,单击"阈值配置"菜单项,会弹出"阈值配置"对话框,如图 8-81 所示,阈值配置的各个参数说明如表 8-22 所示。

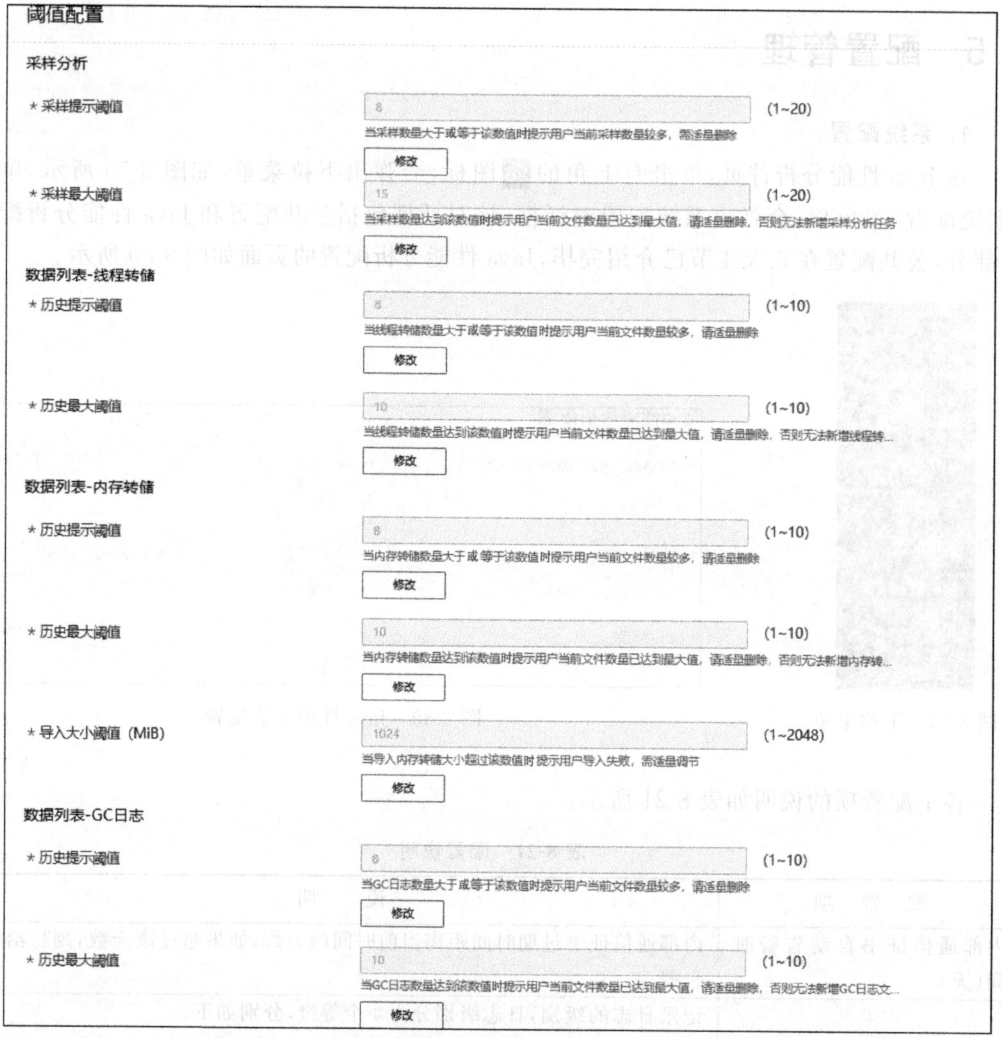

阈值配置

采样分析

★ 采样提示阈值

| 8 | (1~20)

当采样数量大于或等于该数值时提示用户当前采样数量较多，需适量删除

修改

★ 采样最大阈值

| 15 | (1~20)

当采样数量达到该数值时提示用户当前文件数量已达到最大值，请适量删除，否则无法新增采样分析任务

修改

数据列表-线程转储

★ 历史提示阈值

| 8 | (1~10)

当线程转储数量大于或等于该数值时提示用户当前文件数量较多，请适量删除

修改

★ 历史最大阈值

| 10 | (1~10)

当线程转储数量达到该数值时提示用户当前文件数量已达到最大值，请适量删除，否则无法新增线程转...

修改

数据列表-内存转储

★ 历史提示阈值

| 8 | (1~10)

当内存转储数量大于或等于该数值时提示用户当前文件数量较多，请适量删除

修改

★ 历史最大阈值

| 10 | (1~10)

当内存转储数量达到该数值时提示用户当前文件数量已达到最大值，请适量删除，否则无法新增内存转...

修改

★ 导入大小阈值（MiB）

| 1024 | (1~2048)

当导入内存转储大小超过该数值时提示用户导入失败，需适量删除节

修改

数据列表-GC日志

★ 历史提示阈值

| 8 | (1~10)

当GC日志数量大于或等于该数值时提示用户当前文件数量较多，请适量删除

修改

★ 历史最大阈值

| 10 | (1~10)

当GC日志数量达到该数值时提示用户当前文件数量已达到最大值，请适量删除，否则无法新增GC日志文...

修改

图 8-81　阈值配置

表 8-22　阈值配置参数说明

分类	参 数	默认值	范围	说 明
采样分析	采样提示阈值	8	1~20	当达到该阈值时提示用户采样数量过多
	采样最大阈值	15	1~20	当达到该阈值时禁止用户新增采样任务，提示适量删除
线程转储	历史提示阈值	8	1~10	当达到该阈值时提示用户文件数量过多
	历史最大阈值	10	1~10	当达到该阈值时禁止用户新增线程转储文件，提示适量删除

续表

分类	参　　数	默认值	范围	说　　明
内存转储	历史提示阈值	8	1～10	当达到该阈值时提示用户文件数量过多
	历史最大阈值	10	1～10	当达到该阈值时禁止用户新增内存转储文件,提示适量删除
	导入大小阈值(MiB)	1024	1～2048	导入内存转储文件的最大大小,当超出时提示失败
GC日志	历史提示阈值	8	1～10	当达到该阈值时提示用户文件数量过多
	历史最大阈值	10	1～10	当达到该阈值时禁止用户新增 GC 日志文件,提示适量删除

8.6　性能调优示例

通过一个简单的模拟 CPU 资源长期高比例占用程序,演示问题发现及代码定位过程。

1. 演示代码准备

步骤 1:登录鲲鹏服务器,创建/opt/code/目录,命令如下:

```
mkdir - p /opt/code/
```

步骤 2:进入 code 目录,使用 vim 创建 WorkTest.java 文件,命令如下:

```
cd /opt/code/
vim WorkTest.java
```

步骤 3:在 WorkTest.java 文件中输入下面的代码,并保存退出:

```
//Chapter8/WorkTest.java
import java.util.ArrayList;
public class WorkTest {
    //总数,无实际意义
static double globalTotNum = 0;
    public static void main(String[] args) {
        //启动的线程数
int threadCount = 10;
        //线程队列
ArrayList < Thread > threadList = new ArrayList <>();

        //启动线程,并把线程放入队列
for (int i = 0; i < threadCount; i++) {
```

```
                    Thread thread = new Thread(() -> {
                        try {
                            doTask();
                        } catch (InterruptedException e) {
                            e.printStackTrace();
                        }
                    });
                    thread.start();
                    threadList.add(thread);
                }
                //等待所有线程结束
        threadList.forEach(thread -> {
                    try {
                        thread.join();
                    } catch (InterruptedException e) {
                        e.printStackTrace();
                    }
                });
            }


    /**
     * 线程启动的任务
    */
        private static void doTask() throws InterruptedException {
            for (int i = 0; i < 100; i++) {
                double rand = Math.random();
                if (rand > 0.66) {
                    doHeavyWork();
                } else if (rand > 0.33) {
                    doHardWork();
                }
                else
                {
                    doLightWork();
                }
            }
        }


    /**
     * 模拟资源占用少的任务
    */
        private static void doLightWork() throws InterruptedException {
            int count = 10000000;
            double totNum = 0;
```

```
            for (int i = 0; i < count; i++) {
                totNum++;
            }
            synchronized (WorkTest.class) {
                globalTotNum = globalTotNum + totNum;
            }
        }

    /* *
     * 模拟资源占用中等的任务
*/
    private static void doHardWork() throws InterruptedException {
        int count = 10000000;
        double totNum = 0;
        for (int i = 0; i < count; i++) {
            if (i % 3 == 0) {
                totNum = totNum + Math.random();
            }
        }
        synchronized (WorkTest.class) {
            globalTotNum = globalTotNum + totNum;
        }
    }

    /**
     * 模拟资源占用高的任务
*/
    private static void doHeavyWork() throws InterruptedException {
        int count = 10000000;
        double totNum = 0;
        for (int i = 0; i < count; i++) {
            if (i % 3 == 0) {
                totNum = totNum + Math.random();
            }
        }
        synchronized (WorkTest.class) {
            globalTotNum = globalTotNum + totNum;
        }
    }
}
```

步骤4：使用javac编译WorkTest.java文件，命令如下：

```
javac WorkTest.java
```

步骤5：执行 WorkTest，命令如下：

```
java WorkTest
```

2．对应用进行在线分析

在 Java 性能分析工具里，对该应用进行在线分析，分析页面如图 8-82 所示，可以看到 CPU 负载非常高，基本长时间处于满负荷状态，有必要进一步分析应用执行的细节，找到 CPU 长期高占用的原因。

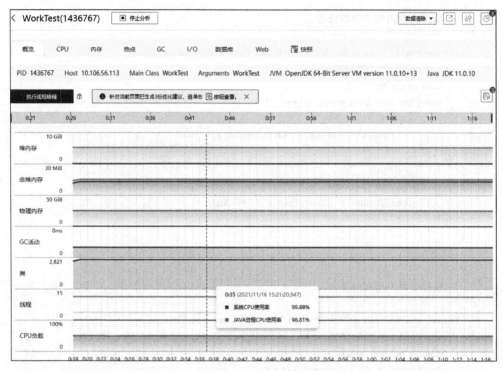

图 8-82　在线分析

3．对应用进行采样分析

在 Java 性能分析工具里，对该应用执行采样分析，新建采样分析任务的页面如图 8-83 所示，采样时间可以根据实际需要调整，然后单击"确认"按钮进行采样分析，采样分析报告如图 8-84 所示。分析报告的总览页签显示，CPU 利用率非常高，并且基本处于用户态，说明主要在执行 Java 代码，然后进入 CPU 页签查看方法采样，如图 8-85 所示。通过分析火焰图的"小平顶"，知道对系统方法的调用主要是用户的 doHeavyWork（）方法和 doHardWork（）方法，通过对调用树进行分析，也能确认这一点，如图 8-86 所示，这样就定位到了引起 CPU 占用的方法名称，后续可以通过进一步对源码进行分析，找到解决问题的方法。

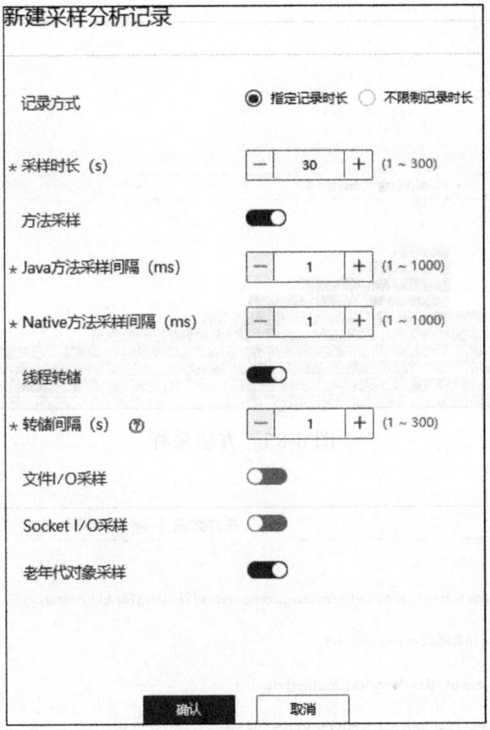

新建采样分析记录

| 记录方式 | ⦿ 指定记录时长 ◯ 不限制记录时长 |

★ 采样时长（s）　　　　　　−　30　+　(1 ~ 300)

方法采样　　　　　　　　　⬤

★ Java方法采样间隔（ms）　　−　1　+　(1 ~ 1000)

★ Native方法采样间隔（ms）　−　1　+　(1 ~ 1000)

线程转储　　　　　　　　　⬤

★ 转储间隔（s）⑦　　　　　−　1　+　(1 ~ 300)

文件I/O采样　　　　　　　◯

Socket I/O采样　　　　　　◯

老年代对象采样　　　　　　⬤

确认　　取消

图 8-83　新建采样分析

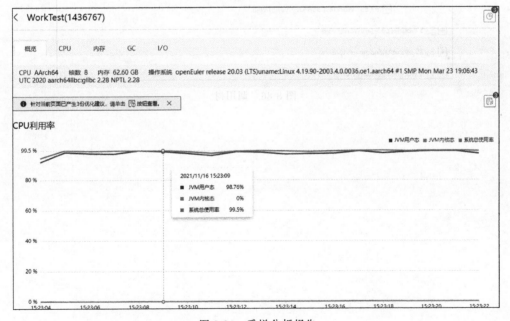

< WorkTest(1436767)

概览　　CPU　　内存　　GC　　I/O

CPU AArch64　核数 8　内存 62.60 GB　操作系统 openEuler release 20.03 (LTS)uname:Linux 4.19.90-2003.4.0.0036.oe1.aarch64 #1 SMP Mon Mar 23 19:06:43 UTC 2020 aarch64libc:glibc 2.28 NPTL 2.28

ⓘ 针对当前页面已产生3份优化建议，请单击 按钮查看。✕

CPU利用率

■ JVM用户态　■ JVM内核态　■ 系统总使用率

2021/11/16 15:23:09
■ JVM用户态　98.76%
■ JVM内核态　0%
■ 系统总使用率　99.5%

图 8-84　采样分析报告

WorkTest(1436767)
概览
CPU
内存
GC
I/O
线程转储
方法采样
锁与等待
图类型
火焰图
采样数据
Java方法采样
java.util.Random.nextDoubl
java.lang.Math.random() double
WorkTest.doHardWork() void
java.util.Random.nextD
java.lang.Math.random() double
WorkTest.doHeavyWork() void
WorkTest.doTask() void
WorkTest.lambda$main$0() void
WorkTest$$Lambda$1.1785210046.run() void
java.lang.Thread.run() void
root

图 8-85　方法采样

图类型
调用树
采样数据
Java方法采样
1392 java.util.concurrent.atomic.AtomicLong.compareAndSet(long,long) boolean
1392 java.util.Random.next(int) int
1392 java.util.Random.nextDouble() double
1392 java.lang.Math.random() double
741 WorkTest.doHardWork() void
651 WorkTest.doHeavyWork() void
5 WorkTest.doHardWork() void
35 java.util.Random.next(int) int
5 WorkTest.doHeavyWork() void

图 8-86　调用树

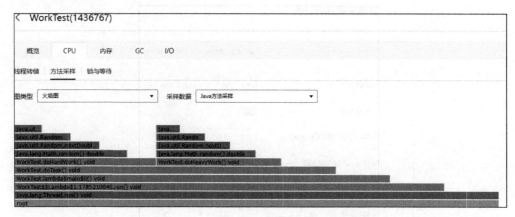

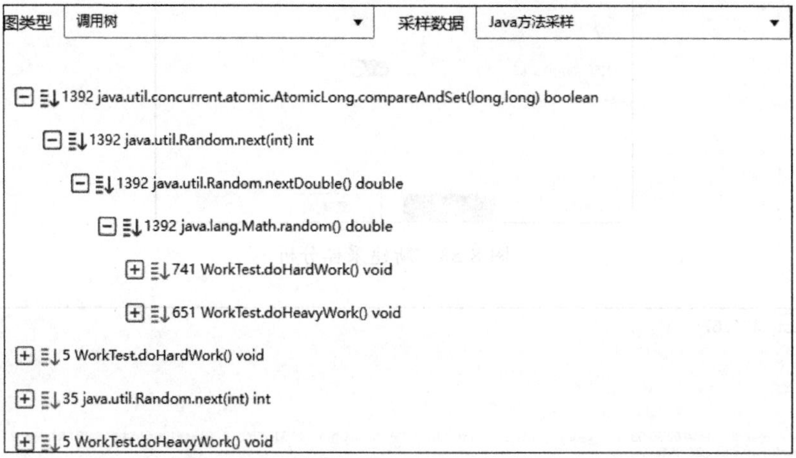

第9章

鲲鹏系统诊断工具

9.1 鲲鹏系统诊断工具简介

针对软件应用层容易出现的故障和问题,传统定位工具使用复杂、学习成本高、定位时间长,无法针对具体问题快速进行故障排除。鲲鹏系统诊断工具是鲲鹏性能分析工具的子工具,能够快速定位内存、I/O 等部件的异常,提供内存泄漏、内存消耗、内存溢出等问题的诊断能力,故障定位准确率达 90%,能够覆盖 80% 问题诊断场景,可以为鲲鹏平台下的诊断、调试带来极大的便利。

要进入鲲鹏系统诊断工具主页面,需要先进入鲲鹏性能分析工具主页面,如图 9-1 所示,然后单击"系统诊断"图标,即可进入系统诊断主页面,如图 9-2 所示。

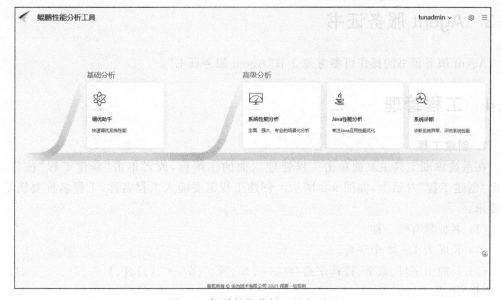

图 9-1 鲲鹏性能分析工具主页面

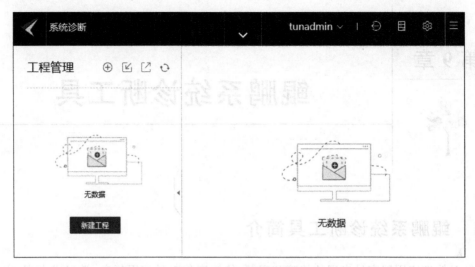

图 9-2　系统诊断主页面

9.2　节点管理

　　鲲鹏系统诊断工具和鲲鹏系统性能分析工具类似,也需要在系统诊断的鲲鹏服务器上安装节点,具体步骤可参考 6.2 节"节点管理"。

9.3　Agent 服务证书

Agent 服务证书的操作可参考 6.3 节"Agent 服务证书"。

9.4　工程管理

1. 创建工程

　　在系统诊断工具主页面单击工程管理后面的 ⊕ 图标,或者单击"新建工程"按钮,会弹出"创建工程"对话框,如图 9-3 所示。创建工程需要输入工程名称,工程名称要满足以下要求:

　　(1) 名称具有唯一性。

　　(2) 长度为 1~32 个字符。

　　(3) 只能由字母、数字、特殊字符(@、#、$、%、^、&、*、(,)、[,]、<,>,.、._、-、!、~、+、空格)组成。

　　输入合适的工程名称后,再选择一个或者多个进行系统诊断的节点,然后单击"确认"按钮,即可完成工程的添加,添加后的工程管理页面如图 9-4 所示。

图 9-3 创建工程　　　　　　　　　　　　图 9-4 工程管理

2．修改工程

在工程管理页面，单击工程名称后面的修改图标 ，会弹出"修改工程"对话框，如图 9-5 所示，输入新的工程名称，并选择节点，然后单击"确认"按钮，即可完成工程的修改。

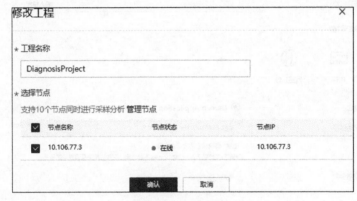

图 9-5 修改工程

3．删除工程

在工程管理页面找到要删除的工程，单击后面的删除工程图标 ，会弹出工程删除确认对话框，确认后即可删除工程。

9.5 任务管理

1．创建任务

步骤 1：在工程管理页面选中要创建任务的工程，有两种方式来创建具体的分析任务，第一种是单击工程名称后面的创建任务图标 ；第二种是单击工程管理右面区域的"新建分析任务"按钮。两种方式的图标和按钮如图 9-6 所示，单击后会弹出"新建分析任务"对话框，如图 9-7 所示。

系统诊断
tunadmin
工程管理
DiagnosisPr...
创建任务
无数据
新建分析任务

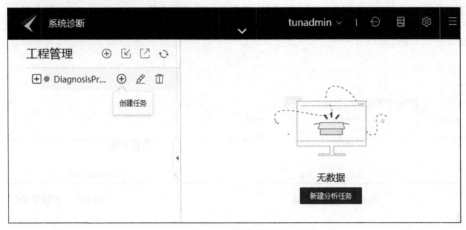

图 9-6　创建任务

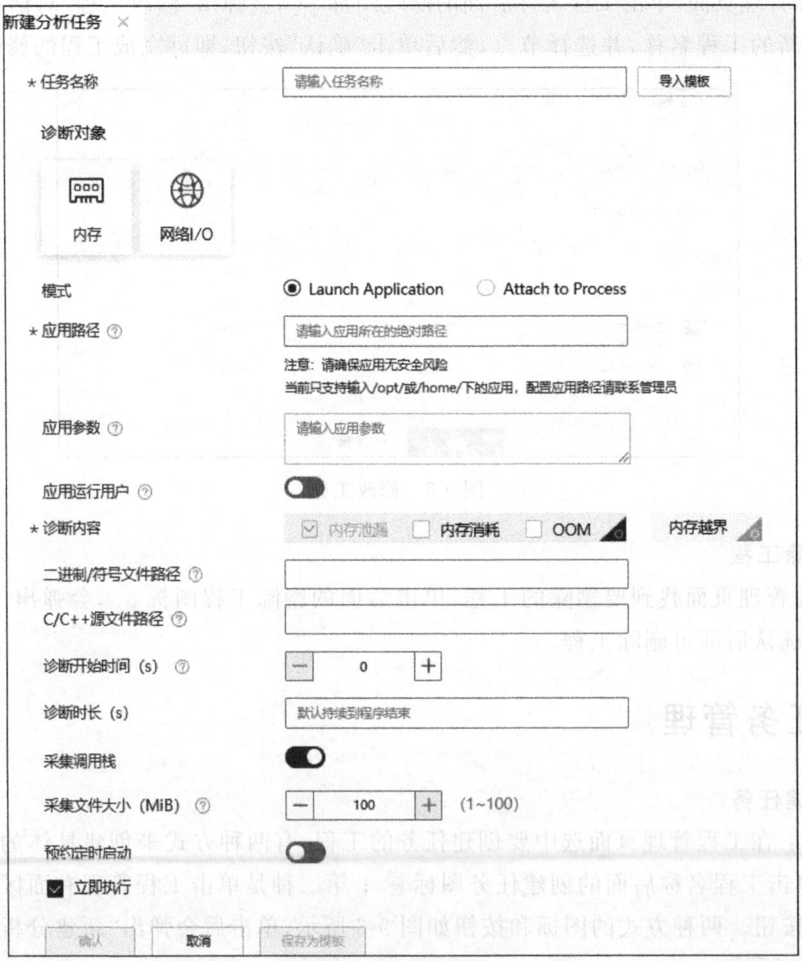

新建分析任务
* 任务名称
请输入任务名称
导入模板
诊断对象
内存
网络I/O
模式
Launch Application
Attach to Process
* 应用路径
请输入应用所在的绝对路径
注意：请确保应用无安全风险
当前只支持输入/opt/或/home/下的应用，配置应用路径请联系管理员
应用参数
请输入应用参数
应用运行用户
* 诊断内容
内存泄漏
内存消耗
OOM
内存越界
二进制/符号文件路径
C/C++源文件路径
诊断开始时间（s）
0
诊断时长（s）
默认持续到程序结束
采集调用栈
采集文件大小（MiB）
100
(1~100)
预约定时启动
立即执行
确认
取消
保存为模板

图 9-7　新建分析任务

当诊断对象选择"网络 I/O"时,页面如图 9-8 所示。

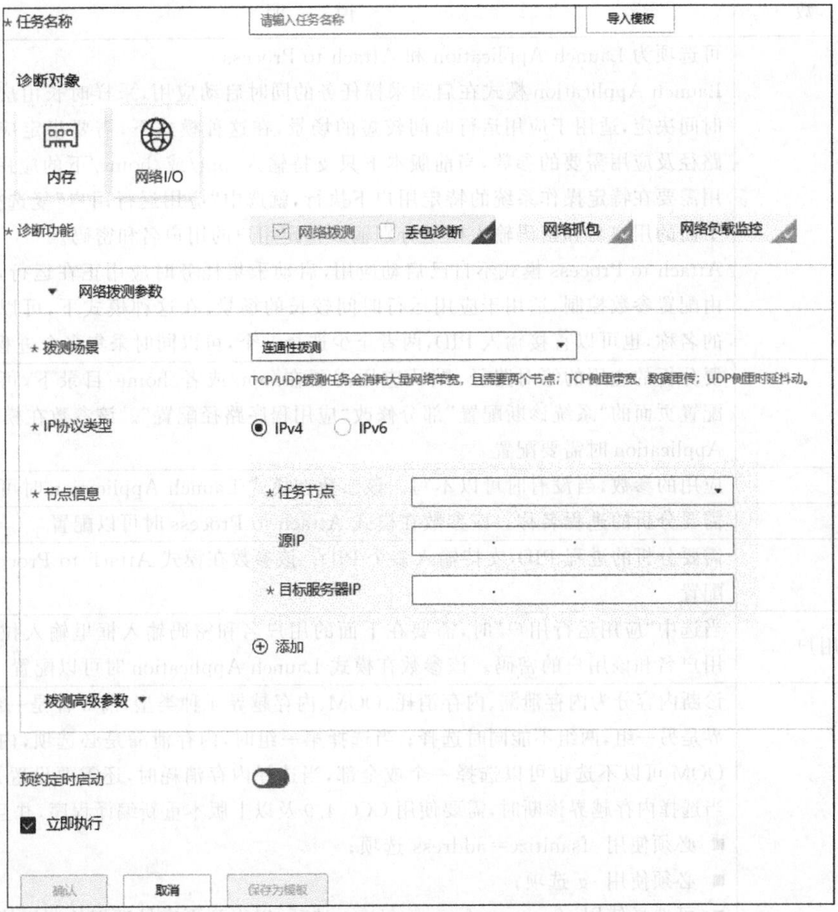

图 9-8 新建网络分析任务

新建分析任务要填写的参数根据诊断对象的不同分为通用任务参数、内存诊断参数、网络 I/O 诊断参数 3 个类别,这些参数的说明分别如表 9-1～表 9-3 所示。

表 9-1 通用任务参数说明

参　　数	说　　明
任务名称	分析任务的名称。名称需要满足以下要求: ■ 由字母、数字、特殊字符(@、#、$、%、^、&、*、(,)、[,]、<,>、.、.、_、-、!、~、+、空格)组成 ■ 长度为 1～32 个字符
诊断对象	选择诊断的对象,可以选择内存或者网络 I/O
预约定时启动	可参考 6.5 节"任务管理"的第 1 部分"创建任务"中的相关内容

表 9-2 内存诊断参数说明

参　　数	说　　明
模式	可选项为 Launch Application 和 Attach to Process Launch Application 模式在启动采样任务的同时启动应用,采样时长由应用的执行时间决定,适用于应用运行时间较短的场景,在这种模式下,需要指定应用的绝对路径及应用需要的参数,当前版本下只支持输入/opt/或/home/下的应用。如果应用需要在特定操作系统的特定用户下执行,就选中"应用运行用户"复选框,然后在下面的用户名和密码输入框里分别输入特定用户的用户名和密码。 Attach to Process 模式不自己启动应用,启动采集任务时应用正在运行,采样时长由配置参数控制,适用于应用运行时间较长的场景,在这种模式下,可以输入进程的名称,也可以直接输入 PID,两者至少选择一个,可以同时采集多个进程的数据
应用路径	要分析的应用的绝对路径,默认应用需要在/opt/或者/home/目录下,可以在系统配置页面的"系统诊断配置"部分修改"应用程序路径配置"。该参数在模式 Launch Application 时需要配置
应用参数	应用的参数,当没有时可以不写。该参数在模式 Launch Application 时可以配置
进程名称	需要分析的进程名称。该参数在模式 Attach to Process 时可以配置
PID	需要分析的进程 PID,支持输入多个 PID。该参数在模式 Attach to Process 时可以配置
应用运行用户	当选中"应用运行用户"时,需要在下面的用户名和密码输入框里输入拉起应用的用户名和该用户的密码。该参数在模式 Launch Application 时可以配置
诊断内容	诊断内容分为内存泄漏、内存消耗、OOM、内存越界 4 种类型,前 3 种是一组,内存越界是另一组,两组不能同时选择;当选择第一组时,内存泄漏是必选项,内存消耗和 OOM 可以不选也可以选择一个或全部,当选择内存消耗时,还需要设置采样间隔;当选择内存越界诊断时,需要使用 GCC 4.9 及以上版本重新编译程序,并且要求: ■ 必须使用 -fsanitize＝address 选项; ■ 必须使用 -g 选项; ■ 可选择使用 -fno-omit-frame-pointer 选项,以得到更容易理解的调用栈信息; ■ 可选择 -O1 或者更高的优化级别编译;例如:gcc -fsanitize＝address -fno-omit-frame-pointer -O1 -g use-after-free.c -o use-after-free; ■ 编译完成的程序需要在 GCC 4.9 及以上版本的系统环境中运行
二进制/符号文件路径	(可选)输入二进制/符号文件在服务器上的绝对路径。当诊断类型选择内存越界时不显示该参数
C/C++源文件路径	(可选)输入 C/C++源文件在服务器上的绝对路径
诊断开始时间(s)	设置诊断开始时间。用于指定时间后执行分析,可以忽略程序因为冷启动带来的影响,在程序稳定运行后再启动诊断;当诊断类型选择内存越界时不显示该参数
诊断时长(s)	诊断的时间,默认会一直诊断,直到程序结束。当诊断类型选择内存越界时不显示该参数
采集调用栈	是否采集调用栈,默认为开启。当诊断类型选择内存越界时不显示该参数
异常后终止分析	出现异常后终止分析过程,默认为开启;当诊断类型选择内存越界时才显示该参数
采集文件大小(MB)	设置采集文件大小。默认为 100MB,取值范围为 1~100MB。 通过设置采集文件大小,防止由于文件过大而导致分析时间过长

表 9-3 网络 I/O 诊断参数说明

分 类	参 数	说 明
诊断功能	诊断功能	诊断功能分为两类,一类是必选项,包括网络拨测和丢包诊断,两者至少选择其中一个,也可以全选;另一类是可选项,包括网络抓包和网络负载监控,可以不选,也可以选择其中一个或两个
网络拨测	拨测场景	可选的拨测场景分别是连通性拨测、TCP 拨测和 UDP 拨测,其中连通性拨测始终是可选状态,TCP 拨测和 UDP 拨测只有在有两个或两个以上节点的时候才能选择。TCP/UDP 拨测任务会消耗大量网络带宽,TCP 侧重带宽、数据重传;UDP 侧重时延抖动
	IP 协议类型	可选择 IPv4 或者 IPv6
	节点信息	任务节点:运行任务的节点,从节点列表里选择 源 IP:客户端发送 IP 地址,协议类型是 IPv4 时可选 目标服务器 IP:目标服务器 IP 地址 源端网口:源端使用的网口,协议类型是 IPv6 时需要配置
	组网参数	拨测场景为 TCP 拨测或 UDP 拨测时需要设置,包括以下参数。 ■ 服务器端任务节点:运行任务的服务器端节点,从节点列表里选择 ■ 服务器端 IP:任务的服务器端 IP 地址 ■ 服务器端端口:服务器端端口,默认为 5201 ■ 客户端任务节点:运行任务的客户端节点,从节点列表里选择 ■ 客户端 IP:任务的客户端 IP 地址 ■ 客户端端口:客户端本地端口 ■ 客户端网口:客户端使用的网口,协议类型是 IPv6 时需要配置
	TCP/UDP 拨测高级参数	服务器端 CPU 亲和性:设置服务器端 CPU 亲和性的 CPU 核心编号 客户端 CPU 亲和性:设置客户端 CPU 亲和性的 CPU 核心编号 报告间隔:报告的间隔时间,默认为 1000ms,范围为 100~10000ms 拨测带宽:拨测时的带宽 拨测限值:可以从拨测时长、拨测报文总长、拨测报文总数三者中选择一个 拨测时长:拨测的测试时长,默认为 10s,范围为 1~60s 拨测报文总长(Byte):拨测报文总长度 拨测报文包数:拨测报文总发包数 拨测报文长度:拨测时的报文长度 并发连接数:拨测时的并发连接数量,默认为 1,范围为 1~60 支持零复制:是否使用"零复制"办法来发送数据,例如使用 sendfile(2)代替 write(2),这样会减少 CPU 的占用率 套接字缓冲区(Byte):套接字缓冲区大小,在 TCP 拨测时可以配置 MSS 长(Byte):Maximum Segment Size 的缩写,TCP 的最大分片长度,在 TCP 拨测时可以配置

分　类	参　数	说　明
网络拨测	连通性拨测高级参数	拨测报文长度：拨测时的报文长度 拨测间隔：拨测的间隔时长，默认为 1000ms，范围为 10～10000ms 拨测时长：拨测的测试时长，默认为 10s，范围为 1～60s 分片策略：可选 do、want、dont 其中之一 ■ do：禁止分片，即使包丢弃 ■ want：当包过大时分片 ■ dont：不设置分片 DF 标志 ■ TTL：Time To Live 的缩写，报文生存期，默认为 30，范围为 1～255
丢包诊断	过滤条件	需要过滤的 IP 地址和网口名称
	采样时长	采样时间长度，默认为 10s，范围为 1～300s
	采集内核丢包调用栈	是否采集内核丢包调用栈，如果采集，则需要配置采样频率和采集文件大小
	采样频率	丢包诊断的采样频率，默认为 1ms，范围为 1～1000ms；如果选择高精度，则采样频率只能是 710μs。当选中采集内核丢包调用栈时需要配置该参数
	采集文件大小	丢包诊断的采集文件大小，默认为 1024MB，范围为 1～1024MB，当选中采集内核丢包调用栈时可以配置该参数
网络抓包	抓包网口	要抓包的网口
	过滤条件	IP 协议类型：抓包的协议类型，可以选择 IPv4 或者 IPv6。 协议：可以选择 IP（当协议类型为 IPv6 时为 IP6）、ICMP、RARP、ARP、TCP、UDP 中的一个或多个，如果未筛选，则表示可抓取所有协议类型的数据，当仅选择 ICMP、ARP、RARP 中的一个或多个时，不能输入端口筛选参数。 IP1：IP1 的地址。 端口 1：端口 1 IP2：IP2 的地址。 端口 2：端口 2 传输方向：可以选择收、发或者双向
	抓包时长	抓包的时长，默认为 10s，范围为 1～300s
	抓包包数	抓包的包数，默认为 1000 包，范围为 1～10000 包
	文件大小	抓包文件的大小，默认为 100MB，范围为 10～1024MB
	文件数	抓包的文件数，默认为 1，范围为 1～10
网络负载监控	采集时长	采集的总时长，默认为 1s，范围为 2～300s
	采集间隔	采集的间隔时间，默认为 1s，范围为 1～10s

步骤 2：根据需要填写必要的参数后，单击"确认"按钮，对于非预约任务，会弹出确认新建任务的对话框，如图 9-9 所示，单击"确认"按钮即可直接创建；对于预约任务，系统会提示是否运行创建分析任务，确认后会自动创建预约任务，但不会立刻执行。

2．修改任务

参见 7.5 节"任务管理"第 2 部分"修改任务"。

3．删除任务

参见 7.5 节"任务管理"第 3 部分"删除任务"。

4．启动任务

参见 7.5 节"任务管理"第 4 部分"启动任务"。

5．重启任务

参见 7.5 节"任务管理"第 5 部分"重启任务"。

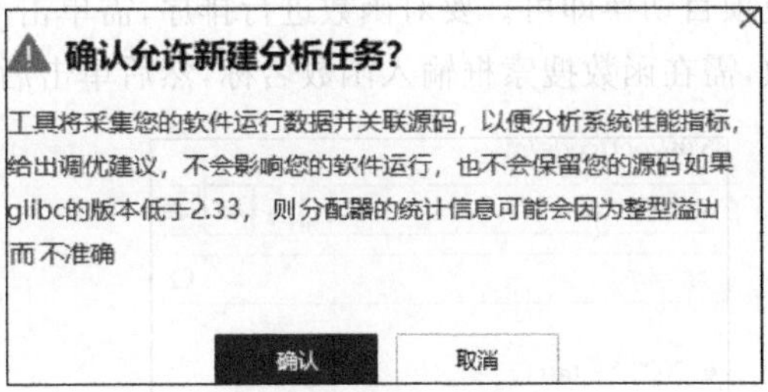

图 9-9　确认新建分析任务

9.6　内存泄漏诊断

内存泄漏诊断报告页面如图 9-10 所示，分为 CallTree、源码、内存消耗、OOM、任务信息、任务日志 6 个页签，重点关注的是前 4 个页签，下面分别进行介绍。

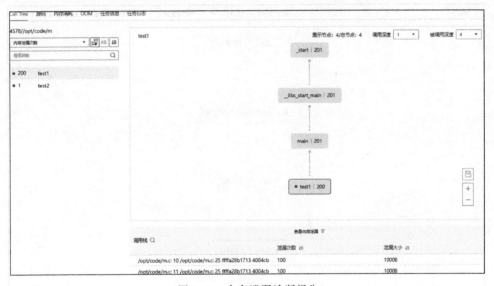

图 9-10　内存泄漏诊断报告

1．CallTree

CallTree 页签如图 9-10 所示，左侧列表列出了调用栈的函数，其中小红点●表示发生了内存泄漏，后面的数字表示泄漏次数，默认只显示自身发生内存泄漏的函数，如果要查看调用栈的所有函数，则可单击上面的 All 按钮，显示效果如图 9-11 所示。除了内存泄漏次数，还支持按照内存泄漏大小和内存异常释放次数来查看函数，在内存泄漏次数所在的下拉列表框选择相应项目切换即可。要对函数进行排序,需单击 ⊧ 按钮,可以切换升序和降序;要查询特定的函数,需在函数搜索框输入函数名称,然后单击后面的搜索图标 Q,效果如图 9-12 所示。

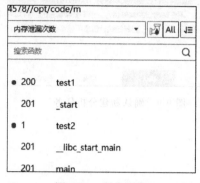

图 9-11 所有函数

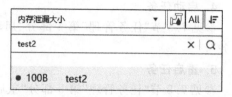

图 9-12 搜索函数

在函数列表里单击并选中一个函数,在页面右侧会显示该函数的调用栈图和调用栈,如图 9-13 所示;调用栈图支持放大和缩小,也可以单击 ▣ 图标将 png 格式图片保存到本地;将鼠标悬停在节点上,会弹出查看源码的窗口,如图 9-14 所示,单击"查看源码"超链接,

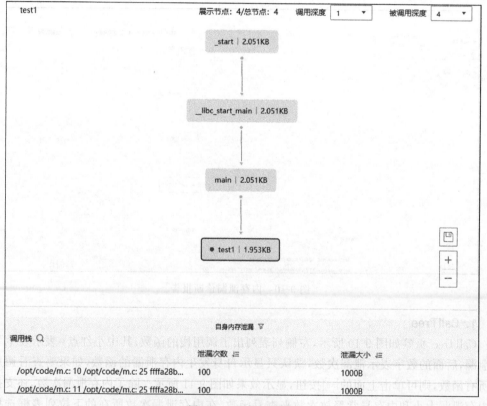

图 9-13 函数调用栈

会转到源码查看对话框,详细介绍可参见本节第
2 部分。在右侧下部的调用栈列表里,列出了详
细的泄漏次数和泄漏大小信息,支持按照泄漏次
数和泄漏大小排序,也可以单击列表上面的 ▽ 图
标筛选自身内存泄漏信息或者子程序内存泄漏
信息。

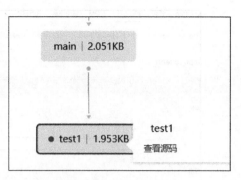

图 9-14　节点悬浮窗

2. 源码

源码页签如图 9-15 所示,左侧结构和本节
第 1 部分介绍的 CallTree 左侧结构类似,此处
就不赘述了,右侧显示的是程序的源码,使用红
色和橙色分别标出了自身内存泄漏和子程序内存泄漏的源码位置及泄漏次数,其中,子程序
内存泄漏的标注效果如图 9-16 所示。

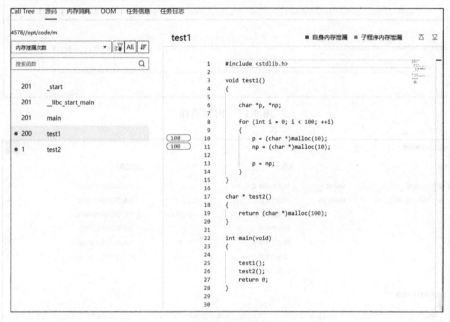

图 9-15　源码

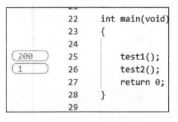

图 9-16　子程序内存泄漏标注

3. 内存消耗

内存消耗页签如图 9-17 所示,按照系统、应用、分配
器、进程内存 MAP 信息 4 个类别显示内存消耗的时序图,
将鼠标悬停在时序图上,可以查看特定时间的内存操作信
息。内存消耗默认使用时序图视图展示数据,也支持按照
列表视图进行展示,单击右上角的 ☰ 按钮,即可看到列表
视图,如图 9-18 所示。

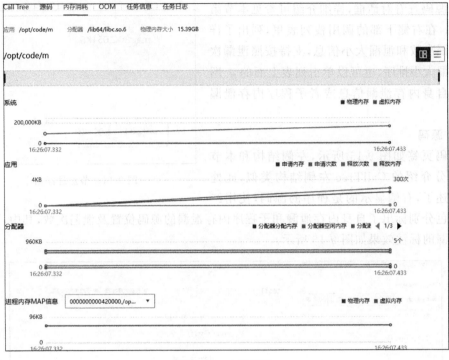

图 9-17　内存消耗

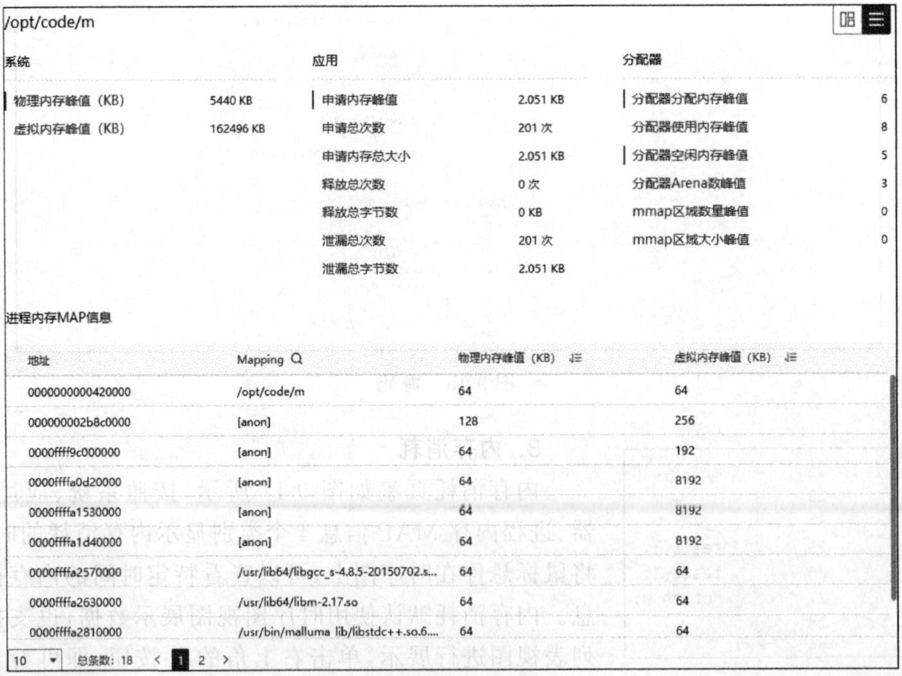

图 9-18　列表视图

4. OOM

OOM 页签如图 9-19 所示,页面分为左右两块区域,单击左侧列表区的一个特定时间点,右侧会显示详细的诊断信息。诊断信息从上至下依次如下。

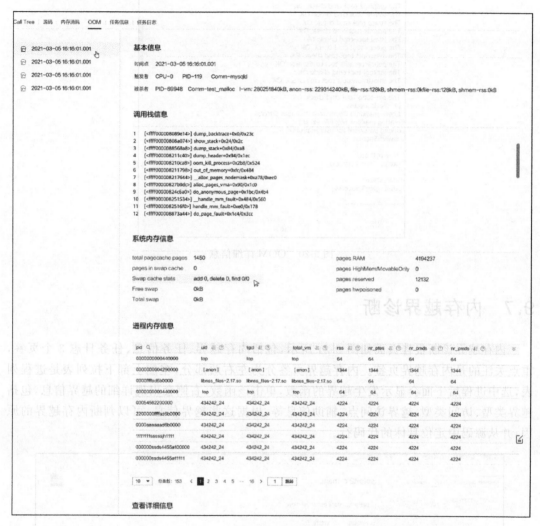

图 9-19　OOM

(1) 基本信息:显示时间点及触发者和被杀者。

(2) 调用栈信息:详细的调用栈情况。

(3) 系统内存信息:包括内存、交换区等信息。

(4) 进程内存信息:列出每个进程的内存统计信息。

单击页面下方的"查看详细信息"超链接,会显示 OOM 的详细信息,如图 9-20 所示。

图 9-20 OOM 详细信息

9.7 内存越界诊断

内存越界诊断报告页面如图 9-21 所示,包括内存越界、任务信息、任务日志 3 个页签,重点关注的是内存越界页签。内存越界页签分为左右两部分,左侧上部下拉列表是进程列表,选中进程后下面会显示发生越界的函数,单击该函数,右侧会出现详细的越界信息,包括越界类型、访问类型、越界访问点、辅助信息等,根据这些越界信息,可以判断内存越界的原因,并从源码中定位具体的代码行。

图 9-21 内存越界诊断报告

越界信息的最下方是"查看更多信息"超链接,单击该超链接,会弹出"更多内存越界信息"对话框,如图 9-22 所示,可以继续进行深入分析。

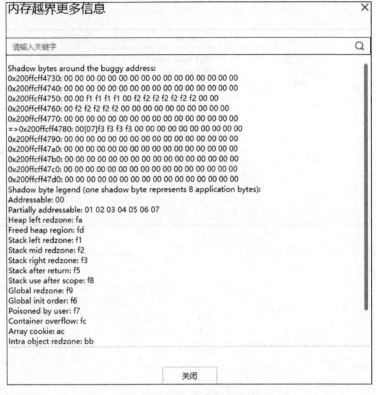

内存越界更多信息   ✕

请输入关键字   🔍

Shadow bytes around the buggy address:
0x200ffcff4730: 00 00 00 00 00 00 00 00 00 00 00 00 00 00 00 00
0x200ffcff4740: 00 00 00 00 00 00 00 00 00 00 00 00 00 00 00 00
0x200ffcff4750: 00 00 f1 f1 f1 f1 00 f2 f2 f2 f2 f2 f2 00 00
0x200ffcff4760: 00 f2 f2 f2 f2 f2 00 00 00 00 00 00 00 00 00 00
0x200ffcff4770: 00 00 00 00 00 00 00 00 00 00 00 00 00 00 00 00
=>0x200ffcff4780: 00[07]f3 f3 f3 f3 00 00 00 00 00 00 00 00 00 00
0x200ffcff4790: 00 00 00 00 00 00 00 00 00 00 00 00 00 00 00 00
0x200ffcff47a0: 00 00 00 00 00 00 00 00 00 00 00 00 00 00 00 00
0x200ffcff47b0: 00 00 00 00 00 00 00 00 00 00 00 00 00 00 00 00
0x200ffcff47c0: 00 00 00 00 00 00 00 00 00 00 00 00 00 00 00 00
0x200ffcff47d0: 00 00 00 00 00 00 00 00 00 00 00 00 00 00 00 00
Shadow byte legend (one shadow byte represents 8 application bytes):
Addressable: 00
Partially addressable: 01 02 03 04 05 06 07
Heap left redzone: fa
Freed heap region: fd
Stack left redzone: f1
Stack mid redzone: f2
Stack right redzone: f3
Stack after return: f5
Stack use after scope: f8
Global redzone: f9
Global init order: f6
Poisoned by user: f7
Container overflow: fc
Array cookie: ac
Intra object redzone: bb

关闭

图 9-22　更多内存越界信息

9.8　网络 I/O 诊断

网络 I/O 诊断报告如图 9-23 所示,包括连通性拨测、网络负载监控、丢包诊断、网络抓包、任务信息 5 个页签,如果拨测场景选择 TCP 拨测或者 UDP 拨测,还会有 TCP 拨测和 UDP 拨测的页签,下面分别进行介绍。

1. 连通性拨测

连通性拨测页签如图 9-23 所示,上部是拨测 KPI 区域,使用网络拓扑图显示收发服务器的关系及评价指标,拨测 KPI 的评价依据如图 9-24 所示。源服务器下方是配置信息的超链接,单击该超链接,会弹出详细的配置信息,如图 9-25 所示,配置信息的各列说明如表 9-4 所示。页签中部是 RTT(Round-Trip Time)往返时延时序图,按照时间顺序显示特定时间的 RTT 和平均值。页签下部是拨测统计值和路由信息的表格,各个列的说明如表 9-5 所示。

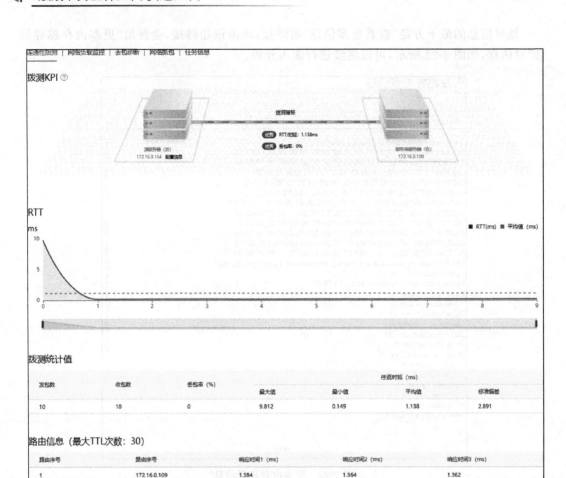

图 9-23　网络 I/O 诊断报告

网络KPI	指标评级		
	优秀	普通	较差
时延	<5ms	<30ms	≥30ms
时延抖动	<1ms	<20ms	≥20ms
丢包率	<0.001%	<0.5%	≥0.5%
带宽	>理论带宽*70%	>理论带宽*40%	≤理论带宽*40%

图 9-24　指标评级

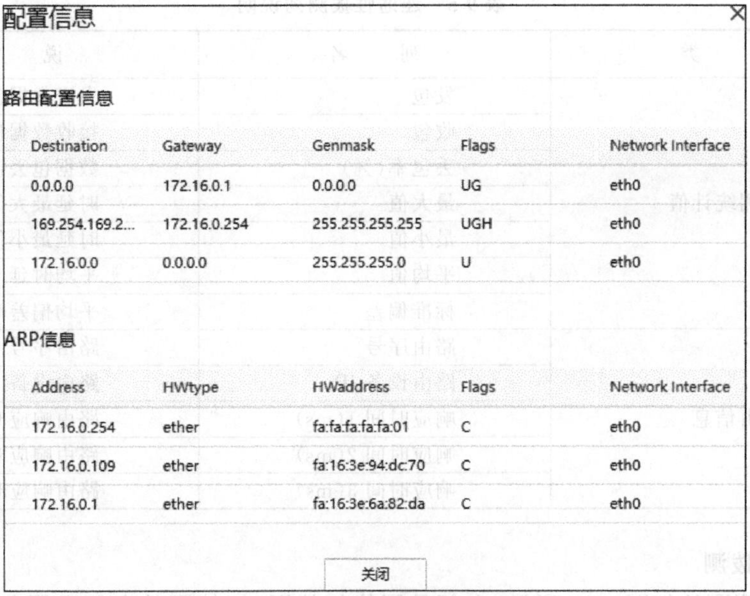

配置信息 ✕

路由配置信息

Destination	Gateway	Genmask	Flags	Network Interface
0.0.0.0	172.16.0.1	0.0.0.0	UG	eth0
169.254.169.2...	172.16.0.254	255.255.255.255	UGH	eth0
172.16.0.0	0.0.0.0	255.255.255.0	U	eth0

ARP信息

Address	HWtype	HWaddress	Flags	Network Interface
172.16.0.254	ether	fa:fa:fa:fa:fa:01	C	eth0
172.16.0.109	ether	fa:16:3e:94:dc:70	C	eth0
172.16.0.1	ether	fa:16:3e:6a:82:da	C	eth0

关闭

图 9-25　源服务器配置信息

表 9-4　配置信息列说明

分　类	列　名	说　明
路由配置信息	Destination	本地地址
	Gateway	网关信息
	Genmask	掩码信息
	Flags	网络接口状态,可能的状态如下。 U：route is up H：target is a host G：use gateway R：reinstate route for dynamic routing D：dynamically installed by daemon or redirect M：modified from routing daemon or redirect A：installed by addrconf C：cache entry !：reject route
	Network Interface	网口信息
ARP 信息	Address	网络地址
	HWtype	网卡类型
	HWaddress	MAC 地址
	Flags	参考路由配置
	Network Interface	参考路由配置

表 9-5 连通性拨测列说明

分 类	列 名	说 明
拨测统计值	发包	发送数据包数量
	收包	接收数据包数量
	丢包率(%)	数据包丢包比例
	最大值	时延最大值
	最小值	时延最小值
	平均值	平均时延
	标准偏差	平均偏差时延
路由信息	路由序号	路由序号
	路由设备 IP	路由设备 IP
	响应时间 1(ms)	路由响应时间
	响应时间 2(ms)	路由响应时间
	响应时间 3(ms)	路由响应时间

2. TCP 拨测

TCP 拨测页签如图 9-26 所示,上部是网络拓扑图,拓扑图的左侧是服务器端,右侧是客户端,单击客户端的"查看详情"超链接,会转到客户端的 TCP 拨测报告,如图 9-27 所示。页签的下部是连接信息和拨测统计信息的表格,各个列的说明如表 9-6 所示。单击拨测统计信息"操作"列的"查看"超链接,将弹出"拨测统计信息"对话框,如图 9-28 所示。

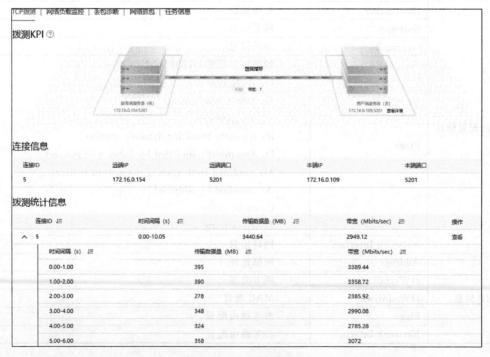

图 9-26 TCP 拨测报告

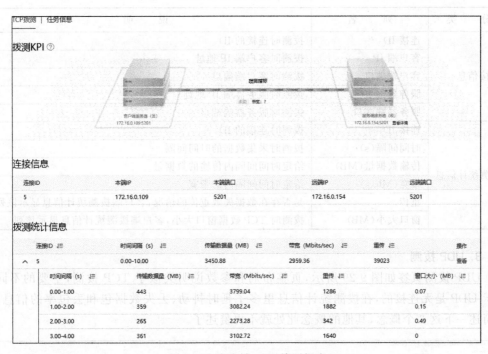

图 9-27 客户端 TCP 拨测报告

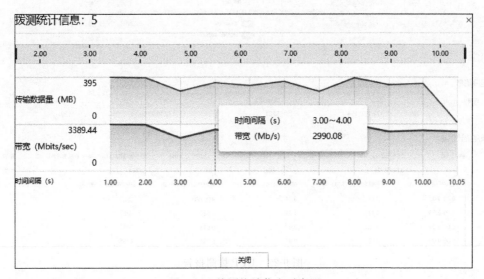

图 9-28 拨测统计信息时序图

表 9-6　TCP 拨测各列说明

分　类	列　名	说　明
连接信息	连接 ID	拨测时连接的 ID
	客户端 IP	拨测时客户端 IP 地址
	客户端端口	拨测时客户端端口
	服务器端 IP	拨测时服务器端 IP 地址
	服务器端端口	拨测时服务器端端口
拨测统计信息	连接 ID	拨测时连接的 ID
	时间间隔(s)	拨测时采集数据的时间间隔
	传输数据量（MB）	给定时间间隔内传输的数据量
	带宽(Mb/s)	给定时间间隔内的带宽
	重传	是否存在数据失败重传的情况，客户端拨测统计信息显示该列
	窗口大小(MB)	拨测时 TCP 数据窗口大小，客户端拨测统计信息显示该列

3. UDP 拨测

　　UDP 拨测页签如图 9-29 所示，页签布局和参数说明类似于 TCP 拨测，主要的不同点在于 UDP 是无连接的，在拨测统计信息里多了延时抖动、丢失数据包和丢包率的信息，下面简述一下这 3 个概念，其他的概念此处就不再赘述了。

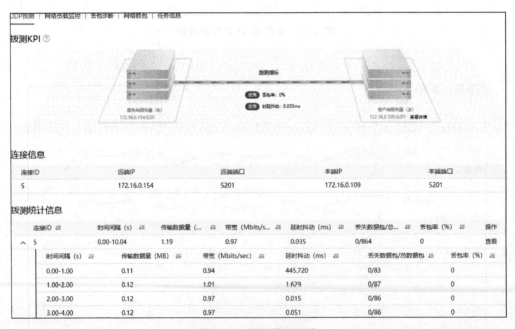

图 9-29　UDP 拨测报告

　　（1）延时抖动：网络往返延时指一个数据包从发送服务器发送到接收服务器，然后立即从接收服务器返回发送服务器的来回时间，由于互联网络的复杂性、网络流量的动态变化和网络路由的动态选择,往返延时随时都在不停地变化,称为抖动。网络延时和延时抖动越小,那么网络的质量就越好。

(2) 丢失数据包:理想情况下,发送了多少数据包就应该接收到多少数据包,但是在信号衰减、网络质量等诸多因素的影响下,会出现部分数据包不能被接收的情况,这部分数据包就是丢失数据包。

(3) 丢包率:丢失数据包的数量占所发送数据包的比率。

4. 网络负载监控

网络负载监控页签如图 9-30 所示,在页面最上部是 CPU 利用率列表,可以按照 CPU core 或者 NUMA NODE 统计 CPU 利用率信息,通过在 CPU 利用率后面的下拉列表框里选择对应的选项来切换显示,CPU 利用率各列的说明如表 9-7 所示。CPU 利用率表格的下面是 CPU 负载表格,统计了 CPU 负载信息,各个列的说明如表 9-8 所示。再往下是内存利用率表格,各个列的说明如表 9-9 所示。

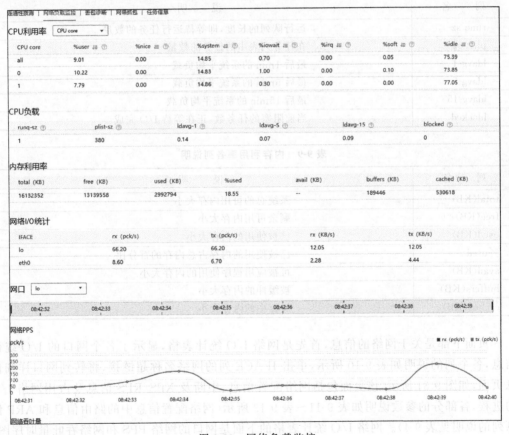

图 9-30 网络负载监控

表 9-7　CPU 利用率各列说明

列　　名	说　　明
CPU core	CPU 核心编号
MUMA NODE	MUMA 编号
%user	在用户态运行时所占用 CPU 总时间的百分比
%nice	在用户态改变过优先级的进程运行时所占用 CPU 总时间的百分比
%system	在内核态运行时所占用 CPU 总时间的百分比(不包括硬件中断和软件中断的时间)
%iowait	CPU 等待磁盘 I/O 操作导致空闲状态的时间占 CPU 总时间的百分比
%irq	CPU 服务硬件中断所花费时间占 CPU 总时间的百分比
%soft	CPU 服务软件中断所花费时间占 CPU 总时间的百分比
%idle	CPU 空闲且系统没有未完成的磁盘 I/O 请求的时间占总时间的百分比

表 9-8　CPU 负载信息各列说明

列　　名	说　　明
runq-sz	运行队列的长度,即等待运行任务的数量
plist-sz	在任务列表中的任务的数量
ldavg-1	最后 1min 的系统平均负载
ldavg-5	最后 5min 的系统平均负载
idavg-15	最后 15min 的系统平均负载
blocked	当前阻塞的任务数,正在等待 I/O 完成

表 9-9　内存利用率各列说明

列　　名	说　　明
total(KB)	系统总的可用内存大小
free(KB)	剩余可用内存大小
used(KB)	已被使用的内存大小
%used	已被使用的内存占总内存的百分比
avail(KB)	可被应用程序使用的内存大小
buffers(KB)	被缓冲的内存大小
cached(KB)	缓存中的内存大小

　　页面下部是关于网络的信息,首先是网络 I/O 统计表格,显示了各个网口的 I/O 统计信息,各个列的说明如表 9-10 所示,单击 IFACE 列的网络名称超链接,将转到网口详细信息页面,如图 9-31 所示,该页面包括网络配置信息、中断及 XPS/RPS 信息及占用网络 I/O 的进程,各部分的参数说明如表 9-11～表 9-13 所示(网络配置信息中的路由信息和 ARP 信息列的说明见表 9-4)。网络 I/O 统计表格的下面是网口的网络 PPS 和网络吞吐量时序图,将鼠标悬停在时序图上,可以查看特定时间点的 PPS 和吞吐量信息,在网口后面的下拉列表里,可以切换显示的网口。

表 9-10　网络 I/O 统计列说明

列　名	说　明
IFACE	网络接口名称
rx(pck/s)	每秒接收的数据包总数
tx(pck/s)	每秒发送的数据包总数
rx(KB/s)	每秒接收的字节总数
tx(KB/s)	每秒发送的字节总数

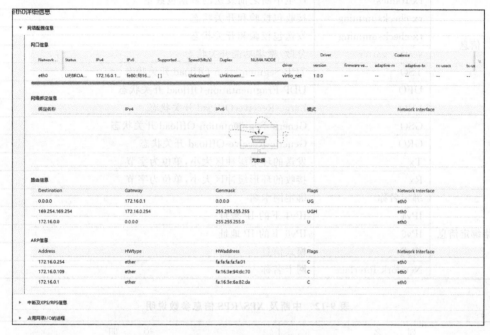

图 9-31　网口详细信息

表 9-11　网络配置信息列说明

分　类	列　名	说　明
网口信息	Network Interface	网卡名称
	Status	网卡状态
	IPv4	IPv4 下的 IP 地址
	IPv6	IPv6 下的 IP 地址
	Supported Port	支持的端口
	Speed(Mb/s)	网络速率
	Duplex	网卡工作类型
	NUMA NODE	绑定的 NUMA NODE
	driver	驱动名称
	version	驱动版本

续表

分　类	列　名	说　明
网口信息	firmware version	软件的版本号
	adaptive-rx	接收队列的动态聚合执行功能的开关状态
	adaptive-tx	发送队列的动态聚合执行功能的开关状态
	rx-usecs	产生一个中断之前至少有一个数据包被接收之后的微秒数
	tx-usecs	产生一个中断之前至少有一个数据包被发送之后的微秒数
	rx-framcs	产生中断之前发送的数据包数量
	rx-checksumming	接收包校验和开关状态
	tx-checksumming	发送包校验和开关状态
	scatter-gatter	分散/聚集功能开关状态
	TSO	TCP-Segmentation-Offload 开关状态
	UFO	UDP-Fragmentation-Offload 开关状态
	LRO	Large-Receive-Offload 开关状态
	GSO	Generic-Segmentation-Offload 开关状态
	GRO	Generic-Receive-Offload 开关状态
	Tx	发送的环形缓冲区大小,单位为字节
	Rx	接收的环形缓冲区大小,单位为字节
网络绑定信息	绑定名称	绑定网卡名
	IPv4	IPv4 下的 IP 地址
	IPv6	IPv6 下的 IP 地址
	模式	模式信息
	Network Interface	网卡名称

表 9-12　中断及 XPS/RPS 信息参数说明

列　名	说　明
硬中断编号	硬中断编号
设备信息	设备信息
PCIE 设备 BDF 号	PCIE 设备 BDF 号
中断事件名称	中断事件名称
中断绑核信息	中断绑核信息
中断频率(次/s)	中断频率
网络设备名称	网络设备名称
xps_cpus	XPS 绑核的 CPU
rps_cpus	RPS 绑核的 CPU
rps_flow_cnt	每个队列负责 flow 的最大数量
软中断信息	软中断信息
CPU 核心	CPU 核心编号
硬中断绑核数量	硬中断绑核数量
XPS 绑核数量	XPS 的绑核数量
RPS 绑核数量	RPS 的绑核数量
软硬中断频率(次/s)	软硬中断的频率

表 9-13　占用网络 I/O 的进程列说明

列　　名	说　　明
Local Interface	本端网口
Protocol	支持的网络协议类型
Local IP	本端 IP
Local Port	本端端口
Remote IP	对端 IP
Remote Port	对端端口
PID	进程的进程号
Command	具体操作信息

5．丢包诊断

丢包诊断页签如图 9-32 所示，从上至下依次分为网卡硬件和驱动丢包、协议栈缓冲队列丢包、协议栈丢包、内核调用栈丢包 4 种类型，前 3 种类型的标题后面有"查看排查建议"超链接，单击该超链接，会弹出具体的排查建议，如图 9-33 所示。丢包诊断的参数说明如表 9-14 所示。在内核调用栈丢包表格里，单击函数名称前的 ▶ 图标可以切换展示该函数的详细信息，单击"函数名称"的超链接，会转到函数源码页面，如图 9-34 所示，在该页面可以根据源代码和代码流进行更深入的分析。

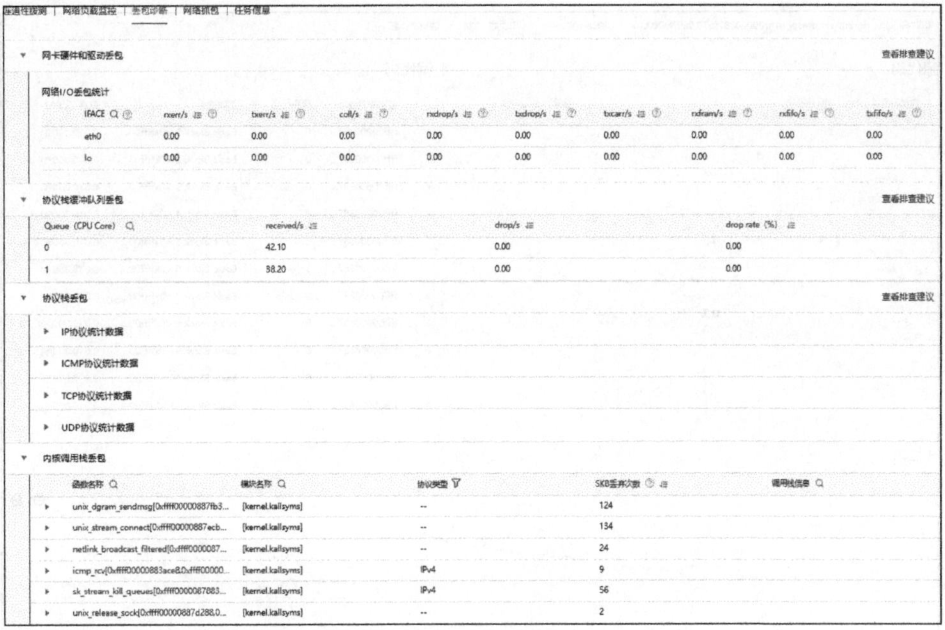

图 9-32　丢包诊断

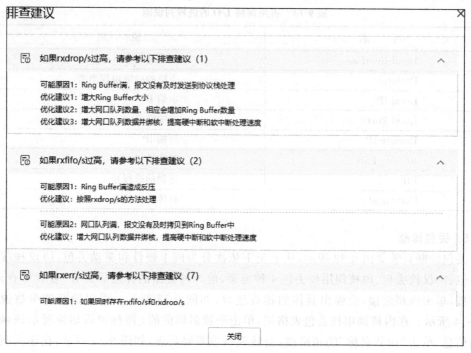

排查建议 ✕

🔲 如果rxdrop/s过高，请参考以下排查建议（1） ⌃

　可能原因1：Ring Buffer满，报文没有及时发送到协议栈处理
　优化建议1：增大Ring Buffer大小
　优化建议2：增大网口队列数量，相应会增加Ring Buffer数量
　优化建议3：增大网口队列数据并绑核，提高硬中断和软中断处理速度

🔲 如果rxfifo/s过高，请参考以下排查建议（2） ⌃

　可能原因1：Ring Buffer满造成反压
　优化建议：按照rxdrop/s的方法处理

　可能原因2：网口队列满，报文没有及时拷贝到Ring Buffer中
　优化建议：增大网口队列数据并绑核，提高硬中断和软中断处理速度

🔲 如果rxerr/s过高，请参考以下排查建议（7） ⌃

　可能原因1：如果同时存在rxfifo/s和rxdrop/s

关闭

图 9-33　排查建议

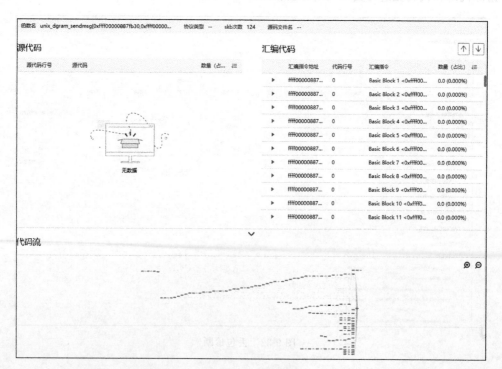

图 9-34　源码信息

表 9-14 丢包诊断参数说明

分　类	列　名	说　明
网卡硬件和驱动丢包	IFACE	网络接口名称
	rxerr/s	每秒接收的损坏的数据包数量
	txerr/s	发送数据包时，每秒发生错误的总数
	coll/s	每秒发生冲突的数据包数量
	rxdrop/s	发送数据包进入 Ring Buffer 后，每秒丢弃的数据包的数量
	txdrop/s	接收数据包进入 Ring Buffer 后，每秒丢弃的数据包的数量
	txcarr/s	每秒发送的载波错误数
	rxfram/s	接收数据包时，每秒发生的帧对齐错误数
	rxfifo/s	接收数据包时，每秒发生 FIFO 溢出错误的次数
	txfifo/s	发送数据包时，每秒发生 FIFO 溢出错误的次数
协议栈缓存队列丢包	Queue(CPU core)	CPU 核心队列
	received/s	每秒接收的协议栈缓存
	drop/s	每秒丢弃的协议栈缓存
	drop rate(%)	丢包率
内核调用栈丢包	函数名称	调用函数的名称
	模块名称	调用模块的名称
	协议类型	数据包的协议类型
	SKB 丢弃次数	SKB 丢包次数
	调用栈信息	调用栈信息

6. 网络抓包

网络抓包页签如图 9-35 所示，使用表格形式列出了数据包的详细信息，这些信息支持下载，单击“下载文件(.pcap)”按钮，即可将文件自动压缩后下载到本地。表格各列的说明如表 9-15 所示。

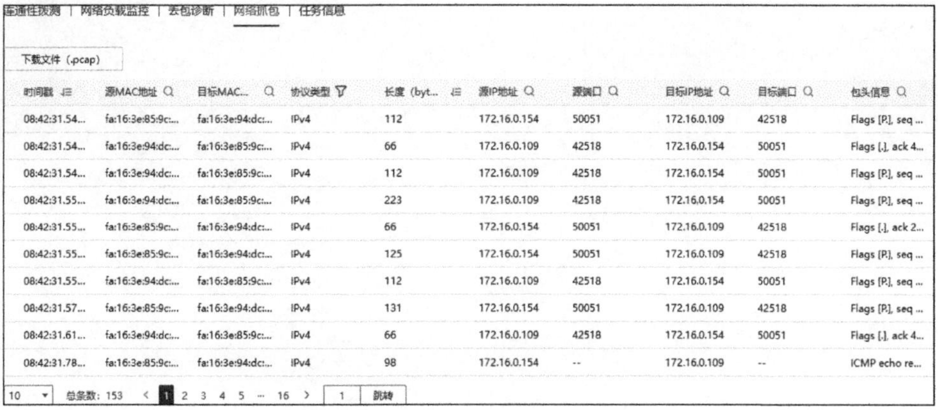

时间戳	源MAC地址	目标MAC...	协议类型	长度 (byt...	源IP地址	源端口	目标IP地址	目标端口	包头信息
08:42:31.54...	fa:16:3e:85:9c:...	fa:16:3e:94:dc:...	IPv4	112	172.16.0.154	50051	172.16.0.109	42518	Flags [P.], seq ...
08:42:31.54...	fa:16:3e:94:dc:...	fa:16:3e:85:9c:...	IPv4	66	172.16.0.109	42518	172.16.0.154	50051	Flags [.], ack 4...
08:42:31.54...	fa:16:3e:94:dc:...	fa:16:3e:85:9c:...	IPv4	112	172.16.0.109	42518	172.16.0.154	50051	Flags [P.], seq ...
08:42:31.55...	fa:16:3e:94:dc:...	fa:16:3e:85:9c:...	IPv4	223	172.16.0.109	42518	172.16.0.154	50051	Flags [P.], seq ...
08:42:31.55...	fa:16:3e:85:9c:...	fa:16:3e:94:dc:...	IPv4	66	172.16.0.154	50051	172.16.0.109	42518	Flags [.], ack 2...
08:42:31.55...	fa:16:3e:85:9c:...	fa:16:3e:94:dc:...	IPv4	125	172.16.0.154	50051	172.16.0.109	42518	Flags [P.], seq ...
08:42:31.55...	fa:16:3e:94:dc:...	fa:16:3e:85:9c:...	IPv4	112	172.16.0.109	42518	172.16.0.154	50051	Flags [P.], seq ...
08:42:31.57...	fa:16:3e:85:9c:...	fa:16:3e:94:dc:...	IPv4	131	172.16.0.154	50051	172.16.0.109	42518	Flags [P.], seq ...
08:42:31.61...	fa:16:3e:94:dc:...	fa:16:3e:85:9c:...	IPv4	66	172.16.0.109	42518	172.16.0.154	50051	Flags [.], ack 4...
08:42:31.78...	fa:16:3e:85:9c:...	fa:16:3e:94:dc:...	IPv4	98	172.16.0.154	--	172.16.0.109	--	ICMP echo re...

图 9-35 网络抓包

表 9-15   网络抓包列说明

列　　名	说　　明
时间戳	抓包的时间点
源 MAC 地址	源 MAC 地址
目标 MAC 地址	目的 MAC 地址
协议类型	协议类型，支持 IPv4 和 IPv6
长度	抓包的长度
源 IP 地址	源 IP 地址
源端口	源端口号
目标 IP 地址	目的 IP 地址
目标端口	目的端口号
包头信息	抓包得到的包头信息

第 10 章

无源码迁移工具 ExaGear

10.1 ExaGear 简介

ExaGear 是华为提供的动态二进制指令翻译工具,可以在运行时把 x86 应用的指令动态地翻译成 ARM 64 指令并稳定可靠运行,从而避免了 Linux 下 x86 应用迁移到鲲鹏平台需要重新编译的要求,可以达到快速、低成本的无源码应用迁移。使用 ExaGear 的指令动态翻译功能需要满足一些前提条件,具体的前提条件如表 10-1 所示。

表 10-1 使用 ExaGear 指令的前提条件

类　　别	支　　持	不　支　持
应用类型	Linux 上的 x86 应用	Windows 应用、Linux 驱动、虚拟化平台
指令	x86 通用指令、SSE、AVX 扩展指令	AVX-2 和 AVX 512 指令
操作系统	openEuler(20.03)、CentOS(7、8)、Ubuntu (18.04、20.04)	其他

x86 应用启动后,ExaGear 的指令翻译引擎就接管了应用的运行,使用二进制翻译技术将应用转换为兼容 ARM 的代码,再执行 x86 应用程序,因为是由动态翻译指令执行的,在性能上有一定的损失,根据 SPEC CPU 2006 工具的测试,大部分场景的 CPU 性能损失在 20% 以内。

ExaGear 的官网网址为 https://www.hikunpeng.com/developer/devkit/exagear,本书编写时的最新版本是 2021 年 8 月 6 日发布的 ExaGear 1.2.1.1,更多的信息可参见官网的相关内容。

10.2 ExaGear 的安装与运行

1. ExaGear 的安装

ExaGear 支持安装在物理机、虚拟机或者容器里,下面演示在虚拟机上安装的过程。本次安装选择的是 ExaGear 1.2.1.1 版本。

步骤1：登录鲲鹏服务器，创建/data/soft/目录，并进入该目录，命令如下：

```
mkdir - p /data/soft/
cd /data/soft/
```

步骤2：下载 ExaGear 并解压，命令如下：

```
wget
https://mirrors.huaweicloud.com/kunpeng/archive/ExaGear/ExaGear_1.2.1.1.tar.gz
tar - zxvf ExaGear_1.2.1.1.tar.gz
```

解压后的目录包含5个针对不同安装环境的子目录，分别是：

- Exagear4docker
- ExaGear_Server_for_Centos7
- ExaGear_Server_for_Centos8
- ExaGear_Server_for_Ubuntu18
- ExaGear_Server_for_Ubuntu20

这里选择 CentOS 7 的 Server 安装环境。

步骤3：进入安装包目录，命令如下：

```
cd /data/soft/ExaGear_1.2.1.1/ExaGear_Server_for_Centos7/release
```

步骤4：检查当前操作系统的页大小，命令如下：

```
getconf PAGE_SIZE
```

如果返回的是65536，则表明是64KB大小的页；如果返回的是4096，则表明是4KB大小的页。

步骤5：安装 ExaGear，如果是64KB大小的页，命令如下：

```
rpm - ivh exagear - core - x64a64 - p64k - 1773 - 1. aarch64. rpm
exagear - guest - for - centos - 7 - x86_64 - 1773 - 1. noarch. rpm
exagear - integration - 1773 - 1. noarch. rpm exagear - utils - 1773 - 1. noarch. rpm
```

如果是4KB大小的页，则命令如下：

```
rpm - ivh exagear - core - x32a64 - 1773 - 1. aarch64. rpm
exagear - core - x64a64 - 1773 - 1. aarch64. rpm
exagear - guest - for - centos - 7 - x86_64 - 1773 - 1. noarch. rpm
exagear - integration - 1773 - 1. noarch. rpm exagear - utils - 1773 - 1. noarch. rpm
```

本次演示的操作系统是64KB大小的页，安装成功的回显如图10-1所示。
ExaGear 默认安装在/opt/exagear/目录。

```
Verifying...                          ################################# [100%]
Preparing...                          ################################# [100%]
Updating / installing...
   1:exagear-utils-1773-1             ################################# [ 25%]
   2:exagear-core-x64a64-p64k-1773-1  ################################# [ 50%]
Created symlink /etc/systemd/system/multi-user.target.wants/exagear-x86_64.service → /usr/lib/systemd/system/exagear-x86_64.service.
   3:exagear-guest-for-centos-7-x86_64################################# [ 75%]
Unpacking archive with guest image: /opt/exagear/images/centos-7-x86_64.tar.gz ...
...done.
   4:exagear-integration-1773-1       ################################# [100%]
```

图 10-1 ExaGear 安装成功

2. ExaGear 的结构

ExaGear 可以运行 x86 架构的 CentOS 7，因为在 ExaGear 安装目录里面有基本的 x86 运行环境，通过 Tree 命令查看 ExaGear 的目录结构，如果没有安装 Tree 命令，则可以通过如下命令安装：

```
yum install -y tree
```

要进入/opt/exagear/目录，查看该目录的 3 级子目录，命令如下：

```
cd /opt/exagear/
tree -L 3
```

可以看到 exagear 目录的结构如下：

```
├── bin
│   ├── killall-ubt.sh
│   ├── ubt_binfmt_misc_wrapper_x86_64 -> /opt/exagear/bin/ubt_x64a64_al
│   ├── ubt-wrapper
│   ├── ubt_x64a64_al
│   └── ubt_x64a64_opt
├── cmcversion
├── images
│   ├── centos-7-x86_64
│   │   ├── bin -> usr/bin
│   │   ├── boot
│   │   ├── dev
│   │   ├── etc
│   │   ├── home
│   │   ├── lib -> usr/lib
│   │   ├── lib64 -> usr/lib64
│   │   ├── media
│   │   ├── mnt
│   │   ├── opt
│   │   ├── proc
│   │   ├── root
│   │   ├── run
│   │   ├── sbin -> usr/sbin
│   │   ├── srv
│   │   ├── sys
│   │   ├── tmp
```

```
│   │       ├── usr
│   │       └── var
│   └── centos-7-x86_64.tar.gz
├── integration
│   ├── converter.sh
│   ├── generator.sh
│   ├── service-hooks
│   │   └── cron
│   ├── stop-all-guest-systemd-units.sh
│   └── systemctl
└── shared
├── exagear-x86_64.conf
├── ubt-make-opt-cmdline
└── ubt-print-aux-cmdline-options
```

需要关注的是 images 下的 centos-7-x86_64 目录,它包含了完整的 x86 的架构的 CentOS 运行环境。运行 ExaGear 相当于在鲲鹏服务器上启动了一个 x86 架构的 CentOS Shell,ExaGear 官方文档称其为 Guest 系统,与之对应的鲲鹏服务器上的系统称其为 Host 系统。

对于 Host 系统来讲,整个/opt/exagear/目录下所有的子目录和文件都是可见的,但是对于 Guest 系统来讲,只有/opt/exagear/images/centos-7-x86_64/目录下的子目录和文件是可见的,/opt/exagear/images/centos-7-x86_64/目录就相当于它的根目录,如果需要 Guest 系统访问某些应用或文件,则这些应用或文件也必须放在/opt/exagear/images/centos-7-x86_64/目录或者它的子目录里。

3. 运行 ExaGear

运行 ExaGear 的命令及回显如下:

```
# exagear
Starting /bin/bash in the guest image /opt/exagear/images/centos-7-x86_64
```

查看 Guest 系统架构的命令及回显如下:

```
# arch
x86_64
```

可以看到 Guest 系统运行的架构是 x86_64。

要退出 Guest 系统的 Shell,需输入 exit,然后重新进入 Host 系统。

10.3　Guest 系统中安装并运行 x86 应用

10.3.1　Guest 系统中安装 x86 应用

在 Guest 系统中安装应用有多种方式,这里演示常用的两种,一种是把现有的 x86 应用上传到 Host 系统,然后从 Host 系统复制到 Guest 系统的运行环境中;另一种使用 Yum 方式从 Yum 源安装。

1. 从 Host 系统复制到 Guest 系统

为了模拟整个过程,这里使用一台 x86 服务器将 C 源码编译为 x86 架构应用,然后将该应用上传到鲲鹏服务器,最后在鲲鹏服务器里把该应用复制到 Guest 系统运行环境,具体步骤如下。

步骤 1:登录 x86 架构服务器,创建/data/code/目录并进入,然后创建 x86app.c 文件,命令如下。

```
mkdir - p /data/code/
cd /data/code/
vim x86app.c
```

步骤 2:在 x86app.c 文件中录入的代码如下。

```
//Chapter10/x86app.c

# include < stdio. h>
int main(void)
{
    char a = - 1;
    printf("The variable a is - 1,the actual output is % d\n", a);

    char str[100];

    printf("Enter a string:");
    scanf(" % s", str);

    printf("You entered: % s ", str);
    printf("\n");

    return 0;
}
```

这段代码使用了在迁移过程中经常需要特别注意的 char 类型,并且把其中变量 a 的值设置成-1,该代码如果在鲲鹏架构下直接编译运行,不做特殊处理,则应用执行的结果和期望的结果是不一致的,代码后面部分演示了基本的输入和输出。

步骤 3:编译 x86app.c 文件,命令如下。

```
gcc - o x86app x86app.c
```

编译后可以得到应用 x86app。

步骤 4:运行 x86app,然后输入字符串"x86",命令及反馈如下。

```
[root@ecs-x86 code]#./x86app
The variable a is - 1,the actual output is -1
Enter a string:x86
You entered: x86
```

在 x86 架构下是可以正常运行的,输出值和期望的值也是一致的。

步骤 5:将 x86app 上传到鲲鹏服务器,这里使用的 SCP 命令如下。

```
[root@ecs-x86 code]# scp x86app root@172.16.0.155:/data/soft/
```

根据需要输入鲲鹏服务器的密码,最后 x86app 会被复制到鲲鹏服务器的/data/soft/
目录。

步骤 6:登录鲲鹏服务器,进入/data/soft/目录,命令如下。

```
cd /data/soft/
```

步骤 7:先在 Host 系统下试着运行 x86app,命令及反馈如下。

```
#./x86app

UBT: assertion "fd >= 0" failed.
The file '/data/soft/x86app' does not belong to the guest image '/opt/exagear/images/
centos-7-x86_64' and is not visible in the guest FS.
Move it to a location visible in the guest FS or reconfigure the guest FS to
make the current location visible.

[Pid 5441] ubt_Error at ubt_al.cc:787

Backtrace: (address annotation unavailable: no symbol table found)
    0x80080011f160
    0x80080013a0bc
    0x8008001171cc
    0x800800137130
  Backtrace end (frame 0xffffd9366b30 is out of current stack)
```

应用不能正常运行,系统提示可把 x86app 移动到 Guest 系统的运行环境,即/opt/
exagear/images/centos-7-x86_64 目录下。

步骤 8:把 x86app 移动到 Guest 系统的/opt/目录下,命令如下。

```
mv x86app /opt/exagear/images/centos-7-x86_64/opt/
```

步骤 9:启动 ExaGear,查看 Guest 系统的/opt/目录,命令及反馈如下。

```
[root@book soft]# exagear
Starting /bin/bash in the guest image /opt/exagear/images/centos-7-x86_64
```

```
[root@book /]#cd /opt/
[root@book opt]#ll
total 16
-rwxr-xr-x 1 root root 12856 Oct 17 06:22 x86app
```

可以看到 x86app 已经被复制到了 Guest 系统的/opt/目录，这样就完成了从 Host 系统到 Guest 系统的文件复制。

2. 以 Yum 方式安装应用

本节通过在 Guest 系统中安装 Redis 服务来演示 Yum 方式安装应用。

步骤 1：启动 ExaGear，命令如下。

```
exagear
```

步骤 2：更新系统，安装 epel 源，安装 redis 服务，命令如下。

```
yum -y update
yum install -y epel-release
yum install -y redis
```

Redis 安装成功后的回显如下：

```
Installed:
  redis.x86_64 0:3.2.12-2.el7
Dependency Installed:
  jemalloc.x86_64 0:3.6.0-1.el7
logrotate.x86_64 0:3.8.6-19.el7
Complete!
```

10.3.2 运行 x86 应用程序

安装完毕 ExaGear 并且安装好需要运行的 x86 应用程序后，有 3 种方式来启动并运行该应用。

1. 在 Guest 系统中直接运行

以 10.3.1 节复制到 Guest 系统中的 x86app 应用及通过 Yum 安装的 Redis 服务为例，分别介绍直接运行应用的步骤。

1）运行 x86app

步骤 1：启动 ExGear 并进入 x86app 所在目录，命令如下。

```
# exagear
cd /opt/
```

步骤 2：直接运行 x86app，命令及回显如下。

```
# ./x86app
The variable a is - 1,the actual output is - 1
Enter a string:x86
You entered: x86
```

可以看到和真正的 x86 架构服务器的运行效果一样。

2）运行 Redis 服务

步骤 1：启动 ExGear，命令如下。

```
# exagear
```

步骤 2：启动 Redis 服务，并设置为开机自启动，命令如下。

```
systemctl start redis
systemctl enable redis
```

步骤 3：启动 redis-cli，输入 ping 命令，查看反馈是不是 PONG，确定服务是否可正常启动，命令及回显如下。

```
# redis - cli
127.0.0.1:6379 > ping
PONG
127.0.0.1:6379 >
```

步骤 4：将 redis 的 key 设置为 arch，将 value 设置为 x86，然后查看该 key 对应的 value，命令如下。

```
127.0.0.1:6379 > set arch x86
OK
127.0.0.1:6379 > get arch
"x86"
```

这样就表明在鲲鹏服务器下 x86 架构的 Redis 服务正常工作了。

步骤 5：退出 Redis-cli，再退出 Guest 系统，重新启动鲲鹏服务器，命令及回显如下。

```
127.0.0.1:6379 > exit
[root@book opt]# exit
exit
[root@book soft]# reboot
```

这样确保 Host 系统和 Guest 系统都彻底退出。

步骤 6：在重新启动后的鲲鹏服务器启动 ExaGear，然后进入 Redis 客户端，查看键 arch 的值，命令及回显如下。

```
[root@book ~]#exagear
Starting /bin/bash in the guest image /opt/exagear/images/centos-7-x86_64
[root@book ~]#redis-cli
127.0.0.1:6379> get arch
"x86"
```

可以看到,重启后 Guest 系统仍然保持了重启前的状态。

2. 在 Host 系统会话中使用全路径启动 Guest 中 x86 应用

以 10.3.1 节复制到 Guest 系统中的 x86app 为例,启动它的命令及回显如下:

```
[root@book ~]#/opt/exagear/images/centos-7-x86_64/opt/x86app
The variable a is -1,the actual output is -1
Enter a string:x86
You entered: x86
```

以这种方式直接运行应用,不用显式调用 ExaGear。

3. 在 Host 系统会话中使用 ExaGear 命令启动相对路径应用

这种方式需要 ExaGear 命令,只需传递给它要执行的命令或者应用在 Guest 系统中的相对路径就可以了,格式如下:

```
exagear -- 命令或应用
```

同样以 10.3.1 节复制到 Guest 系统中的 x86app 为例,启动它的命令及回显如下:

```
[root@book ~]#exagear -- /opt/x86app
The variable a is -1,the actual output is -1
Enter a string:x86
You entered: x86
```

10.4 Host 与 Guest 系统目录共享

在实际的 ExaGear 应用中,可能会有 Host 系统和 Guest 系统共享目录和文件的需求,这种情况下可以通过两种方式来解决,一种是通过配置文件的方式,另一种是通过挂载点挂载的方式,下面分别进行介绍。

1. 修改配置文件共享目录

步骤 1:确保 Host 系统中存在要共享的目录,例如/data/shared_cfg/,里面有一个文件 db.conf,查看该目录的命令及回显如下。

```
[root@book ~]#ll /data/shared_cfg/
total 0
-rw-r--r-- 1 root root 0 Oct 17 15:28 db.conf
```

步骤 2：在 Guest 系统中创建同名的目录，命令如下。

```
#mkdir - p /opt/exagear/images/centos - 7 - x86_64/data/shared_cfg
```

步骤 3：将目录名称（/data/shared_cfg/）作为新的一行添加到配置文件/opt/exagear/images/centos-7-x86_64/.exagear/vpaths-list 中。

步骤 4：启动 ExaGear，查看目录/data/shared_cfg/，命令及回显如下。

```
[root@book ~]#exagear
Starting /bin/bash in the guest image /opt/exagear/images/centos - 7 - x86_64
[root@book ~]#ll /data/shared_cfg/
total 0
- rw - r - - r - - 1 root root 0 Oct 17 07:28 db.conf
```

可以看到，在 Guest 系统中已经能访问 Host 系统中的共享目录了。也可以通过这种方式共享特定的文件，把上述步骤中的目录替换成文件就可以了。

2. 通过挂载点共享目录

同样以 Host 系统中的/data/shared_cfg/目录为例，演示通过挂载点共享目录的步骤。

步骤 1：在 Guest 系统中创建挂载点，挂载点的名称可以和 Host 系统中的共享目录不一致，例如叫作 guest_cfg，创建命令如下。

```
#mkdir /opt/exagear/images/centos - 7 - x86_64/guest_cfg
```

步骤 2：使用 mount 命令将/data/shared_cfg/目录挂载到 guest_cfg 挂载点上，命令如下。

```
#mount -- bind /data/shared_cfg/
/opt/exagear/images/centos - 7 - x86_64/guest_cfg
```

步骤 3：启动 ExaGear，查看目录/guest_cfg，命令及回显如下。

```
[root@book ~]#exagear
Starting /bin/bash in the guest image /opt/exagear/images/centos - 7 - x86_64
[root@book ~]#ll /guest_cfg/
total 0
- rw  r - - r - - 1 root root 0 Oct 17 07:28 db.conf
```

可以看到，在 Guest 系统中已经能访问挂载点对应的 Host 系统中的目录了。

10.5 卸载 ExaGear

要卸载 ExaGear，需要先确保 Guest 系统中安装的 x86 应用都停止了，如果在 Guest 系统中将 Host 系统目录挂载到了挂载点，则需要提前卸载掉所有的挂载点。

1. 卸载挂载点

以 /opt/exagear/images/centos-7-x86_64/guest_cfg 为例，卸载挂载点的命令如下：

```
umount /opt/exagear/images/centos-7-x86_64/guest_cfg
```

2. 卸载 ExaGear

输入的命令如下：

```
rpm -qa |grep exagear |xargs rpm -e
rm -rf /opt/exagear/
```

这样就可以删除 ExaGear 及 Guest 系统的目录了。

图书推荐

书　　名	作　　者
仓颉语言实战(微课视频版)	张磊
仓颉语言核心编程——入门、进阶与实战	徐礼文
仓颉语程序设计	董昱
仓颉程序设计语言	刘安战
仓颉语言元编程	张磊
仓颉语言极速入门——UI 全场景实战	张云波
HarmonyOS 移动应用开发(ArkTS 版)	刘安战、余雨萍、陈争艳 等
公有云安全实践(AWS 版·微课视频版)	陈涛、陈庭暄
虚拟化 KVM 极速入门	陈涛
虚拟化 KVM 进阶实践	陈涛
移动 GIS 开发与应用——基于 ArcGIS Maps SDK for Kotlin	董昱
Vue+Spring Boot 前后端分离开发实战(第 2 版·微课视频版)	贾志杰
前端工程化——体系架构与基础建设(微课视频版)	李恒谦
TypeScript 框架开发实践(微课视频版)	曾振中
精讲 MySQL 复杂查询	张方兴
Kubernetes API Server 源码分析与扩展开发(微课视频版)	张海龙
编译器之旅——打造自己的编程语言(微课视频版)	于东亮
全栈接口自动化测试实践	胡胜强、单镜石、李睿
Spring Boot+Vue.js+uni-app 全栈开发	夏运虎、姚晓峰
Selenium 3 自动化测试——从 Python 基础到框架封装实战(微课视频版)	栗任龙
Unity 编辑器开发与拓展	张寿昆
跟我一起学 uni-app——从零基础到项目上线(微课视频版)	陈斯佳
Python Streamlit 从入门到实战——快速构建机器学习和数据科学 Web 应用(微课视频版)	王鑫
Java 项目实战——深入理解大型互联网企业通用技术(基础篇)	廖志伟
Java 项目实战——深入理解大型互联网企业通用技术(进阶篇)	廖志伟
深度探索 Vue.js——原理剖析与实战应用	张云鹏
前端三剑客——HTML5+CSS3+JavaScript 从入门到实战	贾志杰
剑指大前端全栈工程师	贾志杰、史广、赵东彦
JavaScript 修炼之路	张云鹏、戚爱斌
Flink 原理深入与编程实战——Scala+Java(微课视频版)	辛立伟
Spark 原理深入与编程实战(微课视频版)	辛立伟、张帆、张会娟
PySpark 原理深入与编程实战(微课视频版)	辛立伟、辛雨桐
HarmonyOS 原子化服务卡片原理与实战	李洋
鸿蒙应用程序开发	董昱
HarmonyOS App 开发从 0 到 1	张诏添、李凯杰
Android Runtime 源码解析	史宁宁
恶意代码逆向分析基础详解	刘晓阳
网络攻防中的匿名链路设计与实现	杨昌家
深度探索 Go 语言——对象模型与 runtime 的原理、特性及应用	封幼林
深入理解 Go 语言	刘丹冰
Spring Boot 3.0 开发实战	李西明、陈立为
全解深度学习——九大核心算法	于浩文

书　　名	作　　者
HuggingFace 自然语言处理详解——基于 BERT 中文模型的任务实战	李福林
动手学推荐系统——基于 PyTorch 的算法实现(微课视频版)	於方仁
深度学习——从零基础快速入门到项目实践	文青山
LangChain 与新时代生产力——AI 应用开发之路	陆梦阳、朱剑、孙罗庚、韩中俊
图像识别——深度学习模型理论与实战	于浩文
编程改变生活——用 PySide6/PyQt6 创建 GUI 程序(基础篇·微课视频版)	邢世通
编程改变生活——用 PySide6/PyQt6 创建 GUI 程序(进阶篇·微课视频版)	邢世通
编程改变生活——用 Python 提升你的能力(基础篇·微课视频版)	邢世通
编程改变生活——用 Python 提升你的能力(进阶篇·微课视频版)	邢世通
Python 量化交易实战——使用 vn.py 构建交易系统	欧阳鹏程
Python 从入门到全栈开发	钱超
Python 全栈开发——基础入门	夏正东
Python 全栈开发——高阶编程	夏正东
Python 全栈开发——数据分析	夏正东
Python 编程与科学计算(微课视频版)	李志远、黄化人、姚明菊 等
Python 数据分析实战——从 Excel 轻松入门 Pandas	曾贤志
Python 概率统计	李爽
Python 数据分析从 0 到 1	邓立文、俞心宇、牛瑶
Python 游戏编程项目开发实战	李志远
Java 多线程并发体系实战(微课视频版)	刘宁萌
从数据科学看懂数字化转型——数据如何改变世界	刘通
Dart 语言实战——基于 Flutter 框架的程序开发(第 2 版)	亢少军
Dart 语言实战——基于 Angular 框架的 Web 开发	刘仕文
FFmpeg 入门详解——音视频原理及应用	梅会东
FFmpeg 入门详解——SDK 二次开发与直播美颜原理及应用	梅会东
FFmpeg 入门详解——流媒体直播原理及应用	梅会东
FFmpeg 入门详解——命令行与音视频特效原理及应用	梅会东
FFmpeg 入门详解——音视频流媒体播放器原理及应用	梅会东
FFmpeg 入门详解——视频监控与 ONVIF＋GB28181 原理及应用	梅会东
Python 玩转数学问题——轻松学习 NumPy、SciPy 和 Matplotlib	张骞
Pandas 通关实战	黄福星
深入浅出 Power Query M 语言	黄福星
深入浅出 DAX——Excel Power Pivot 和 Power BI 高效数据分析	黄福星
从 Excel 到 Python 数据分析：Pandas、xlwings、openpyxl、Matplotlib 的交互与应用	黄福星
云原生开发实践	高尚衡
云计算管理配置与实战	杨昌家
HarmonyOS 从入门到精通 40 例	戈帅
OpenHarmony 轻量系统从入门到精通 50 例	戈帅
AR Foundation 增强现实开发实战(ARKit 版)	汪祥春
AR Foundation 增强现实开发实战(ARCore 版)	汪祥春